VDE-Schriftenreihe **143**

Autoren

Hauptberuflich in der Elektrizitätsversorgung tätig, arbeiten die Verfasser in maßgeblichen Gremien der DKE (Deutsche Elektrotechnische Kommission im DIN und VDE) und des Normenausschusses Bauwesen (NABau) im DIN Deutsches Institut für Normung e. V. mit.

Dipl.-Ing. **Heinz Nienhaus**, beruflicher Schwerpunkt: „Errichten elektrischer Anlagen“, ist u. a. Obmann des DKE-UK 221.8 „Kabel- und Leitungsanlagen“ (DIN VDE 0100 „Errichten von Starkstromanlagen mit Nennspannungen bis 1000 V“) und Leiter des DKE-AK 221.8.3 „Schutz von Kabeln und Leitungen bei Überstrom“ sowie Mitarbeiter im UK 221.3 „Schutzmaßnahmen“ (DIN VDE 0100) und weiterer Gremien der DKE.

Dipl.-Ing. **Dieter Vogt**, beruflicher Schwerpunkt „Elektroinstallation“, ist u. a. Obmann des DKE-K 543 „Insta-Verteiler und Verbindungsmaterial“ und des NABau – AA „Elektrische Anlagen im Bauwesen“ (u. a. DIN 18014, DIN 18015) sowie Mitarbeiter weiterer Gremien der DKE und des NABau.

VDE-Schriftenreihe Normen verständlich **143**

Schutz bei Überlast und Kurzschluß in elektrischen Anlagen

Erläuterungen zu
DIN VDE 0100-430 und DIN VDE 0298-4

Dipl.-Ing. Heinz Nienhaus
Dipl.-Ing. Dieter Vogt

1999

VDE-VERLAG GMBH • Berlin • Offenbach

Die Deutsche Bibliothek – CIP-Einheitsaufnahme

Nienhaus, Heinz:
Schutz bei Überlast und Kurzschluß in elektrischen Anlagen : Erläuterungen zu DIN VDE 0100-430 und DIN VDE 0298-4 / Heinz Nienhaus ; Dieter Vogt. - Berlin ; Offenbach : VDE-VERLAG, 1999
(VDE-Schriftenreihe Normen verständlich ; 143)
ISBN 3-8007-2336-0

ISSN 0506-6719

Druck: GAM Media GmbH, Berlin 9905

Vorwort

Durch die sehr wesentliche Erweiterung und grundlegende Neufassung von DIN VDE 0298-4 (**VDE 0298 Teil 4**):1998-11 „Empfohlene Werte für die Strombelastbarkeit von Kabeln und Leitungen für feste Verlegung in Gebäuden und von flexiblen Leitungen“ und darüber hinaus auch durch die Neufassung des Beiblatts 5 zu DIN VDE 0100 „Maximal zulässige Längen von Kabeln und Leitungen unter Berücksichtigung des Schutzes bei indirektem Berühren, des Schutzes bei Kurzschluß und des Spannungsfalls“ – schon im November 1995 – ergeben sich für den Anwender dieser Normen, d. h. für den Planer und Errichter elektrischer Anlagen, bezogen auf das zuvor gültige Regelwerk, eine Vielzahl von Änderungen. Das Beiblatt 1 „Empfohlene Werte für die Strombelastbarkeit I_z und die Zuordnung von Überstrom-Schutzeinrichtungen zum Schutz bei Überlast“ zu der im Zusammenhang mit dem „Schutz von Kabeln und Leitungen“ sehr wichtigen DIN VDE 0100-430 (**VDE 0100 Teil 430**):1991-11 wurde mit Herausgabe von DIN VDE 0298-4 (**VDE 0298 Teil 4**):1998-11 zurückgezogen. Eine sehr hilfreiche Übersicht über die Strombelastbarkeitswerte I_z und die Zuordnung von Überstrom-Schutzeinrichtungen zum Schutz bei Überlast bietet die diesem Buch beigefügte Tabelle.
Das vorliegende Buch erläutert die technischen Hintergründe aller Anforderungen der zuvor angeführten Normen zum Themenkomplex „Überstromschutz in elektrischen Anlagen“ sehr ausführlich. Es soll dem Normenanwender – insbesondere dem Praktiker – helfen, die zum Teil noch relativ neuen Normanforderungen zu verstehen und sie richtig in die Praxis umzusetzen. Schon allein aufgrund der internationalen Einflüsse auf die Normeninhalte – bedingt durch die Harmonisierung der Normen – ergeben sich, wie der Berufsalltag immer wieder erkennen läßt, eine Vielzahl von Fragen über das „Wie und Warum“. Diese Fragen werden in der vorliegenden Ausarbeitung durch Erläuterungen der Normentexte mit praxisbezogenen Bildern und Anwendungsbeispielen beantwortet.
Die Autoren danken Herrn Dipl.-Ing. Roland Werner für die harmonische verlagsseitige Begleitung bei der Erarbeitung dieses Buchs.

Essen, Januar 1999 — Heinz Nienhaus und Dieter Vogt

Die Wiedergabe von Normen erfolgt mit Erlaubnis des DIN Deutsches Institut für Normung e. V. und des VDE Verband Der Elektrotechnik Elektronik Informationstechnik e. V. Maßgebend für das Anwenden der Normen sind deren Fassungen mit dem neuesten Ausgabedatum, die bei der VDE-VERLAG GMBH, Bismarckstraße 33, 10625 Berlin, und der Beuth Verlag GmbH, Burggrafenstraße 6, 10787 Berlin, erhältlich sind. Die Autoren geben nach ihrem besten Wissen ihre Lesart der Normen wieder, die nicht vom Herausgeber der Normen oder den zuständigen Normungsgremien autorisiert ist.

Inhalt

1	**Einleitung**	11
2	**Begriffe**	13
3	**Physikalische Grundbetrachtungen zur Erwärmung von Kabeln und Leitungen bei Stromfluß**	15
4	**Allgemeine Regelungen und Vorgaben zur Strombelastbarkeit von Kabeln und Leitungen (DIN VDE 0298-4, Hauptabschnitt 4)**	21
4.1	Welche Einflußgrößen bestimmen die Wahl eines Leiternennquerschnitts? (DIN VDE 0298-4, Abschnitt 4.1)	21
4.2	Allgemeine Aussagen und Festlegungen (DIN VDE 0298-4, Abschnitt 4.2)	21
5	**Strombelastbarkeit von Kabeln und Leitungen im ungestörten Betrieb (DIN VDE 0298-4, Hauptabschnitt 5)**	23
5.1	Allgemeines	23
5.2	Kabel- und Leitungsaufbau sowie Werkstoffeigenschaften (DIN VDE 0298-4, Abschnitt 5.2)	24
5.2.1	Allgemeines	24
5.2.2	Höchste zulässige Betriebstemperatur am Leiter	25
5.2.3	Wirkwiderstand des Kabels oder der Leitung	30
5.3	Betriebsbedingungen (Betriebsart, Verlege- und Umgebungsbedingungen) (DIN VDE 0298-4, Abschnitt 5.3)	30
5.3.1	Allgemeines	30
5.3.2	Betriebsart (DIN VDE 0298-4, Unterabschnitt 5.3.1)	31
5.3.3	Verlegebedingungen (Verlegearten) (DIN VDE 0298-4, Abschnitt 5.3.2)	31
5.3.3.1	Allgemeines	31

5.3.3.2 Verlegebedingungen für Kabel und Leitungen für feste Verlegung in Gebäuden ... 32
5.3.3.3 Verlegebedingungen für flexible Leitungen mit Nennspannung bis 1 000 V ... 47
5.3.3.4 Verlegebedingungen für wärmebeständige Leitungen ... 49
5.3.3.5 Verlegebedingungen für Gummischlauchleitungen H07RN-F und A07RN-F für industrielle Anwendungen ... 51
5.3.3.6 Verlegebedingungen für flexible Leitungen mit Nennspannung ab 0,6/1 kV ... 51
5.3.3.7 Verlegebedingungen für Schweißleitungen ... 55
5.3.3.8 Änderung der Verlegebedingungen im Verlauf der Verlegestrecke ... 55
5.3.4 Umgebungsbedingungen (Umgebungstemperatur, Verlustwärme, Wärmestrahlung) (DIN VDE 0298-4, Unterabschnitt 5.3.3) ... 55
5.3.4.1 Allgemeines ... 55
5.3.4.2 Umgebungstemperatur ... 56
5.3.4.3 Verlustwärme ... 57
5.3.4.4 Wärmestrahlung ... 68
5.4 Strombelastbarkeitswerte (DIN VDE 0298-4, Hauptabschnitte 4 und 5) ... 69
5.4.1 Allgemeines (DIN VDE 0298-4, Hauptabschnitt 4) ... 69
5.4.2 Anzahl der Aderleitungen bzw. Adern im Kabel oder in der Leitung (DIN VDE 0298-4, Abschnitt 4.3) ... 71
5.4.3 Anzahl der belasteten Leiter (Adern) in einem Stromkreis (DIN VDE 0298-4, Abschnitte 4.3 und 4.4) ... 72
5.4.4 Strombelastbarkeitswerte von Kabeln und Leitungen für feste Verlegung in Gebäuden (Referenzverlegearten A1, A2, B1, B2, C, E, F und G) (DIN VDE 0298-4, Unterabschnitt 5.3.2.1) ... 73
5.4.4.1 Grundsätzliche Aussagen ... 73
5.4.4.2 Handhabung der Strombelastbarkeitswerte für 25 °C Umgebungstemperatur ... 83
5.4.4.3 Beibehaltung von für die Installationspraxis wichtigen Strombelastbarkeitswerten ... 84
5.4.4.4 Verlegung in wärmegedämmten Wänden ... 87
5.4.5 Strombelastbarkeit von flexiblen Leitungen mit Nennspannungen bis 1 000 V (DIN VDE 0298-4, Unterabschnitt 5.3.2.2) ... 87
5.4.6 Strombelastbarkeit von wärmebeständigen Leitungen (DIN VDE 0298-4, Unterabschnitt 5.3.2.2) ... 89

5.4.7 Strombelastbarkeit von Gummischlauchleitungen H07RN-F und A07RN-F für industrielle Anwendungen (DIN VDE 0298-4, Unterabschnitt 5.3.2.3) 89
5.4.8 Strombelastbarkeit von flexiblen Leitungen mit Nennspannungen ab 0,6/1 kV (DIN VDE 0298-4, Unterabschnitt 5.3.2.4) 89
5.4.9 Strombelastbarkeit von Schweißleitungen (DIN VDE 0298-4, Unterabschnitt 5.3.2.5) 92
5.4.10 Strombelastbarkeit von im Erdreich verlegten Starkstromkabeln .. 92
5.4.11 Strombelastbarkeit von Kabeln und Leitungen in Sonderfällen ... 92
5.4.11.1 Allgemeines 92
5.4.11.2 Strombelastbarkeit von Kabeln und Leitungen bei Aussetz- und Kurzzeitbetrieb. 96
5.4.11.3 Strombelastbarkeit von Kabeln und Leitungen bei Mehrmotorenbetrieb 97
5.4.11.4 Strombelastbarkeit von Leitern in Stromschienensystemen 100
5.4.11.5 Leitungen im Innern von Geräten sowie typgeprüften und partiell typgeprüften Niederspannungs-Schaltgerätekombinationen 101
5.4.11.6 Strombelastbarkeit von Verbindungsleitern zwischen Maschinen, Transformatoren, Akkumulatoren, Schaltanlagen und dergleichen 102

6 Schutz von Kabeln und Leitungen bei Überstrom 103
6.1 Allgemeines (DIN VDE 0100-430, Hauptabschnitt 3) 103
6.2 Überstrom-Schutzeinrichtungen (DIN VDE 0100-430, Hauptabschnitt 4) 103
6.2.1 Überstrom-Schutzeinrichtungen, die sowohl den Schutz bei Überlast als auch bei Kurzschluß übernehmen (DIN VDE 0100-430, Abschnitt 4.1) 103
6.2.1.1 Leitungsschutzsicherungen (Schmelzsicherungen) 103
6.2.1.1.1 Wirkungsweise bei Überlast 103
6.2.1.1.2 Wirkungsweise bei Kurzschluß 104
6.2.1.1.3 Klassifizierung nach DIN VDE 0636 104
6.2.1.1.4 Zeit/Strom-Bereiche 107
6.2.1.1.5 Schaltvermögen 108
6.2.1.1.6 Back-up-Schutz 108
6.2.1.2 Leitungsschutzschalter. 109
6.2.1.2.1 Wirkungsweise bei Überlast 109
6.2.1.2.2 Wirkungsweise bei Kurzschluß 110
6.2.1.2.3 Auslösecharakteristiken. 112
6.2.1.2.4 Schaltvermögen 122

6.2.1.2.5 Back-up-Schutz 124
6.2.1.3 Leistungsschalter 124
6.2.2 Überstrom-Schutzeinrichtungen, die nur den Schutz bei Überlast übernehmen (DIN VDE 0100-430, Abschnitt 4.2) 125
6.2.3 Überstrom-Schutzeinrichtungen, die nur den Schutz bei Kurzschluß übernehmen (DIN VDE 0100-430, Abschnitt 4.3) 126
6.3 Schutz bei Überlast (DIN VDE 0100-430, Hauptabschnitt 5) 127
6.3.1 Allgemeines (DIN VDE 0100-430, Abschnitt 5.1) 127
6.3.2 Zuordnung der Überstrom-Schutzeinrichtungen (DIN VDE 0100-430, Abschnitt 5.2) 127
6.3.2.1 Zuordnungsbedingungen 127
6.3.2.2 Zuordnungstabelle (Beiblatt 1 zu DIN VDE 0100-430) 131
6.3.2.3 Absicherung von Beleuchtungs- und Steckdosen-Stromkreisen 139
6.3.3 Auswahl geeigneter Schutzeinrichtungen zum Schutz bei Überlast 141
6.3.3.1 Allgemeines 141
6.3.3.2 Nutzungsgrad *N* 141
6.3.3.3 Schutzgrad *S* 144
6.3.3.4 Wie erfüllen die verschiedenen Leitungsschutzschalter-Charakteristiken die Zuordnungsbedingungen? 146
6.3.3.5 Wie erfüllen Leitungsschutzsicherungen der Betriebsklasse gG die Zuordnungsbedingungen? 149
6.3.3.6 Wie erfüllen Leistungsschalter die Zuordnungsbedingungen? 150
6.3.4 Schutz von parallelgeschalteten Leitern (DIN VDE 0100-430, Abschnitt 5.3, und DIN VDE 0298-4, Unterabschnitt 4.3.3) 151
6.3.5 Anordnung der Schutzeinrichtungen zum Schutz bei Überlast (DIN VDE 0100-430, Abschnitt 5.4) 156
6.3.5.1 Allgemeines (DIN VDE 0100-430, Unterabschnitt 5.4.1) 156
6.3.5.2 Versetzen der Schutzeinrichtungen zum Schutz von Kabeln und Leitungen (DIN VDE 0100-430, Unterabschnitt 5.4.2) 157
6.3.6 Fälle, in denen auf die Schutzeinrichtung zum Schutz bei Überlast verzichtet werden darf (DIN VDE 0100-430, Abschnitt 5.5) 161
6.3.7 Anordnung oder Wegfall der Schutzeinrichtungen zum Schutz bei Überlast in IT-Systemen (DIN VDE 0100-430, Abschnitt 5.6) 166
6.3.8 Fälle, bei denen der Wegfall von Schutzeinrichtungen zum Schutz bei Überlast aus Sicherheitsgründen empfohlen wird (DIN VDE 0100-430, Abschnitt 5.7) 167

6.4 Schutz bei Kurzschluß (DIN VDE 0100-430 (VDE 0100 Teil 430), Hauptabschnitt 6) 171
6.4.1 Allgemeines (DIN VDE 0100-430, Abschnitt 6.1) 171
6.4.2 Bestimmung des Stroms bei vollkommenem Kurzschluß (DIN VDE 0100-430, Abschnitt 6.2) 182
6.4.3 Kenngrößen der Schutzeinrichtungen zum Schutz bei Kurzschluß (DIN VDE 0100-430, Abschnitt 6.3) 184
6.4.4 Anordnung der Schutzeinrichtungen für den Schutz bei Kurzschluß (DIN VDE 0100-430, Abschnitt 6.4) 215
6.4.4.1 Allgemeines (DIN VDE 0100-430, Unterabschnitt 6.4.1) 215
6.4.4.2 Versetzen der Schutzeinrichtung für den Schutz bei Kurzschluß (DIN VDE 0100-430, Unterabschnitt 6.4.2) 216
6.4.4.3 Fälle, in denen auf den Schutz bei Kurzschluß verzichtet werden darf (DIN VDE 0100-430, Unterabschnitt 6.4.3) 220
6.4.4.4 Fälle, in denen auf eine Schutzeinrichtung für den Schutz bei Kurzschluß aus Sicherheitsgründen verzichtet werden muß 221
6.4.4.5 Schutz von parallelgeschalteten Leitern in ein- oder mehradrigen Kabeln und Leitungen 222
6.5 Koordinieren des Schutzes bei Überlast und Kurzschluß (DIN VDE 0100-430, Hauptabschnitt 7) 225
6.5.1 Schutz durch eine gemeinsame Überstrom-Schutzeinrichtung (DIN VDE 0100-430, Abschnitt 7.1) 225
6.5.2 Schutz durch getrennte Schutzeinrichtungen (DIN VDE 0100-430, Abschnitt 7.2) 225
6.6 Überstrombegrenzung durch die Art der Einspeisung (DIN VDE 0100-430, Hauptabschnitt 8) 226
6.7 Schutz nach Art der Stromkreise (DIN VDE 0100-430, Hauptabschnitt 9) 226
6.7.1 Systeme nach Art der Erdverbindung 226
6.7.1.1 Allgemeines 226
6.7.1.2 TT-System 227
6.7.1.3 TN-System 227
6.7.1.4 IT-System 228
6.7.2 Schutz der Außenleiter (DIN VDE 0100-430, Abschnitt 9.1) 228
6.7.3 Schutz der Neutralleiter (DIN VDE 0100-430, Abschnitt 9.2) 229
6.7.3.1 Anlagen mit direkt geerdetem Sternpunkt: TN- oder TT-System (DIN VDE 0100-430, Unterabschnitt 9.2.1) 229

6.7.3.2 Anlagen mit nicht direkt geerdetem Sternpunkt: IT-System (DIN VDE 0100-430, Unterabschnitt 9.2.2) 234
6.7.4 Abschalten des Neutralleiters (Entwurf DIN VDE 0100-530 (VDE 0100 Teil 530):1985-05, Abschnitt 531.1) 235

7 Literatur 237

8 Tabellenschlüssel zu Kapitel 5 243

Stichwortverzeichnis 245

Beilage „Strombelastbarkeitswerte I_z von Kabeln oder Leitungen“

1 Einleitung

Ungeachtet der in Zukunft immer mehr an Bedeutung gewinnenden Supraleitung, bieten Stromkreisleitungen dem elektrischen Strom Widerstände, die Verluste verursachen. Die vom elektrischen Feld geleistete Arbeit an den freien Ladungsträgern wird hierbei in Wärme umgesetzt. Üblicherweise spricht man in diesem Zusammenhang von „Kupferverlusten", die über den Leiter hinaus im wesentlichen seine Isolierung und die unmittelbare Umgebung erwärmen. Bei übermäßiger Erwärmung ist mit einer Schädigung der Isolation und mit Brandgefahr zu rechnen. Deshalb müssen für einen gefahrlosen und zuverlässigen Betrieb von elektrischen Anlagen Kabel und Leitungen bei betrieblicher Überlastung und Kurzschluß geschützt werden. Dieser Schutz ist durch richtig bemessene Überstrom-Schutzeinrichtungen sicherzustellen.

Vor Veröffentlichung von DIN VDE 0100-430 (**VDE 0100 Teil 430**):1981-06 gab es in den europäischen Ländern sehr unterschiedliche Maßstäbe zum Bemessen und Anordnen der Überstrom-Schutzeinrichtungen, obwohl die physikalischen Grundlagen, von denen auszugehen ist, überall gleich sind. Auf dem physikalischen Sachverhalt aufbauend, wurden im Rahmen der Harmonisierungsarbeiten in der Europäischen Gemeinschaft Bestimmungen für den Überstromschutz erarbeitet, die als VDE 0100 m/...72 (CENELECOM 64) auch der deutschen Öffentlichkeit zum Einspruch vorgelegen haben. Das Ergebnis der Einspruchsberatung wurde von der deutschen Delegation bei den internationalen Verhandlungen eingebracht. Das endgültige internationale Verhandlungsergebnis enthält das CENELEC-Harmonisierungsdokument HD 25 „Überstromschutz von Leitungen und Kabeln".

In Fortsetzung der weltweiten Beratungen im Bereich der IEC wurden 1978 Kapitel 43 „Überstromschutzmaßnahmen" und Kapitel 47 „Anwendung der Schutzmaßnahmen" der Publikation 364 verabschiedet und als Publikationen 364-4-43 und 364-4-473 veröffentlicht. Die Stellungnahme der deutschen Fachöffentlichkeit zu den Inhalten dieser Kapitel wurde mit VDE 0100 z/...76 (IEC 64) eingeholt, soweit die IEC-Publikationen sachlich nicht schon mit VDE 0100 m/7.76 übereinstimmten. Inzwischen hatte auch die CENELEC die neuen Sachinhalte der IEC-Publikationen in das Harmonisierungsdokument 25 übernommen und die gesamten Bestimmungen zum Überstromschutz als neue Harmonisierungsdokumente mit den Nummern 384-3 und 384-4 veröffentlicht, deren Sachinhalt in VDE 0100 zu übernehmen war. Dieser Verpflichtung wurde mit der Veröffentlichung von DIN VDE 0100-430 (**VDE 0100 Teil 430**):1981-06 Rechnung getragen. Außerdem wurde in Tabelle 2 der seinerzeit gültigen DIN VDE 0100-523 (**VDE 0100 Teil 523**):1986-06 entsprechend VDE 0100 h/...70 eine Umgebungstemperatur von 30 °C statt vorher 25 °C zugrunde gelegt. Damit war der sachliche Inhalt des harmonisierten Bestimmungstexts in das nationale VDE-Vorschriftenwerk übernommen.

Inzwischen wurde Teil 430 der DIN VDE 0100 aus dem Jahre 1981 durch DIN VDE 0100-430 (**VDE 0100 Teil 430**):1991-11 ersetzt. Diese nationale Norm basiert auf den Harmonisierungsdokumenten HD 384.4.43 S1 und 384.4.473 S1. Hinzugefügt war das Beiblatt 1, dessen Grundlage DIN VDE 0298-4 (**VDE 0298 Teil 4**):1988-02 ist und Strombelastbarkeitswerte für verschiedene Verlegearten auf der Basis einer Umgebungstemperatur von 25 °C enthält. Darüber hinaus enthielt Beiblatt 1 Angaben hinsichtlich der Zuordnung von Überstrom-Schutzeinrichtungen zum Schutz bei Überlast. Der Bestimmungstext von DIN VDE 0100-430 (**VDE 0100 Teil 430**):1991-11 ist noch enger dem Harmonisierungstext angeglichen, als das in der Vorgängernorm der Fall war.
Die ehemalige DIN VDE 0100-523 (**VDE 0100 Teil 523**):1981-06 mit den Strombelastbarkeitswerten für Leitungen wurde schon früher teilweise durch DIN VDE 0100-520 (**VDE 0100 Teil 520**):1985-11 und DIN VDE 0298-4 (**VDE 0298 Teil 4**):1988-02 „Empfohlene Werte für die Strombelastbarkeit" ersetzt; einige Abschnitte wurden als entbehrlich befunden.
Bezüglich der Strombelastbarkeit von Kabeln und Leitungen hat sich inzwischen eine sehr wesentliche Änderung ergeben, und zwar durch Herausgabe von DIN VDE 0298-4 (**VDE 0298 Teil 4**):1998-11 „Empfohlene Werte für die Strombelastbarkeit von Kabeln und Leitungen für feste Verlegung in Gebäuden und von flexiblen Leitungen". Die nun gültige DIN-VDE-Norm mit Strombelastbarkeitswerten I_z wurde wesentlich erweitert und insgesamt grundlegend neu gestaltet. Die Neugestaltung führte u. a. dazu, daß zeitgleich mit Herausgabe der nun gültigen DIN VDE 0298-4 (**VDE 0298 Teil 4**):1998-11 das Beiblatt 1 zu DIN VDE 0100-430 (**VDE 0100 Teil 430**):1991-11 zurückgezogen wurde. Die diesem Buch beigefügte Tabelle ist gewissermaßen ein Ersatz des Beiblatts 1 zu DIN VDE 0100-430 (**VDE 0100 Teil 430**):1991-11; sie enthält alle für den Errichter wichtigen Werte bezüglich der Dimensionierung der Überstrom-Schutzeinrichtungen für den Überstromschutz.
Die vorliegende Ausarbeitung soll im wesentlichen DIN VDE 0100-430 (**VDE 0100 Teil 430**):1991-11 und die in diesem Zusammenhang relevanten und zum Teil wesentlich geänderten Normen der Reihe DIN VDE 0298 (**VDE 0298**) – die schon allein aufgrund der internationalen Einflüsse eine Vielzahl von Fragen über das „Wie und Warum" aufwerfen – durch Erläuterungen mit Bildern und praxisbezogenen Anwendungsbeispielen leicht verständlich machen.
Da auch Beiblatt 5 zu DIN VDE 0100 (**VDE 0100**):1995-11 dem Planer und Errichter eine sehr wesentliche Hilfe bei der Dimensionierung des Kurzschlußschutzes sein kann, enthält das Buch u. a. auch entsprechende Projektierungsbeispiele auf der Basis der Werte dieses Beiblatts.

2 Begriffe

Ansprechstrom I_2
siehe Auslösestrom I_2

Auslösestrom I_2
Der Strom, der das Auslösen der Schutzeinrichtung unter den in den Gerätebestimmungen (DIN VDE 0636, DIN VDE 0641, DIN VDE 0660-101 und DIN VDE 0660-102) festgelegten Bedingungen bewirkt, heißt Auslösestrom.

Belastbarkeit
Das ist die Kurzbezeichnung für die Strombelastbarkeit I_z.

Belastung
Belastung ist die Kurzbezeichnung für die Strombelastung.

Betriebsstrom I_b
Der Betriebsstrom eines Stromkreises bei ungestörtem Betrieb heißt I_b.

Innere Verdrahtung
Die mechanisch geschützte Verlegung innerhalb von Gehäusen oder eine andere gleichwertige Maßnahme nennt man innere Verdrahtung.

Kurzschluß
Ein Kurzschluß ist eine Verbindung mit vernachlässigbarer Impedanz zwischen aktiven Teilen ein- und desselben Stromkreises.

Kurzschlußstrom
Kurzschlußstrom heißt der Überstrom, der durch einen Fehler vernachlässigbarer Impedanz zwischen aktiven Leitern – die im ungestörten Betrieb unterschiedliches Potential haben – verursacht wird.

Nennstrom der Schutzeinrichtung I_n
I_n entspricht dem Strom, mit dem die Schutzeinrichtung gekennzeichnet ist. Bei einstellbaren Schutzeinrichtungen entspricht der Nennstrom dem eingestellten Wert.

Referenzverlegeart
Die Verlegeart, für die Strombelastbarkeitsangaben ermittelt worden sind, heißt Referenzverlegeart. Davon abweichende, in der Installationspraxis jedoch häufig vorkommende Verlegearten werden diesen Referenzverlegearten zugeordnet.

Schutzeinrichtung
Schutzeinrichtung ist die Kurzform für die Überstrom-Schutzeinrichtung.

Strombelastbarkeit I_z
I_z ist der höchstzulässige Strom, der von einem Leiter unter festgelegten Bedingungen dauernd geführt werden kann, ohne daß die zulässige Betriebstemperatur am Leiter bei ungestörtem Betrieb einen festgelegten Wert überschreitet.

Strombelastung
Einen durch eine bestimmte Betriebsart oder einen Fehlerfall gegebenen Strom, der der Leitung bzw. dem Kabel aufgebürdet wird, nennt man Strombelastung.

Überlaststrom
Überlaststrom ist der Überstrom, der in einem fehlerfreien Stromkreis auftritt.

Überstrom
Jeder Strom, der die zulässige Strombelastbarkeit I_z überschreitet, ist ein Überstrom. Zu unterscheiden sind Überlaststrom und Kurzschlußstrom.

Überstrom-Schutzeinrichtung
Die Überstrom-Schutzeinrichtung ist ein Betriebsmittel, das den Strom beim Ansteigen über eine vorgeschriebene Grenze hinaus selbständig unterbricht.

Umgebungstemperatur
Die Temperatur der Luft oder eines anderen Mediums, in dem das Betriebsmittel verwendet wird, nennt man Umgebungstemperatur.

Zulässige Betriebstemperatur
Die zulässige Betriebstemperatur ist die höchste zulässige Temperatur am Leiter bei ungestörtem Betrieb. Sie wird zum Berechnen der Strombelastbarkeit im ungestörten Betrieb verwendet.

Zulässige Kurzschlußtemperatur
Das ist die höchste zulässige Temperatur am Leiter bei Kurzschluß mit einer Kurzschlußdauer bis 5 s. Sie wird zum Berechnen der Belastbarkeit im Kurzschlußfall verwendet.

3 Physikalische Grundbetrachtungen zur Erwärmung von Kabeln und Leitungen bei Stromfluß

Beim Fließen des elektrischen Stroms durch einen ohmschen Widerstand entsteht Wärme (**Bild 3.1**).

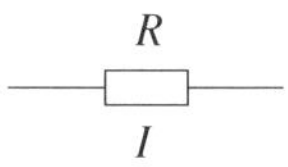

Bild 3.1 Ohmscher Widerstand als Wärmeerzeuger

Wärmeleistung eines vom elektrischen Strom durchflossenen ohmschen Widerstands:

$P = I^2 \cdot R$ in $A^2 \cdot V/A$

$P = I^2 \cdot R$ in W

mit

I Strom in A

P Leistung in W

R Widerstand in Ω

Erzeugte Wärmemenge in einem vom elektrischen Strom durchflossenen Widerstand in der Zeit t:

$Q = I^2 \cdot R \cdot t$ in $A^2 (V/A) s$

$Q = I^2 \cdot R \cdot t$ in Ws

$Q = I^2 \cdot R \cdot t$ in J

mit

I Strom in A

Q Wärmemenge in Ws

R Widerstand in Ω

t Zeit in s

Jeder Leiter in einem Kabel oder einer Leitung stellt einen ohmschen Widerstand dar, in dem vom elektrischen Strom Verlustwärme erzeugt wird (**Bild 3.2**).

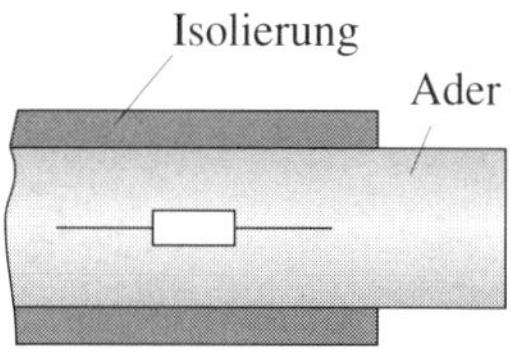

Bild 3.2 Leiter als Verlustwärmeerzeuger

Widerstand eines Leiters:

$R = l/(\kappa \cdot S)$ in m/(mΩ^{-1}mm^{-2}mm^2)
$R = l/(\kappa \cdot S)$ in Ω

mit

l Länge in m
κ Leitfähigkeit in mΩ^{-1}mm^{-2}
S Querschnitt in mm^2

Verlustwärme eines Leiters von 1 m Länge:

$Q/\text{m} = I^2 \cdot R \cdot t$
$Q/\text{m} = (I^2 \cdot t)/(\kappa \cdot S)$ in J/m

mit

I Strom in A
R Widerstand in Ω
t Zeit in s
κ Leitfähigkeit in mΩ^{-1}mm^{-2}
S Querschnitt in mm^2

Die Verlustwärme muß abgeführt werden, damit sich der Leiter nicht unzulässig hoch erwärmt.
Die Verlustwärme wird nach dem Gesetz für die Wärmeströmung (**Bild 3.3**) abgeleitet, das im Aufbau dem Gesetz für die elektrische Strömung (Ohmsches Gesetz) (**Bild 3.4**) ähnlich ist.
Bei einem Kabel oder einer Leitung mit gegebenem Wärmewiderstand erhöht sich die Verlustleistung quadratisch mit steigendem Strom.
Die höhere Verlustwärme kann nur mit einer höheren Wärmespannung, d.h. einer höheren Temperaturdifferenz, abgeführt werden.
Tabelle 3.1 zeigt ein Beispiel für die Berechnung.
Liegen mehrere Kabel oder Leitungen nebeneinander, ist die Verlustwärme mehrerer Wärmequellen abzuführen. Für ihre Abführung wird im Vergleich zu einer einzelnen Leitung oder einem einzelnen Kabel eine höhere Temperaturdifferenz benötigt (**Bild 3.5**).

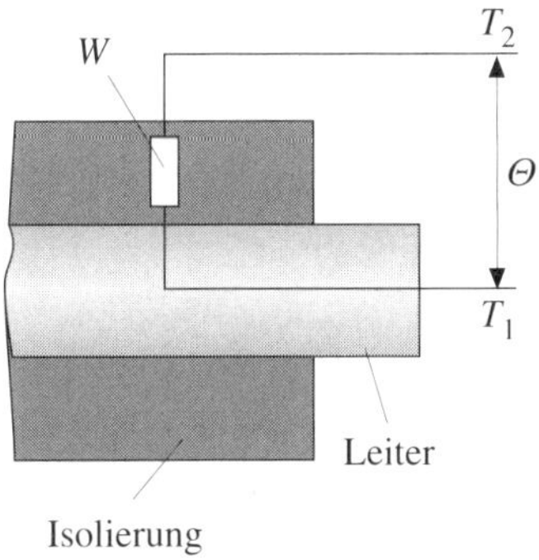

Bild 3.3 Darstellung des Gesetzes für Wärmeströmung
$Q = \Theta/W$ in K/(Kh/J)
$Q = \Theta/W$ in J/h
mit
T_1 Adertemperatur in K
T_2 Außentemperatur in K
Θ $T_1 - T_2$ = Temperaturdifferenz in K
Q Wärmestrom in J/h
W Wärmewiderstand in Kh/J

Die Außentemperatur der weiteren Umgebung bleibt konstant (großes zu erwärmendes Volumen). Die höhere Temperaturdifferenz wird durch eine zwangsläufige Erhöhung der Leitertemperatur erreicht. Die Kabel oder Leitungen erwärmen sich, mit ihr eventuell auch die nähere Umgebung.

Wird die Erwärmung zu groß, entstehen Schäden an der Isolierung, an den die Isolierung umgebenden Materialien (nähere Umgebung) und am Leiter selbst. Sie stellen eine Brand- und Unfallgefahr dar.

Werden Kabel oder Leitungen längere Zeit über die zulässige Betriebstemperatur – z. B. 60 °C bei Gummi- und 70 °C bei PVC-Isolierung (siehe Tabellen 5.1 und 5.2)

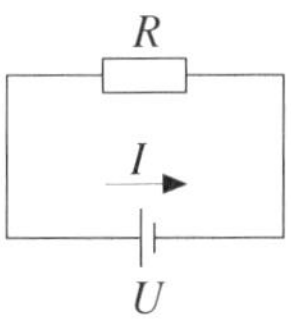

Bild 3.4 Darstellung des Gesetzes für elektrische Strömung (Ohmsches Gesetz)
$I = U/R$ in A
mit
I Strom in A
U Spannung in V
R Widerstand in Ω

Fall 1	**Fall 2**	**Fall 3**
I_1	$I_2 \;= 2\,I_1$	$I_3 \;= 3\,I_1$
$T_{1/1} = 40\,°C$	$T_{1/2} = ?$	$T_{1/3} = ?$
$T_{2/1} = 20\,°C$	$T_{2/2} = 20\,°C$	$T_{2/3} = 20\,°C$
$\Theta_1 = 20\,°C$	$\Theta_2 = ?$	$\Theta_3 = ?$
$Q = I^2 \cdot R \cdot t$		
$Q_1 = I_1^2 \cdot R \cdot t$	$Q_2 = I_2^2 \cdot R \cdot t$	$Q_3 = I_3^2 \cdot R \cdot t$
	$= (2\,I_1)^2 \cdot R \cdot t$	$= (3\,I_1)^2 \cdot R \cdot t$
	$= 4\,I_1^2 \cdot R \cdot t$	$= 9\,I_1^2 \cdot R \cdot t$
$\Theta = Q \cdot W$		
$\Theta_1 = Q_1 \cdot W$	$\Theta_2 = Q_2 \cdot W$	$\Theta_3 = Q_3 \cdot W$
$= I_1^2 \cdot R \cdot W$	$= 4\,I_1^2 \cdot R \cdot t \cdot W$	$= 9\,I_1^2 \cdot R \cdot t \cdot W$
	$= 4\,\Theta_1$	$= 9\,\Theta_1$
	$= 4 \cdot 20\,°C$	$= 9 \cdot 20\,°C$
	$\Theta_2 = 80\,°C$	$\Theta_3 = 180\,°C$
	$T_{1/2} = \Theta_2 + T_{2/2}$	$T_{1/3} = \Theta_3 + T_{2/3}$
	$= 80\,°C + 20\,°C$	$= 180\,°C + 20\,°C$
	$T_{1/2} = 100\,°C$	$T_{1/3} = 200\,°C$

Tabelle 3.1 Beispiel

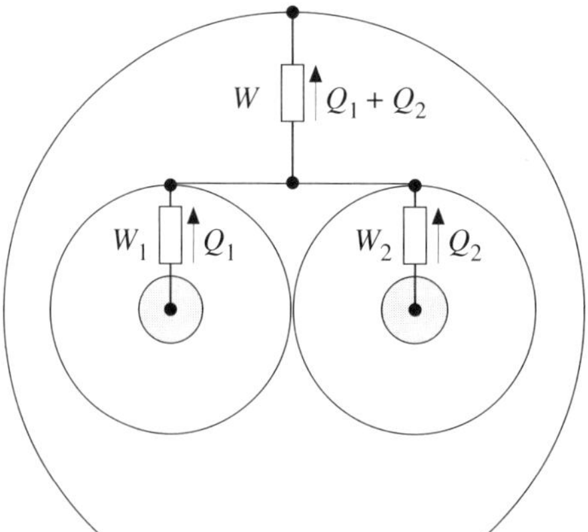

$W_1 = W_2 \le W$
$Q_1 = Q_2 = Q$
Betrieb eines Leiters:
$\Theta_1 = \Theta_2 = Q \cdot W$
Betrieb beider Leiter:
$$\begin{aligned}\Theta_{ges} &= \Theta_1 + \Theta_2 \\ &= Q_1 \cdot W + Q_2 \cdot W \\ &= (Q_1 + Q_2)\,W \\ &= 2\,Q \cdot W\end{aligned}$$
(vereinfachte Darstellung)

Bild 3.5 Verlustwärme mehrerer Wärmequellen

– erwärmt, so mindert sich mit der Zeit ihr Isoliervermögen und damit ihre Lebensdauer. Bei länger anhaltenden Temperaturen über 70 °C tritt bei PVC der Weichmacher aus, die Kabel und Leitungen werden spröde und verlieren ihre isolierenden Eigenschaften.
Durch den Einbau von Überstrom-Schutzeinrichtungen muß dafür gesorgt werden, daß keine unzulässig hohen Temperaturen an den Kabeln und Leitungen und deren Umgebung auftreten können (**Bild 3.6**).

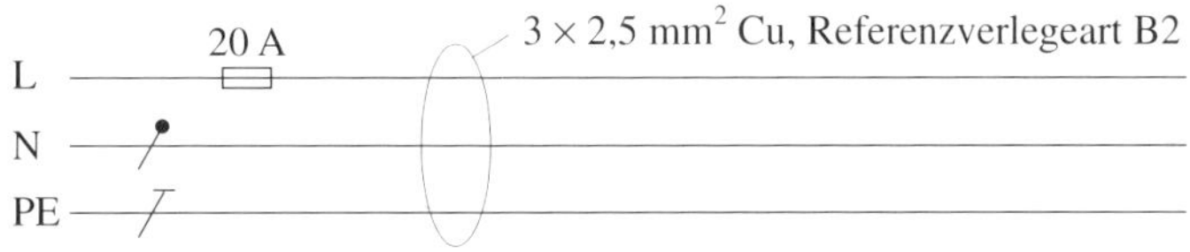

Bild 3.6 Überstrom-Schutzeinrichtung zur Verhinderung unzulässig hoher Temperaturen

4 Allgemeine Regelungen und Vorgaben zur Strombelastbarkeit von Kabeln und Leitungen (DIN VDE 0298-4, Hauptabschnitt 4)

4.1 Welche Einflußgrößen bestimmen die Wahl eines Leiternennquerschnitts? (DIN VDE 0298-4, Abschnitt 4.1)

Folgende Einflußgrößen bzw. Kriterien sind insbesondere bei der Wahl eines Leiternennquerschnitts als Anforderungen zu berücksichtigen:

- Strombelastbarkeit im ungestörten Betrieb
  DIN VDE 0298-4 (**VDE 0298 Teil 4**):1998-11
- Strombelastbarkeit im Kurzschlußfall
  DIN VDE 0298-4 (**VDE 0298 Teil 4**):1998-11
- Schutz gegen elektrischen Schlag
  DIN VDE 0100-410 (**VDE 0100 Teil 410**):1997-01
- Schutz gegen thermische Einflüsse
  DIN VDE 0100-420 (**VDE 0100 Teil 420**):1991-11
- Schutz bei Überstrom
  DIN VDE 0100-430 (**VDE 0100 Teil 430**):1991-11
- Spannungsfall
  DIN VDE 0100-520 (**VDE 0100 Teil 520**):1996-01
- Grenztemperaturen von Anschlußklemmen, an denen die Leiter angeschlossen sind (siehe Betriebsmittelnormen der jeweiligen Betriebsmittel)

In diesem Buch werden die Regeln für die Wahl des Leiternennquerschnitts hinsichtlich der Strombelastbarkeit im ungestörten Betrieb (Kapitel 5 dieses Buchs) und der Strombelastbarkeit im Kurzschlußfall (Abschnitt 6.4 dieses Buchs) gemäß DIN VDE 0298-4 sowie der Schutz von Kabeln und Leitungen bei Überstrom (Abschnitt 6 dieses Buchs) gemäß DIN VDE 0100-430 behandelt.

4.2 Allgemeine Aussagen und Festlegungen (DIN VDE 0298-4, Abschnitt 4.2)

Generell wird bei der Anwendung von DIN VDE 0298-4 sowie bei den diesbezüglichen Aussagen dieses Buchs die bestimmungsgemäße Verwendung der Kabel und Leitungen vorausgesetzt.

Alle Aussagen zur Strombelastbarkeit beziehen sich auf die belasteten Leiter und gelten für den Betrieb mit Wechsel- oder Drehstrom mit einer Frequenz von 50 Hz bis 60 Hz und mit Gleichstrom.
Die Angaben zur Strombelastbarkeit sind empfohlene Werte. Sie gelten für den ungestörten Betrieb bei den in den Tabellen aufgeführten Betriebsbedingungen sowie für den Kurzschlußfall.

5 Strombelastbarkeit von Kabeln und Leitungen im ungestörten Betrieb (DIN VDE 0298-4, Hauptabschnitt 5)

5.1 Allgemeines

Überstrom-Schutzeinrichtungen sollen sowohl bei betriebsmäßiger Überlastung (Schutz bei Überlast, **Bild 5.1**) als auch bei Kurzschluß (Schutz bei Kurzschluß, **Bild 5.2**) durch Unterbrechung des Stroms das Auftreten zu hoher Temperaturen am Leiter verhindern.

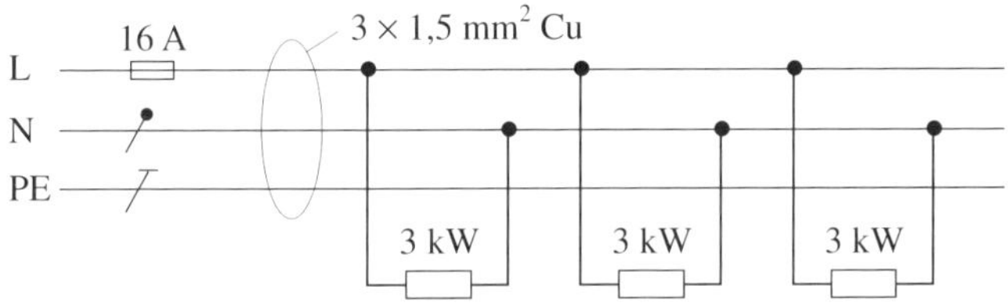

Bild 5.1 Überstrom-Schutzeinrichtung schützt bei betriebsmäßiger Überlastung

Um die richtige Überstrom-Schutzeinrichtung auszuwählen, die den Schutz eines Kabels oder einer Leitung gewährleisten soll, muß die Strombelastbarkeit des Kabels oder der Leitung bekannt sein. Der Leiterquerschnitt ist so zu wählen, daß für eine vorgegebene Belastung der Leiter an keiner Stelle und zu keinem Zeitpunkt über die zulässige Betriebstemperatur erwärmt wird. Überschreitet die Belastung der Kabel und Leitungen die jeweils zutreffende Strombelastbarkeit der angewendeten Tabellen aus DIN VDE 0298-4 nicht, so ist die Forderung erfüllt, daß für die vorgegebene Belastung der Leiter an keiner Stelle und zu keinem Zeitpunkt über die zulässige Betriebstemperatur erwärmt wird.

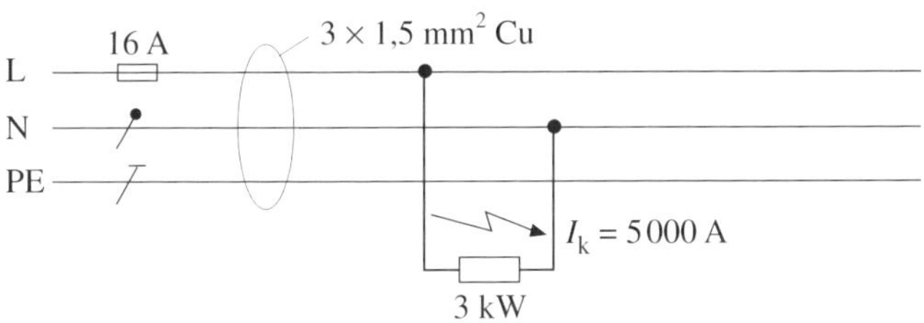

Bild 5.2 Überstrom-Schutzeinrichtung schützt bei Kurzschluß

Diese allgemeine, aber sehr wichtige Anforderung gilt immer dann als erfüllt, wenn die Belastung der Kabel oder Leitungen die jeweils zutreffende Strombelastbarkeit der Tabellen aus DIN VDE 0298-4 nicht überschreitet. Zur Erfüllung dieser Anforderung dürfen die Strombelastbarkeitswerte und die Reduktionsfaktoren für Häufung (siehe Abschnitt 5.3.4.3 dieses Buchs) für besondere Bauarten und Baugrößen von Kabeln und Leitungen und für besondere Verlegearten, für die in DIN VDE 0298-4 keine Angaben vorliegen, auch bestimmt werden durch eine der nachfolgenden Methoden:

- Rechnung, wenn eine anerkannte Berechnungsmethode verwendet und angegeben wird
- Versuch
- wie in IEC 60287 beschrieben

Die einfachste Methode wird aber in allen Fällen der Praxis das Anwenden der Tabellen aus DIN VDE 0298-4 sein.

Die Erwärmung – und damit die Strombelastbarkeit eines Kabels oder einer Leitung – ist abhängig

- vom Aufbau
- von den Werkstoffeigenschaften
- von den Betriebsbedingungen

Darüber hinaus ist eine ggf. vorhandene zusätzliche Erwärmung des Kabels oder der Leitung bei Umgebungstemperaturerhöhung durch Verlustwärme, Häufung mit anderen Kabeln oder Leitungen, durch Heizungskanäle sowie durch Sonneneinstrahlung zu berücksichtigen.

5.2 Kabel- und Leitungsaufbau sowie Werkstoffeigenschaften (DIN VDE 0298-4, Abschnitt 5.2)

5.2.1 Allgemeines

Alle vom Kabel- oder Leitungsaufbau und den Werkstoffeigenschaften bestimmten Größen der Strombelastbarkeit werden als konstante Größen angenommen und sind bei der Berechnung und Festlegung der Strombelastbarkeitswerte in den zur Verfügung stehenden Tabellen mit Strombelastbarkeitswerten von Kabeln und Leitungen, z. B. in DIN VDE 0298-4, berücksichtigt.

Solche aus dem Aufbau und den Werkstoffeigenschaften von Kabeln und Leitungen resultierenden Größen, die die Strombelastbarkeit beeinflussen, sind:

- höchste zulässige Betriebstemperatur am Leiter (siehe Abschnitt 5.2.2 dieses Buchs)
- Wirkwiderstand des Kabels oder der Leitung (siehe Abschnitt 5.2.3 dieses Buchs)

5.2.2 Höchste zulässige Betriebstemperatur am Leiter

Die jeweils höchste zulässige Betriebstemperatur wird durch die Isolierung des Kabels oder der Leitung bestimmt (**Bild 5.3**), die einen Wärmewiderstand darstellt. Dabei ist sowohl der Isolierwerkstoff als auch der Mantel- bzw. Hüllenwerkstoff von Bedeutung. Die Temperatur der Isolierung nimmt unmittelbar am Leiter den höchsten Wert an. Daher ist die Leitertemperatur an der Leiteroberfläche als Kriterium festgelegt. Als Betriebstemperaturen an der Leiteroberfläche sind nach DIN VDE 0298-4 in Abhängigkeit vom Isolierwerkstoff zulässig:

60 °C	Naturkautschuk (NR), synthetischer Kautschuk (SR)
70 °C	Polyvinylchlorid (PVC)
90 °C	Ethylen-Propylen-Kautschuk (EPM)
	Ethylen-Propylen-Dien-Kautschuk (EPDM)
	Polyvinylchlorid (PVC) mit erhöhter Wärmebeständigkeit
110 °C	Ethylen-Vinylacetat-Copolymer (EVA)
135 °C	Ethylen-Tetrafluorethylen (ETFE)
180 °C	Silikon-Kautschuk (SIR)

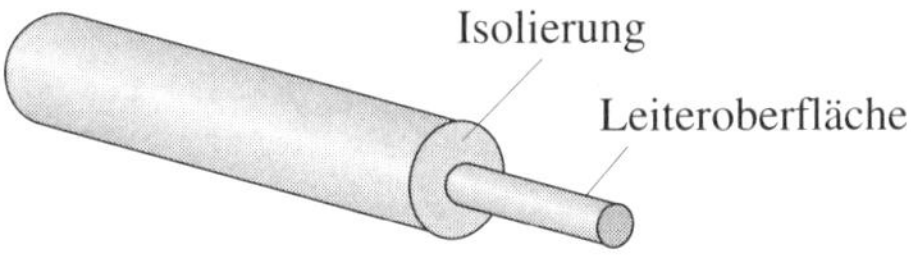

Bild 5.3 Isolierung als Einflußgröße der Strombelastbarkeit

Eine Aufstellung höchster zulässiger Betriebstemperaturen am Leiter in Abhängigkeit von der Kabel- und Leitungsbauart für Kabel und Leitungen für feste Verlegung zeigt **Tabelle 5.1** (enthalten in Tabelle 1 aus DIN VDE 0298-4), für flexible Leitungen ist sie in **Tabelle 5.2** (enthalten in Tabelle 1 aus DIN VDE 0298-4) wiedergegeben. Die Auflistung der Bauarten der Kabel und Leitungen erfolgt in den Tabellen nach aufsteigender zulässiger Betriebstemperatur am Leiter.

Alle in den Tabellen aufgeführten Strombelastbarkeitswerte wurden jeweils für die höchstzulässige Betriebstemperatur ermittelt, die in Tabelle 1 von DIN VDE 0298-4 (siehe Tabellen 5.1 und 5.2 dieses Buchs) angegeben ist.

1	2	3	4	5	6
Bauart	Bauart-kurzzeichen	Norm		zulässige Betriebs-temperatur am Leiter	Belastbarkeit nach Tabelle
			Teil	°C	
Kabel und Leitungen für feste Verlegung					
Gummi-Lichterkettenleitung	H05RN-F H05RNH2-F H03RN-F	DIN VDE 0282	8	60	5.23
Gummi-Pendelschnur	NPL	DIN VDE 0250	603	60	5.23
PVC-Lichterkettenleitung	H03VH7-H	DIN VDE 0281	8	60	5.23
PVC-Leuchtenleitung mit trennbarem Steg	H03VH7H-F	DIN VDE 0281	11	60	5.23
PVC-Verdrahtungsleitung	H05V-U H05V-K	DIN VDE 0281	3	70	5.23
PVC-Aderleitung	H07V-U H07V-R H07V-K	DIN VDE 0281	3	70	5.15 und 5.23
kältebeständige PVC-Aderleitung	H07V3-U H07V3-R H07V3-K	DIN VDE 0281	9	70	5.15 und 5.23
vernetzte PVC-Aderleitung	N05XAFX	E DIN VDE 0250	505	70	5.23
vernetzte PVC-Aderleitung	N07XAFX	E DIN VDE 0250	504	70	5.23
wetterfeste PVC-Leitung	NFYW	DIN VDE 0250	203	70	5.23
Stegleitung	NYIF NYIFY	DIN VDE 0250	201	70	5.16
PVC-Mantelleitung	NYM	DIN VDE 0250	204	70	5.15 und 5.16
PVC-Mantelleitung mit zugfester Bewehrung	NYMZ	DIN VDE 0250	205	70	5.15 und 5.16
PVC-Mantelleitung mit Tragseil	NYMT	DIN VDE 0250	206	70	5.15 und 5.16
umhüllter Rohrdraht für Räume mit Hochfrequenzanlagen	NHYRUZY	DIN VDE 0250	209	70	5.15 und 5.16
Bleimantelleitung	NYBUY	DIN VDE 0250	210	70	5.15 und 5.16
Dachständer-Einführungsleitung	NYDY	DIN VDE 0250	213	70	5.15 und 5.16
halogenfreie Mantelleitung mit verbessertem Verhalten im Brandfall	NHXMH	DIN VDE 0250	214	70	5.15 und 5.16
Installationsleitung NHMH mit speziellen Eigenschaften im Brandfall	NHMH	E DIN VDE 0250	215	70	5.15 und 5.16
Kabel mit Isolierung und Mantel aus thermoplastischem PVC mit Nenn-spannungen 0,6/1 kV	NYY 0,6/1 kV NY-CY 0,6/1 kV	DIN VDE 0276	603	70	5.15 und 5.16
wärmebeständige PVC-Verdrahtungsleitung	H05V2-U H05V2-R H05V2-K	DIN VDE 0281	7	90	5.23

Tabelle 5.1 (1. Teil) Übersicht der Kabel- und Leitungsbauarten – Kabel und Leitungen für feste Verlegung (Quelle: DIN VDE 0298-4 (**VDE 0298 Teil 4**):1998-11, Tabelle 1)

1	2	3	4	5	6
Bauart	Bauart-kurzzeichen	Norm	Teil	zulässige Betriebs-temperatur am Leiter °C	Belastbarkeit nach Tabelle
Kabel und Leitungen für feste Verlegung					
wärmebeständige PVC-Aderleitung	H07V2-U H07V2-R H07V2-K	DIN VDE 0281	7	90	5.18
halogenfreie, raucharme Aderleitung mit speziellen Eigenschaften im Brandfall	H07Z-U H07Z-R H07Z-K	DIN VDE 0282	9	90	5.18 und 5.23
halogenfreie, raucharme Verdrahtungsleitung mit speziellen Eigenschaften im Brandfall	H05Z-U H05Z-K	DIN VDE 0282	9	90	5.23
Sonder-Gummiaderleitung	NSGAÖU NSGAFÖU NSGAFCMÖU	DIN VDE 0250	602	90	5.25
halogenfreie, raucharme Sonder-Gummiaderleitung	NSHXAÖ NSHXAFÖ NSHXAFCMÖ	E DIN VDE 0250	606	90	5.25
wärmebeständige PVC-Verdrahtungsleitung in Zwillingsausführung	NYFAZW	DIN VDE 0250	102	90	5.23
wärmebeständige PVC-Schlauchleitung mit und ohne Zugentlastungselement	H03V2V2-F H03V2V2H2-F H05V2V2-F H05V2V2H2-F H05V2V2D3-F	DIN VDE 0281	12	90	5.23
Installationskabel mit Isolierung aus vernetztem Polyethylen und Mantel aus thermoplastischem PVC mit Nennspannung 0,6/1 kV	NI2XY	DIN VDE 0262	–	90	5.18 und 5.19
Kabel mit verbessertem Verhalten im Brandfall	N2XH N2XCH	DIN VDE 0276	604	90	5.18 und 5.19
Starkstromkabel mit verbessertem Verhalten im Brandfall	NHXHX FE180 NHXCHX FE180 NHXH FE180 NHXCH FE180 NHXHX NHXCHX	DIN VDE 0266	–	90	5.18 und 5.19
Kabel mit Isolierung aus vernetztem Polyethylen mit Nennspannungen 0,6/1 kV	N2XY N2X2Y	DIN VDE 0276	603	90	5.18 und 5.19
wärmebeständige Gummi-verdrahtungsleitung	H05G-U H05G-K H07G-U H07G-R H07G-K	DIN VDE 0282	7	110	5.23
ETFE-Aderleitung	N7YA N7YAF	DIN VDE 0250	106	135	5.23

Tabelle 5.1 (2. Teil) Übersicht der Kabel- und Leitungsbauarten – Kabel und Leitungen für feste Verlegung (Quelle: DIN VDE 0298-4 (**VDE 0298 Teil 4**):1998-11, Tabelle 1)

1	2	3	4	5	6
Bauart	Bauart-kurzzeichen	Norm	Teil	zulässige Betriebs-temperatur am Leiter °C	Belastbarkeit nach Tabelle
Kabel und Leitungen für feste Verlegung					
wärmebeständige Silikon-Fassungsader	N2GFA N2GFAF	DIN VDE 0250	502	180	5.23
wärmebeständige Silikonaderleitung ohne Beflechtung	H05S-U H05S-K	DIN VDE 0282	3	180	5.23
wärmebeständige Silikonaderleitung mit Beflechtung	A05SJ-U H05SJ-K	DIN VDE 0282	3	180	5.23
flexible Leitungen					
leichte Zwillingsleitung	H03VH-Y	DIN VDE 0281	5	40	1)
Zwillingsleitung	H03VH-H	DIN VDE 0281	5	40	5.23 2)
Gummiaderschnur	H03RT-F A03RT-F	DIN VDE 0282	4	60	5.23 2)
Gummischlauchleitung	NMHVÖU	DIN VDE 0250	806	60	5.23
	H05RR-F A05RR-F A05RRT-F	DIN VDE 0282	4	60	5.23 2)
	H05RN-F A05RN-F	DIN VDE 0282	4	60	5.23 2)
	H07RN-F A07RN-F	DIN VDE 0282	4	60	5.24 2)
	NSHCÖU	DIN VDE 0250	811	60	5.23
	NSHTÖU	DIN VDE 0250	814	60	5.23
Gummi-Flachleitung	NGFLGÖU	DIN VDE 0250	809	60	5.23
gummi-isolierte Aufzugssteuerleitung	H05RTD5-F H05RND5-F H05RTD3-F H05RND3-F	DIN VDE 0282	807	60	5.23
	H07RTD5-F H07RND5-F H07RTD3-F H07RND3-F	DIN VDE 0282	808	60	5.23
Schlauchleitungen mit hoher Flexibilität	H03RR-F H03RV4-F H03V4V4-F	DIN VDE 0282	14	60	5.23 2)
PVC-Schlauchleitung	H03VV-F H03VVH2-F A03VV-F H05VV-F H05VVH2-F A05VV-F	DIN VDE 0281	5	60	5.23 2)

1) Bestimmungsgemäßer Leiterquerschnitt 0,1 mm², belastbar mit 0,2 A, unabhängig von der Umgebungstemperatur

2) Belastbarkeit nach Tabelle 5.23, Spalten 3 und 4, nur für mehradrige Leitungen für Haus- oder Handgeräte

Tabelle 5.1 (3. Teil) Übersicht der Kabel- und Leitungsbauarten – Kabel und Leitungen für feste Verlegung (Quelle: DIN VDE 0298-4 (**VDE 0298 Teil 4**):1998-11, Tabelle 1)

1	2	3	4	5	6
Bauart	Bauart-kurzzeichen	Norm		zulässige Betriebs-temperatur am Leiter	Belastbarkeit nach Tabelle
			Teil	°C	
flexible Leitungen					
PVC-Wendelleitung	H03VVH8-F H03VVH2H8-F H05VVH8-F H05VVH2H8-F	DIN VDE 0281	10	60	5.23
ölbeständige PVC-Steuerleitung	H05VV5-F H05VVC4V5-K	DIN VDE 0281	13	60	5.23
PVC-isolierte Schlauchleitung mit Polyurethanmantel	NYMH11YÖ	E DIN VDE 0250	407	70	5.23[2)]
PVC-Flachleitung	H05VVH6-F H05VVD3H6-F	DIN VDE 0281	403	70	5.23
	H07VVH6-F A07VVH6-F H07VVD3H6-F A07VVD3H6-F	DIN VDE 0281	404	70	5.23
PVC-Steuerleitung	NYSLY NYSLYCY	E DIN VDE 0245	102	70	5.23
leichte, flexible PVC-Steuerleitung	NLSY NLSCY	E DIN VDE 0245	201	70	5.23
flexible PVC-Steuerleitung	NSY NSYCY	E DIN VDE 0245	202	70	5.23
halogenfreie, raucharme Schlauchleitung	H07ZZ-F	DIN VDE 0282	13	70	5.23
Schweißleitung	H01N2-D H01N2-E	DIN VDE 0282	6	85	5.26
EPR-isolierte Schlauchleitung mit Polyurethanmantel	H05BQ-F H07BQ-F	DIN VDE 0282	10	90	5.23[2)]
EPR-isolierte Schlauchleitung	H05BB-F H07BB-F H05BN4-F H07BN4-F	E DIN VDE 0282	12	90	5.23[2)]
Gummischlauchleitung	NSSHÖU	DIN VDE 0250	812	90	5.25
Leitungstrosse	NT...	DIN VDE 0250	813	90	5.25
EVA-Schlauchleitung	H05GG-F H05GGH2-F	DIN VDE 0282	11	110	5.23
Silikon-Aderschnur	N2GSA	DIN VDE 0250	815	180	5.23
wärmebeständige Silikon-Schlauchleitung	N2GMH2G	DIN VDE 0250	816	180	5.23

[1)] Bestimmungsgemäßer Leiterquerschnitt 0,1 mm^2, belastbar mit 0,2 A, unabhängig von der Umgebungstemperatur

[2)] Belastbarkeit nach Tabelle 5.23, Spalten 3 und 4, nur für mehradrige Leitungen für Haus- oder Handgeräte

Tabelle 5.2 Übersicht der Kabel- und Leitungsbauarten – flexible Leitungen (Quelle: DIN VDE 0298-4 (**VDE 0298 Teil 4**):1998-11, Tabelle 1)

5.2.3 Wirkwiderstand des Kabels oder der Leitung

Durch den Wirkwiderstand des Kabels oder der Leitung werden die Stromwärmeverluste in den Leitern, in den metallenen Hüllen oder auch in den Schutzleitern mitbestimmt. Entscheidend sind der Querschnitt und das Leitermaterial.

Für mehradrige Kabel und Leitungen mit Leiternennquerschnitten bis einschließlich 16 mm^2 Cu bezieht sich die Strombelastbarkeit in DIN VDE 0298-4 auf die Abmessungen von Kabeln und Leitungen mit Rundleitern. Bei größeren Leiternennquerschnitten, also ab 25 mm^2 Cu, bezieht sich die Strombelastbarkeit auf die Abmessungen von Kabeln mit Sektorleitern.

Berücksichtigt sind bei den Angaben der Strombelastbarkeitswerte in den Tabellen von DIN VDE 0298-4 auch die durchaus vorkommenden Unterschiede in den Kabel- und Leitungskonstruktionen. Insbesondere Leiterabmessungen und Fertigungstoleranzen führen zu einer Streuung der möglichen Strombelastbarkeitsgrößen bei jedem Leiternennquerschnitt. Die in den Tabellen von DIN VDE 0298-4 aufgeführten Strombelastbarkeitswerte wurden so festgelegt, daß sie auf der sicheren Seite liegen.

Für die in DIN VDE 0298-4 genannten Strombelastbarkeitswerte ist bei Wechsel- und Drehstrom eine Frequenz von 50 Hz bis 60 Hz vorausgesetzt. Bei höheren Frequenzen erhöht sich der Wirkwiderstand, die Strombelastbarkeit wird jedoch dadurch verringert.

5.3 Betriebsbedingungen (Betriebsart, Verlege- und Umgebungsbedingungen) (DIN VDE 0298-4, Abschnitt 5.3)

5.3.1 Allgemeines

Den Strombelastbarkeitswerten sind konkrete Betriebsbedingungen zugeordnet. Zu unterscheiden sind:

- Betriebsart (siehe Abschnitt 5.3.2 dieses Buchs)
- Verlegebedingungen (siehe Abschnitt 5.3.3 dieses Buchs)
- Umgebungsbedingungen (siehe Abschnitt 5.3.4 dieses Buchs)

Diese für die Bemessung von Kabeln und Leitungen vorgegebenen Betriebsbedingungen ergeben konkrete Strombelastbarkeitswerte. Für abweichende Betriebsbedingungen, z. B. Häufung, andere Umgebungstemperatur, müssen Umrechnungsfaktoren berücksichtigt werden.

5.3.2 Betriebsart (DIN VDE 0298-4, Unterabschnitt 5.3.1)

Die Betriebsart beschreibt den zeitlichen Verlauf des Stroms. Für den Schutz gegen zu hohe Erwärmung bei Überlast ist zunächst die Strombelastbarkeit im Dauerbetrieb festzulegen.
Der Dauerbetrieb ist ein Betrieb mit konstantem Strom. Die Dauer des Betriebs reicht aus, den thermischen Beharrungszustand (Nenntemperatur) zu erreichen (**Bild 5.4**). Der Dauerbetrieb ist sonst aber zeitlich nicht begrenzt. Er kann – der Name sagt es schon – auch nach Erreichen des thermischen Beharrungszustands dauernd weitergeführt werden.

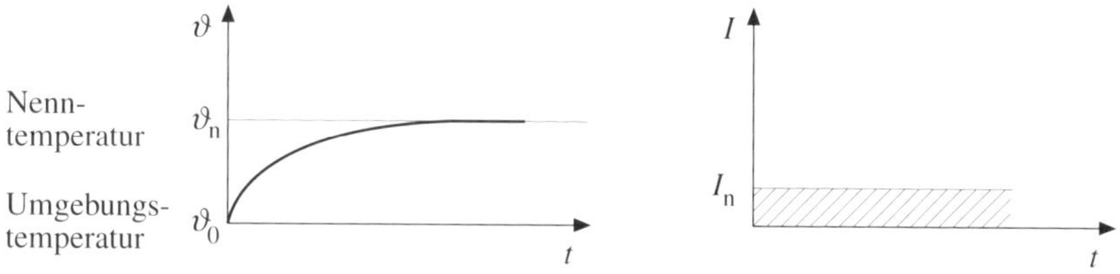

Bild 5.4 Dauerbetrieb (DB)

Den in DIN VDE 0298-4 genannten Strombelastbarkeitswerten liegt Dauerbetrieb zugrunde, die höchste zulässige Betriebstemperatur am Leiter (siehe Abschnitt 5.2.2 dieses Buchs) wird also erreicht.
Aussagen zum Aussetz- und Kurzzeitbetrieb siehe Abschnitt 5.4.11.2 dieses Buchs.

5.3.3 Verlegebedingungen (Verlegearten) (DIN VDE 0298-4, Abschnitt 5.3.2)

5.3.3.1 Allgemeines

Die Strombelastbarkeit eines Kabels oder einer Leitung wird in starkem Maß durch die Verlegebedingungen, d. h. durch die unterschiedlichen Wärmewiderstände der Umgebung, bestimmt. Den höchsten Wärmewiderstand hat stehende Luft, z. B. bei Verlegen in Rohren. Eine gute Wärmeableitung ergibt sich beim Verlegen der Kabel und Leitungen im Mauerwerk oder in freier Luft. Nach DIN VDE 0298-4 sind Verlegebedingungen zu unterscheiden für

- Kabel und Leitungen für feste Verlegung in Gebäuden
- flexible Leitungen für Nennspannungen bis 1 000 V
- wärmebeständige Leitungen
- Gummischlauchleitungen 07RN bei industrieller Anwendung
- flexible Leitungen mit Nennspannungen ab 0,6/1 kV
- Schweißleitungen

Hinsichtlich der unterschiedlichen Verlegearten sind von Bedeutung:

5.3.3.2 Verlegebedingungen für Kabel und Leitungen für feste Verlegung in Gebäuden

Nach der aktuellen DIN VDE 0298-4 (**VDE 0298 Teil 4**):1998-11 unterscheidet man die Referenzverlegearten A1, A2, B1, B2, C, E, F und G. Gegenüber der alten DIN VDE 0298-4 (**VDE 0298 Teil 4**):1988-02 gibt es nun acht Referenzverlegearten, vorher waren es nur fünf (A, B1, B2, C und E). Neu ist die Unterscheidung in A1 und A2. Hinzugekommen sind die Referenzverlegearten F und G.
Die Hauptunterscheidungsmerkmale der Referenzverlegearten sind

- Verlegung in wärmegedämmten Wänden (A1, A2)
- Verlegung in Elektro-Installationsrohren (B1, B2)
- direkte Verlegung (C)
- Verlegung frei in Luft (E, F, G)

Die Unterscheidungsdetails der Referenzverlegearten stellen sich wie folgt dar:

Verlegung in wärmegedämmten Wänden

- Referenzverlegeart A1 (**Bild 5.5**)
  Aderleitungen im Elektro-Installationsrohr in einer wärmegedämmten Wand
- Referenzverlegeart A2 (**Bild 5.6**)
  Mehradriges Kabel oder mehradrige Mantelleitung in einem Elektro-Installationsrohr in einer wärmegedämmten Wand

Verlegung in Elektro-Installationsrohren

- Referenzverlegeart B1 (**Bild 5.7**)
  Aderleitungen im Elektro-Installationsrohr auf einer Wand (Holzwand)
- Referenzverlegeart B2 (**Bild 5.8**)
  Mehradriges Kabel oder mehradrige Mantelleitung in einem Elektro-Installationsrohr auf einer Wand (Holzwand)

Direkte Verlegung

- Referenzverlegeart C (**Bild 5.9**)
  Ein- oder mehradriges Kabel oder ein- oder mehradrige Mantelleitung auf einer Wand (Holzwand)

Verlegung frei in Luft

- Referenzverlegeart E (**Bild 5.10**)
  Mehradriges Kabel oder mehradrige Mantelleitung frei in Luft mit Abstand von mindestens 0,3 × Durchmesser D zur Wand
- Referenzverlegeart F (**Bild 5.11**)
  Einadrige Kabel oder einadrige Mantelleitungen, mit Berührung, frei in Luft mit Abstand von mindestens 1 × Durchmesser D zur Wand.
- Referenzverlegeart G (**Bild 5.12**)
  Einadrige Kabel oder einadrige Mantelleitungen, mit Abstand D, frei in Luft mit Abstand von mindestens 1 × Durchmesser D zur Wand.

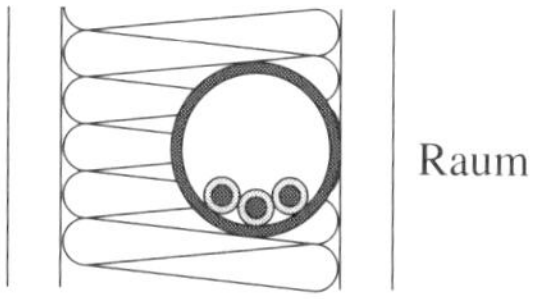

Bild 5.5 Verlegung in wärmegedämmten Wänden – Referenzverlegeart A1

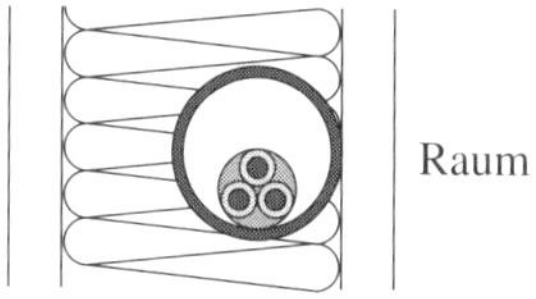

Bild 5.6 Verlegung in wärmegedämmten Wänden – Referenzverlegeart A2

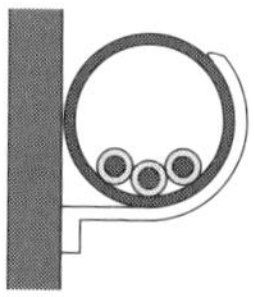

Bild 5.7 Verlegung in Elektro-Installationsrohren – Referenzverlegeart B1

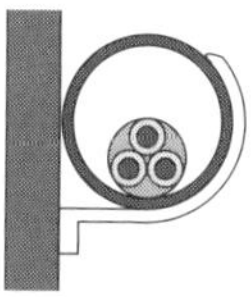

Bild 5.8 Verlegung in Elektro-Installationsrohren – Referenzverlegeart B2

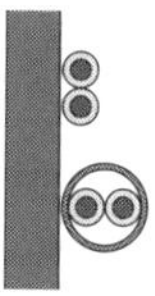

Bild 5.9 Direkte Verlegung – Referenzverlegeart C

Eine Aufstellung der Referenzverlegearten mit Zuordnung weiterer Betriebsbedingungen zeigt **Tabelle 5.3** (entspricht Tabelle 2 aus DIN VDE 0298-4).

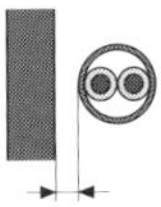

Bild 5.10 Verlegung frei in Luft – Referenzverlegeart E

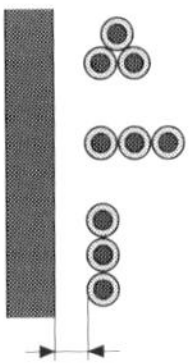

Bild 5.11 Verlegung frei in Luft – Referenzverlegeart F

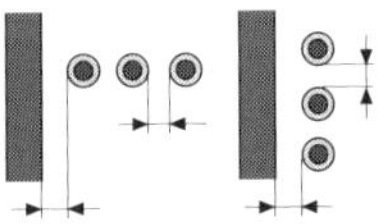

Bild 5.12 Verlegung frei in Luft – Referenzverlegeart G

Schon an dieser Stelle sei darauf hingewiesen, daß es sich bei den Wänden der Referenzverlegearten B1, B2 und C um Holzwände handelt, also um die thermisch ungünstigste Bedingung. Bei thermisch günstigeren Wandarten, z. B. Mauerwerk, Putz, Gipskartonplatten, liegen die Strombelastbarkeiten somit auf der sicheren Seite.

Selbstverständlich sind für die Referenzverlegearten auch Randbedingungen vorhanden. Um weitere Verlegearten den Referenzverlegearten zuordnen zu können, ist die Kenntnis dieser Randbedingungen erforderlich.

1	2	3	4	5	6	7
vereinbarte Betriebsbedingungen					abweichende Betriebsbedingungen	
Betriebsart Dauerbetrieb mit den Werten der Belastbarkeit nach den Tabellen 3, 4, 5 und 6[2]					–	
	Angaben zur Strombelastbarkeit von Kabeln und Leitungen mit einer zulässigen Betriebstemperatur am Leiter von				Umrechnungsfaktoren für	
	70 °C		90 °C			
	Anzahl der Adern				Häufung	vieladrige Kabel oder Leitungen
	2	3	2	3		
Verlegebedingungen	in Tabelle[2]/Spalte				in Tabelle[2]	
Verlegung in wärmegedämmten Wänden						
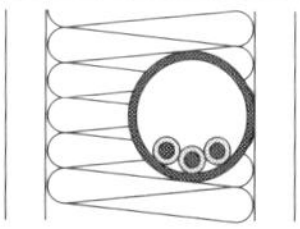 Raum *Referenzverlegeart A1* Aderleitungen im Elektro-Installationsrohr in einer wärmegedämmten Wand	3/2	3/3	5/2	5/3	17 (5.10)	–
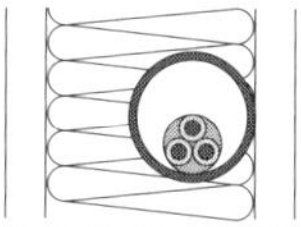 Raum *Referenzverlegeart A2* Mehradriges Kabel oder mehradrige Mantelleitung in einem Elektro-Installationsrohr in einer wärmegedämmten Wand	3/4	3/5	5/4	5/5	17 (5.10)	20 (5.13)
Verlegung in Elektro-Installationsrohren						
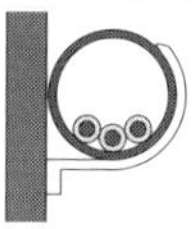 *Referenzverlegeart B1* Aderleitungen im Elektro-Installationsrohr auf einer Wand[1]	3/6	3/7	5/6	5/7	17 (5.10)	–
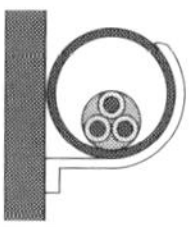 *Referenzverlegeart B2* Mehradriges Kabel oder mehradrige Mantelleitung in einem Elektro-Installationsrohr auf einer Wand[1]	3/8	3/9	5/8	5/9	17 (5.10)	20 (5.13)
Direkte Verlegung						
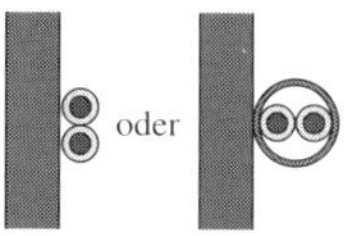 *Referenzverlegeart C* Ein- oder mehradriges Kabel oder ein- oder mehradrige Mantelleitung auf einer Wand[1]	4/2	4/3	6/2	6/3	17 (5.10)	20 (5.13)

[1] Die Belastbarkeit für die Verlegearten B1, B2 und C in den Tabellen 3 bis 6 sowie A1 und A2 (entspricht Tabellen 5.15 bis 5.19 sowie 5.21 und 5.22 in diesem Buch) wurden ermittelt für die Verlegung auf einer Holzwand als die thermisch ungünstigste Bedingung. Für andere Wandarten, z. B. Mauerwerk, Putz, Gipskartonplatten usw., liegen diese Belastbarkeiten auf der sicheren Seite.

[2] Schlüssel der Numerierung zwischen Norm und Buch siehe Fußnote [1] und Klammerangaben

Tabelle 5.3 (1. Teil) Betriebsbedingungen und Referenzverlegearten für Kabel und Leitungen für feste Verlegung in Gebäuden (Quelle: DIN VDE 0298-4 (**VDE 0298 Teil 4**):1998-11, Tabelle 2)

1	2	3	4	5	6	7
vereinbarte Betriebsbedingungen					abweichende Betriebsbedingungen	
Betriebsart Dauerbetrieb mit den Werten der Belastbarkeit nach den Tabellen 3, 4, 5 und 6 2)					–	
	Angaben zur Strombelastbarkeit von Kabeln und Leitungen mit einer zulässigen Betriebstemperatur am Leiter von				Umrechnungsfaktoren für	
	70 °C		90 °C			
	Anzahl der Adern				Häufung	vieladrige Kabel oder Leitungen
	2	3	2	3		
Verlegebedingungen	in Tabelle 2)/Spalte				in Tabelle 2)	
Verlegung frei in Luft						
 *Referenzverlegeart E* Mehradriges Kabel oder mehradrige Mantelleitung frei in Luft mit Abstand von mindestens 0,3 × Durchmesser *D* zur Wand	4/4	4/5	6/4	6/5	18 (5.11)	20 (5.13)
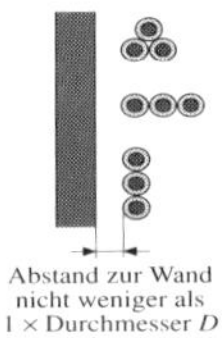 *Referenzverlegeart F* Einadrige Kabel oder einadrige Mantelleitungen, mit Berührung, frei in Luft mit Abstand von mindestens 1 × Durchmesser *D* zur Wand	4/6	4/7 und 4/8	6/6	6/7 und 6/8	19 (5.12)	–
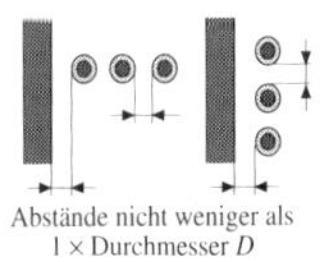 *Referenzverlegeart G* Einadrige Kabel oder einadrige Mantelleitungen, mit Abstand *D*, frei in Luft mit Abstand von mindestens 1 × Durchmesser *D* zur Wand	–	4/9 und 4/10	–	6/9 und 6/10	–	–
Umgebungsbedingungen						
Ausreichend große oder belüftete Räume, in denen die Umgebungstemperatur durch die Verlustwärme der Kabel oder Leitungen nicht merklich erhöht wird.						
Umgebungstemperatur 30 °C					siehe Tabelle 5.9	
Schutz gegen direkte Wärmebestrahlung durch Sonne usw.					siehe 5.3.4.4 dieses Buchs	
2) Schlüssel der Numerierung zwischen Norm und Buch siehe Fußnote 1) und Klammerangaben						

Tabelle 5.3 (2. Teil) Betriebsbedingungen und Referenzverlegearten für Kabel und Leitungen für feste Verlegung in Gebäuden (Quelle: DIN VDE 0298-4 (**VDE 0298 Teil 4**):1998-11, Tabelle 2)

Referenzverlegearten A1 und A2

Die Wand besteht aus einer äußeren wetterfesten Platte, der Wärmedämmung und einer inneren Platte aus Holz oder holzähnlichem Material. Der Wärmeleitwiderstand der inneren Platte beträgt 0,1 K·m/W. Das Elektro-Installationsrohr ist so auf der inneren Wand angebracht, daß es dicht an diese Wand anschließt, sie aber nicht unbedingt berühren muß. Es wird angenommen, daß die Verlustwärme nur über die innere Platte abgeleitet wird. Das Rohr kann aus Metall oder Kunststoff bestehen.

Referenzverlegearten B1 und B2

Das Elektro-Installationsrohr ist so auf einer Holzwand befestigt, daß der Abstand zwischen Rohr und Wandoberfläche kleiner ist als der 0,3fache Rohrdurchmesser. Das Elektro-Installationsrohr kann aus Metall oder Kunststoff bestehen. Dort, wo es unmittelbar auf Mauerwerk, Putz usw. verlegt ist, kann die Strombelastbarkeit der Kabel oder Leitungen höher sein. Die Anwendung der Referenzverlegearten B1 und B2 bei Verlegung des Elektro-Installationsrohrs unmittelbar auf Mauerwerk, Putz usw. liegt also auf der sicheren Seite und ist ohne Probleme. Bei CENELEC sollen entsprechende Untersuchungen durchgeführt werden.

Referenzverlegeart C

Das Kabel oder die Leitung ist so auf einer Holzwand befestigt, daß der Abstand zwischen dem Kabel bzw. der Leitung und der Wandoberfläche kleiner ist als der 0,3fache Außendurchmesser des Kabels bzw. der Leitung. Dort, wo das Kabel oder die Leitung unmittelbar auf oder im Mauerwerk (unter Putz) verlegt ist, kann die Strombelastbarkeit höher sein. Die Anwendung der Verlegeart C bei Verlegung von Kabeln oder Leitungen unmittelbar auf oder im Mauerwerk (unter Putz) liegt also auf der sicheren Seite und bringt keine Probleme. Bei CENELEC sollen entsprechende Untersuchungen durchgeführt werden.

Referenzverlegearten E, F und G

Das Kabel oder die Leitung ist so verlegt, daß die Wärmeabfuhr nicht behindert wird. Eine Erwärmung durch Sonneneinstrahlung oder andere Wärmequellen ist zu berücksichtigen. Es sollte darauf geachtet werden, daß die natürliche Konvektion der Luft nicht behindert ist. In der Praxis reicht es aus, wenn der Abstand zwischen dem Kabel bzw. der Leitung und jeder angrenzenden Fläche größer ist als das 0,3fache des Außendurchmessers eines mehradrigen Kabels oder einer mehradrigen Mantelleitung. Bei einadrigen Kabeln oder Mantelleitungen ist ein Abstand vom 1,0fachen Außendurchmesser ausreichend, um die Strombelastbarkeitsangaben für die Verlegung frei in Luft anzuwenden.

Weitere übliche Verlegearten von Kabeln und Leitungen für feste Verlegung in Gebäuden, die den Referenzverlegearten zugeordnet wurden, sind **Tabelle 5.4** (entspricht Tabelle 7 aus DIN VDE 0298-4) zu entnehmen. Damit können so gut wie alle in der Praxis vorkommenden Verlegearten den Referenzverlegearten zugeordnet werden. Die in dieser Tabelle dargestellten Verlegearten wurden bereits in Tabelle 52 H von DIN VDE 0100-520 veröffentlicht.

1	2	3	4
Kenn-ziffer	Verlegeart	Beschreibung	Referenzverlegeart zur Ermittlung der Strombelastbarkeit
1	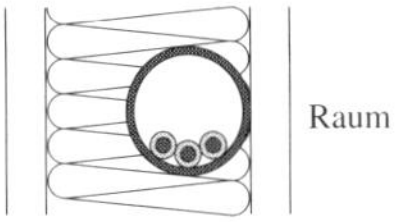	Verlegung in einer wärmegedämmten Wand; die Wandinnenseite hat einen spezifischen Wärmeleitwiderstand von höchstens 0,1 $m^2 \cdot K/W$ – Aderleitungen im Elektro-Installationsrohr	A1
2	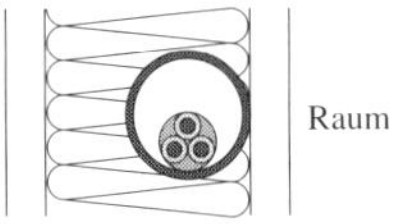	– mehradriges Kabel oder mehradrige Mantelleitung im Elektro-Installationsrohr	A2
3A	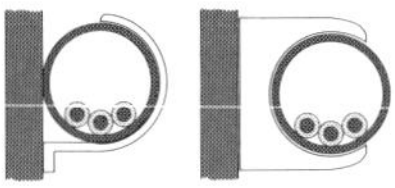	Verlegung im Elektro-Installationsrohr auf einer Wand oder mit einem Abstand kleiner als der 0,3fache Außendurchmesser des Elektro-Installationsrohrs von einer Wand – Aderleitungen oder einadrige Kabel bzw. Mantelleitungen	B1
3B	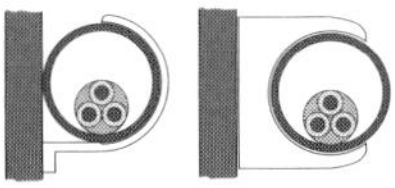	– mehradriges Kabel oder mehradrige Mantelleitung	B2
4A		Verlegung im geschlossenen Elektro-Installationskanal auf einer Wand – Aderleitungen oder einadrige Kabel bzw. Mantelleitungen	B1
4B	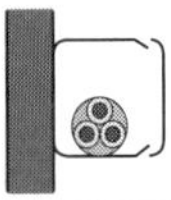	– mehradriges Kabel oder mehradrige Mantelleitung	[1]
5A	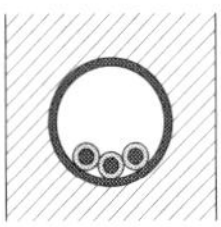	Verlegung im Elektro-Installationsrohr im Mauerwerk/ Beton; der spezifische Wärmewiderstand des Mauerwerks/ Betons beträgt höchstens 2 $K \cdot m/W$ – Aderleitungen oder einadrige Kabel bzw. Mantelleitungen	B1
5B		– mehradriges Kabel oder mehradrige Mantelleitung	[1]

Tabelle 5.4 (1. Teil) Verlegearten von Kabeln und Leitungen für feste Verlegung in Gebäuden (Quelle: DIN VDE 0298-4 (**VDE 0298 Teil 4**):1998-11, Tabelle 7)

1	2	3	4
Kenn-ziffer	Verlegeart	Beschreibung	Referenzverlegeart zur Ermittlung der Strombelastbarkeit
		ein- oder mehradrige(s) Kabel oder Mantelleitung	
11A	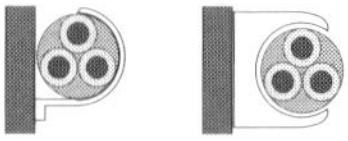	– auf einer Wand oder mit einem Abstand kleiner als dem 0,3fachen Außendurchmesser des Kabels/der Leitung von einer Wand	C
11B		– unter der Decke	C in Verbindung mit Tabelle 5.10
11C	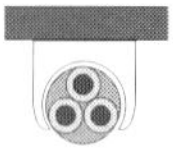	– mit Abstand von einer Decke	[2]
12	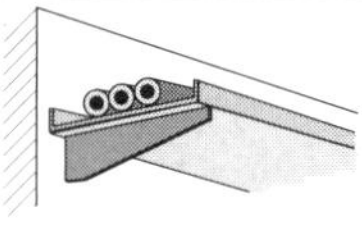	ein- oder mehradrige(s) Kabel oder Mantelleitung – auf nicht gelochter Kabelwanne[3]	C
13	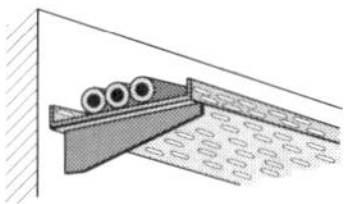	ein- oder mehradrige(s) Kabel oder Mantelleitung – auf gelochter Kabelwanne horizontal oder vertikal	E oder F
14	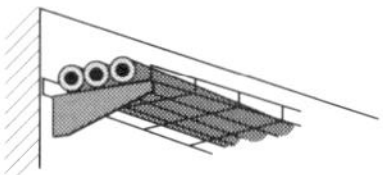	ein- oder mehradrige(s) Kabel oder Mantelleitung – auf Kabelkonsolen	E, F oder G
15	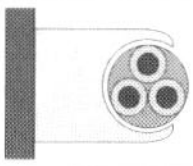	ein- oder mehradrige(s) Kabel oder Mantelleitung – mit einem Abstand von mehr als dem 0,3fachen Außendurchmesser des Kabels/der Leitung von einer Wand	E, F oder G
16		ein- oder mehradrige(s) Kabel oder Mantelleitung – auf Kabelpritsche	E, F oder G
17	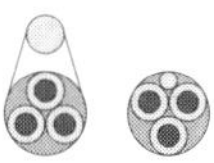	ein- oder mehradrige(s) Kabel oder Mantelleitung – abgehängt an einem Tragseil oder mit eingebautem Tragseil	E oder F
18	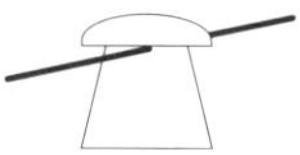	blanke Leiter oder Aderleitungen auf Isolatoren	G

Tabelle 5.4 (2. Teil) Verlegearten von Kabeln und Leitungen für feste Verlegung in Gebäuden (Quelle: DIN VDE 0298-4 (**VDE 0298 Teil 4**):1998-11, Tabelle 7)

1	2	3	4
Kenn-ziffer	Verlegeart	Beschreibung	Referenzverlegeart zur Ermittlung der Strombelastbarkeit
21	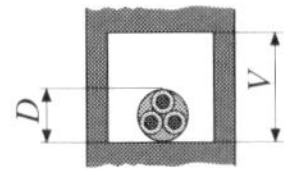	Verlegung in einem Gebäudehohlraum – ein- oder mehradrige(s) Kabel oder Mantelleitung[6,7]	[4]
22A	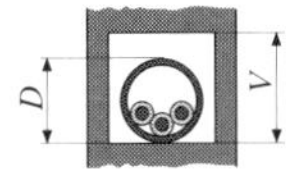	Verlegung in einem Gebäudehohlraum – Aderleitungen im Elektro-Installationsrohr[6,8]	[5]
22B		– ein- oder mehradrige(s) Kabel oder Mantelleitung im Elektro-Installationsrohr	Soll bei CENELEC noch untersucht werden
23A	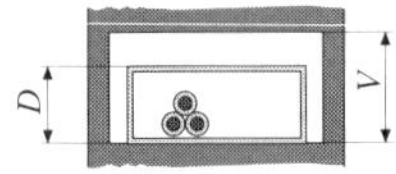	Verlegung in einem Gebäudehohlraum – Aderleitungen im geschlossenen Elektro-Installationskanal[6,8]	[5]
23B	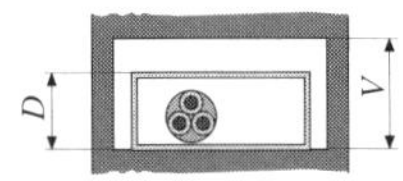	– ein- oder mehradrige(s) Kabel oder Mantelleitung im geschlossenen Elektro-Installationskanal	Soll bei CENELEC noch untersucht werden
24A	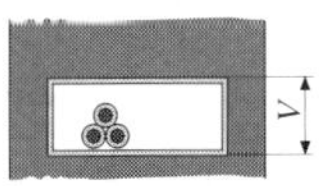	Verlegung in einem geschlossenen Elektro-Installationskanal im Mauerwerk/Beton mit einem spezifischen Wärmewiderstand von höchstens 2 K · m/W – Aderleitungen[6,7]	[4]
24B		– ein- oder mehradrige(s) Kabel oder Mantelleitung	Soll bei CENELEC noch untersucht werden
25	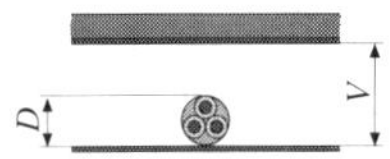	ein- oder mehradrige(s) Kabel bzw. Mantelleitung[6,7] – im Deckenhohlraum – im aufgestellten Fußboden oder Stegleitung in Hohlräumen aus nicht brennbaren Baustoffen	[4]

Tabelle 5.4 (3. Teil) Verlegearten von Kabeln und Leitungen für feste Verlegung in Gebäuden (Quelle: DIN VDE 0298-4 (**VDE 0298 Teil 4**):1998-11, Tabelle 7)

1	2	3	4
Kenn-ziffer	Verlegeart	Beschreibung	Referenzverlegeart zur Ermittlung der Strombelastbarkeit
		Verlegung in einem Elektro-Installationskanal auf einer Wand Aderleitungen oder einadrige Kabel oder Mantelleitungen	
31A		– horizontaler Verlauf[9)]	B1
32A		– vertikaler Verlauf[9),10)]	B1
		Verlegung in einem Elektro-Installationskanal auf einer Wand mehradriges Kabel oder mehradrige Mantelleitung	
31B	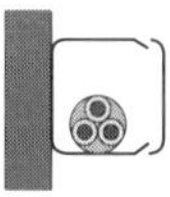	– horizontaler Verlauf[9)]	[11)]
32B		– vertikaler Verlauf[9),10)]	[11)]
		Verlegung in einem Elektro-Installationskanal für Unterflurverlegung	
33A		– Aderleitungen[9)]	B1
33B		– mehradriges Kabel oder mehradrige Mantelleitung[9)]	B2
		Verlegung in einem abgehangten Elektro-Installationskanal	
34A	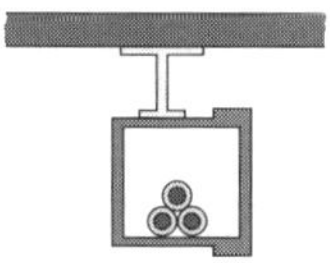	– Aderleitungen[9)]	B1
34B	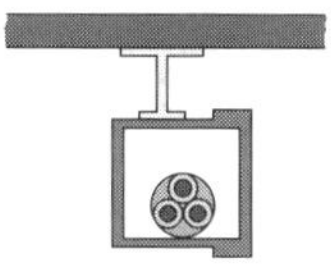	– mehradriges Kabel oder mehradrige Mantelleitung[9)]	B2

Tabelle 5.4 (4. Teil) Verlegearten von Kabeln und Leitungen für feste Verlegung in Gebäuden (Quelle: DIN VDE 0298-4 (**VDE 0298 Teil 4**):1998-11, Tabelle 7)

1	2	3	4
Kenn-ziffer	Verlegeart	Beschreibung	Referenzverlegeart zur Ermittlung der Strombelastbarkeit
41	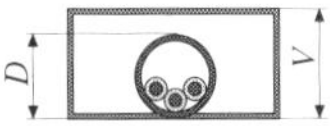	Aderleitungen in einem Elektro-Installationsrohr in einem unbelüfteten Kabelkanal mit horizontalem oder vertikalem Verlauf	[12]
42	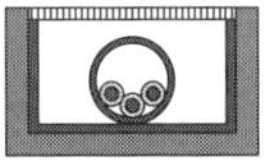	Aderleitungen in einem Elektro-Installationsrohr in einem belüfteten Kabelkanal im Fußboden[13], [14]	B1
43		ein- oder mehradrige(s) Kabel oder Mantelleitung in einem offenen oder belüfteten Kabelkanal mit horizontalem oder vertikalem Verlauf[14]	B1
51	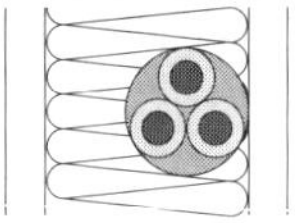	mehradriges Kabel oder mehradrige Mantelleitung direkt in einer wärmegedämmten Wand	A2
52	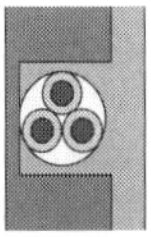	ein- oder mehradrige(s) Kabel oder Mantelleitung direkt im Mauerwerk oder Beton mit einem spezifischen Wärmewiderstand von höchstens 2 K · m/W – ohne zusätzlichen mechanischen Schutz[15]	C
53		ein- oder mehradrige(s) Kabel bzw. Mantelleitung direkt im Mauerwerk oder Beton mit einem spezifischen Wärmewiderstand von höchstens 2 K · m/W – mit zusätzlichem mechanischem Schutz[15]	C
–	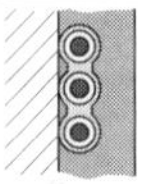	Stegleitung im und unter Putz	C
71	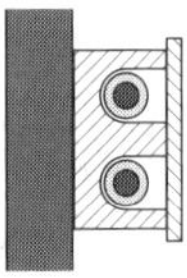	Aderleitungen in Formleisten oder Formteilen[16]	A1

Tabelle 5.4 (5. Teil) Verlegearten von Kabeln und Leitungen für feste Verlegung in Gebäuden (Quelle: DIN VDE 0298-4 (**VDE 0298 Teil 4**):1998-11, Tabelle 7)

1	2	3	4
Kenn-ziffer	Verlegeart	Beschreibung	Referenzverlegeart zur Ermittlung der Strombelastbarkeit
		Verlegung in einem Fußbodenleistenkanal	
72A		– Aderleitungen oder einadrige Kabel oder Mantelleitung	B1
72B		– Mehradriges Kabel oder mehradrige Mantelleitung	B2
73		Aderleitungen im Elektro-Installationsrohr oder ein- oder mehradrige(s) Kabel oder Mantelleitung in Türfüllungen	A1
74		Aderleitungen im Elektro-Installationsrohr oder ein- oder mehradrige(s) Kabel oder Mantelleitung im Fensterrahmen	A1

Tabelle 5.4 (6. Teil) Verlegearten von Kabeln und Leitungen für feste Verlegung in Gebäuden (Quelle: DIN VDE 0298-4 (**VDE 0298 Teil 4**):1998-11, Tabelle 7)
Fußnoten siehe nächste Seite!

1) Soll bei CENELEC noch untersucht werden; Werte für Referenzverlegeart B2 dürfen verwendet werden.

2) Soll bei CENELEC noch untersucht werden; Werte für Referenzverlegeart C dürfen verwendet werden.

3) Eine Kabelwanne gilt als nicht gelocht, wenn die Löcher weniger als 30 % der Gesamtfläche umfassen.

4) Wenn $1{,}5\,D \leq V < 5\,D$, dann gilt Verlegeart B2. Wenn $5\,D \leq V < 50\,D$, dann gilt Verlegeart B1.

5) Wenn $1{,}5\,D \leq V < 20\,D$, dann gilt Verlegeart B2. Wenn $20\,D \leq V$, dann gilt Verlegeart B1.

6) *V* ist das kleinere Maß oder der Durchmesser eines Gebäudekanals oder eines Gebäudehohlraums oder die innere Höhe eines rechtwinkligen, geschlossenen Elektro-Installationskanals, Fußboden- oder Deckenhohlraumes.
Wenn $V > 50\,D$, kann die jeweils zutreffende Belastbarkeit für die Verlegearten C, E oder F angewandt werden.
Die innere Höhe des Hohlraumes ist entscheidender als die Breite.

7) *D* ist der Außendurchmesser eines mehradrigen Kabels oder einer mehradrigen Mantelleitung.
D ist das 2,2fache des Außendurchmessers, wenn drei einadrige Kabel oder einadrige Mantelleitungen zum Dreieck gebündelt sind.
D ist das 3fache des Außendurchmessers, wenn einadrige Kabel oder einadrige Mantelleitungen flach in einer Ebene verlegt sind.

8) *D* ist der Außendurchmesser eines Elektro-Installationsrohres oder die Höhe eines geschlossenen Elektro-Installationskanals.

9) Wenn im Elektro-Installationskanal mehr als ein Stromkreis verlegt ist, müssen die Umrechnungsfaktoren nach Tabelle 5.10 angewandt werden, unabhängig davon, ob eine innere Unterteilung oder Abtrennung im Kanal vorhanden ist.

10) Bei vertikaler Verlegung von Kabeln oder Leitungen mit eingeschränkter Belüftung müssen besondere Überlegungen getroffen werden. Die Umgebungstemperatur im Kanal am oberen Ende der vertikalen Verlegung kann beträchtlich erhöht sein. Diese Thematik wird bei CENELEC noch untersucht.

11) Wird bei CENELEC noch untersucht; Werte für Referenzverlegeart B2 dürfen verwendet werden.

12) Wenn $1{,}5\,D \leq V < 20\,D$, dann gilt Verlegeart B2, wenn $20\,D \leq V$, dann gilt Verlegeart B1.
D ist der Außendurchmesser des Elektro-Installationsrohrs.
V ist die innere Höhe des Kabelkanals.
Die innere Höhe des Hohlraumes ist entscheidender als die Breite.

13) Wird ein mehradriges Kabel oder eine mehradrige Mantelleitung in der Verlegeart mit der Kennziffer 42 verlegt, gilt die Referenzverlegeart B2.

14) Es wird empfohlen, diese Verlegeart nur dort zu verwenden, wo der Zugang auf befugte Personen beschränkt ist und die Reduzierung der Strombelastbarkeit sowie das Feuerrisiko aufgrund einer Anhäufung von Abfall vermieden werden können.

15) Bei Kabel und Leitungen mit einem Leiternennquerschnitt $\leq 16\ \text{mm}^2$ kann die Belastbarkeit bei dieser Verlegeart höher sein.

16) Die thermische Leitfähigkeit der Umhüllung wird wegen des verwendeten Materials und der möglichen Lufteinschlüsse als sehr ungünstig angenommen. Bei einer Bauausführung, die thermisch einer der Verlegearten mit den Kennziffern 31 oder 32 entspricht, dürfen die Belastbarkeiten der Referenzverlegearten B1 oder B2 angewendet werden.

Anmerkung
Bei vertikaler Verlegung von Kabeln und Leitungen mit eingeschränkter Belüftung müssen besondere Überlegungen getroffen werden. Die Umgebungstemperatur am oberen Ende der vertikalen Verlegung kann beträchtlich erhöht sein. Diese Thematik soll bei CENELEC noch untersucht werden.

Tabelle 5.4 (7. Teil) Verlegearten von Kabeln und Leitungen für feste Verlegung in Gebäuden (Fußnoten) (Quelle: DIN VDE 0298-4 (**VDE 0298 Teil 4**):1998-11, Tabelle 7)

An dieser Stelle muß aber noch einmal darauf hingewiesen werden, daß es sich bei den Wänden der Referenzverlegearten B1, B2 und C um Holzwände handelt, also um die thermisch ungünstigste Bedingung. Dementsprechend sind auch in Deutschland übliche und wichtige Verlegearten bei den bildlichen Darstellungen der Referenzverlegearten für Kabel und Leitungen für feste Verlegung in Gebäuden in Tabelle 2 von DIN VDE 0298-4 und damit in Tabelle 5.3 dieses Buchs nicht zu finden.
Zu nennen sind z. B. die der Referenzverlegeart C „direkte Verlegung“ zuzuordnende Verlegung von

- ein- oder mehradrigen Kabeln oder Mantelleitungen direkt im Mauerwerk oder Beton (**Bild 5.13**)
- Stegleitungen im und unter Putz (**Bild 5.14**)

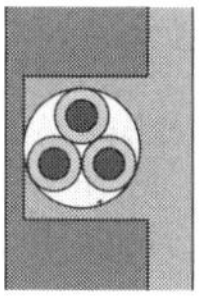

Bild 5.13 Direkte Verlegung – ein- oder mehradrige Kabel oder Mantelleitungen direkt im Mauerwerk oder Beton (entspricht Referenzverlegeart C)

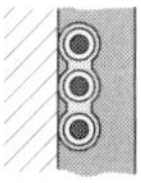

Bild 5.14 Direkte Verlegung – Stegleitung im und unter Putz (entspricht Referenzverlegeart C)

Bei den der Referenzverlegeart B „Verlegung in Elektro-Installationsrohren" zuzuordnenden Verlegungen sind z. B. zu nennen die Verlegung von

- Aderleitungen oder einadrigen Kabeln bzw. Mantelleitungen (**Bild 5.15**) bzw. mehradrigen Kabeln oder mehradrigen Mantelleitungen im geschlossenen Elektro-Installationskanal auf einer Wand (**Bild 5.16**)

Bild 5.15 Verlegung von Aderleitungen oder einadrigen Kabel- bzw. Mantelleitungen im geschlossenen Elektro-Installationskanal auf einer Wand (entspricht Referenzverlegeart B1)

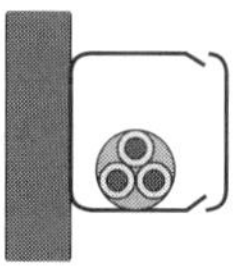

Bild 5.16 Verlegung von mehradrigen Kabeln oder mehradrigen Mantelleitungen im geschlossenen Elektro-Installationskanal auf einer Wand (entspricht Referenzverlegeart B2)

- Aderleitungen oder einadrigen Kabeln bzw. Mantelleitungen (**Bild 5.17**) bzw. mehradrigen Kabeln oder mehradrigen Mantelleitungen im Elektro-Installationsrohr im Mauerwerk/Beton (**Bild 5.18**)

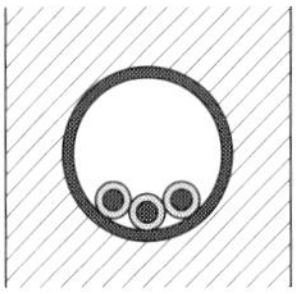

Bild 5.17 Verlegung von Aderleitungen oder einadrigen Kabeln bzw. Mantelleitungen im Elektro-Installationsrohr im Mauerwerk/Beton (entspricht Referenzverlegeart B1)

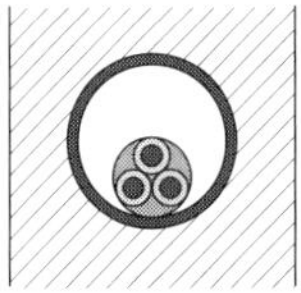

Bild 5.18 Verlegung von mehradrigen Kabeln oder mehradrigen Mantelleitungen im Elektro-Installationsrohr im Mauerwerk/Beton (entspricht Referenzverlegeart B2)

Bei den der Referenzverlegeart A „Verlegung in wärmegedämmten Wänden" zuzuordnenden Verlegungen ist zu nennen die Verlegung von

- mehradrigen Kabeln oder mehradrigen Mantelleitungen direkt in einer wärmegedämmten Wand (**Bild 5.19**).

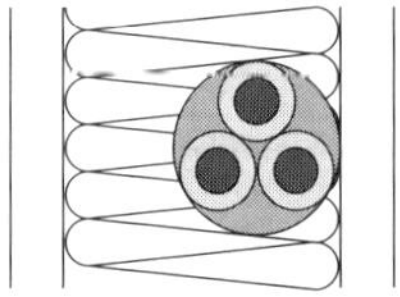

Bild 5.19 Verlegung von mehradrigen Kabeln oder mehradrigen Mantelleitungen direkt in einer wärmegedämmten Wand (entspricht Referenzverlegeart A2)

Bei Verlegung auf Kabelwannen ist zu berücksichtigen, daß eine Kabelwanne als nicht gelocht betrachtet wird, wenn die Löcher weniger als 30 % der Gesamtfläche umfassen.

Als Kabelpritsche gilt eine metallene Auflagekonstruktion unter dem Kabel bzw. der Leitung, bei der die Auflagefläche weniger als 10 % der Gesamtfläche dieser Konstruktion beträgt.

5.3.3.3 Verlegebedingungen für flexible Leitungen mit Nennspannung bis 1 000 V

Zu unterscheiden sind die Verlegung frei in Luft und die direkte Verlegung auf oder an Flächen.

*Verlegung frei in Luft (**Bild 5.20**)*

- einadrige, gummi-isolierte Leitungen
- einadrige, PVC-isolierte Leitungen

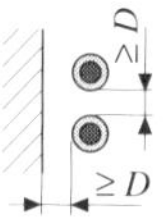

Bild 5.20 Verlegung frei in Luft – flexible Leitungen mit Nennspannung bis 1 000 V

*Direkte Verlegung auf oder an Flächen (**Bild 5.21**)*

- mehradrige, gummi-isolierte Leitungen für Haus- oder Handgeräte
- mehradrige, gummi-isolierte Leitungen (ausgenommen bei Verwendung für Haus- oder Handgeräte)
- mehradrige, PVC-isolierte Leitungen für Haus- oder Handgeräte
- mehradrige, PVC-isolierte Leitungen (ausgenommen bei Verwendung für Haus- oder Handgeräte)

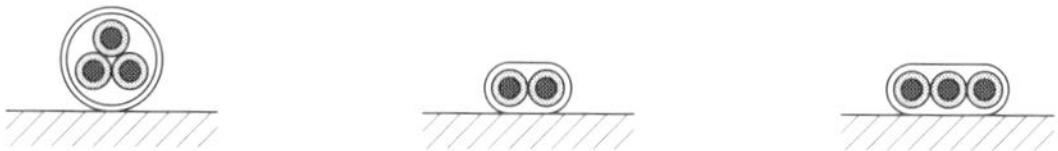

Bild 5.21 Direkte Verlegung auf oder an Flächen – flexible Leitungen mit Nennspannung bis 1 000 V

Eine Aufstellung der Betriebsbedingungen für flexible Leitungen mit Nennspannungen bis 1 000 V enthält **Tabelle 5.5** (entspricht Tabelle 8 aus DIN VDE 0298-4).

Für Leitungen zum Anschluß von Haus- und Handgeräten wird eine geringere Strombelastung gegenüber der allgemeinen Anwendung zugelassen, um eine zu hohe Erwärmung der Leitung zu verhindern.

Im Gegensatz zu den bisherigen Festlegungen ist in DIN VDE 0298-300 (**VDE 0298 Teil 300**):1991-03 die höchste zulässige Temperatur am Leiter bei Dauerlast für die Zwillingsleitungen H03VH-Y und H03VH-H mit 40 °C und für die PVC-Schlauchleitungen 03VV, 05VV, 03VVH8 und 05VVH8 mit 60 °C festgelegt. Für die Verdrahtungsleitungen H05V und Aderleitungen H07V sowie für alle weiteren PVC-isolierten Bauarten, ausgenommen die wärmebeständigen Ausführungen, gilt weiterhin die zulässige Betriebstemperatur am Leiter von 70 °C.

1	2	3	4	5	6	7	8	9	10
vereinbarte Betriebsbedingungen								abweichende Betriebs-bedingungen	
Betriebsart Dauerbetrieb mit der Belastbarkeit nach Tabelle 9[2)]								–	
	Angaben zur Strombelastbarkeit von Leitungen mit einer zulässigen Betriebstemperatur am Leiter von							Umrechnungs-faktoren für	
	40 °C	60 °C	70 °C	90 °C	110 °C	135 °C	180 °C	Häufung	vieladrige Leitungen
Verlegebedingungen	in Tabelle[2)]/Spalte							in Tabelle[2)]	
Verlegung frei in Luft									
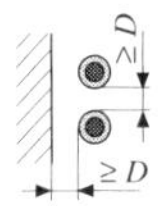 einadrige, gummi-isolierte Leitungen	–	9/2	–	–	–	–	–	1)	–
einadrige, PVC-isolierte Leitungen	–	–	9/2	–	–	–	–	1)	–
wärmebeständige, einadrige Leitungen	–	–	–	9/2	9/2	9/2	9/2	1)	–
direkte Verlegung auf oder an Flächen									
 mehradrige, gummi-isolierte Leitungen für Haus- oder Handgeräte	–	9/3 und 9/4	–	–	–	–	–	17 (5.10)	–
mehradrige, gummi-isolierte Leitungen (ausgenommen bei Verwendung für Haus- oder Handgeräte)	–	9/5	–	–	–	–	–	17 (5.10)	20 (5.13)
mehradrige, PVC-isolierte Leitungen für Haus- oder Handgeräte	9/3	9/3 und 9/4	–	–	–	–	–	17 (5.10)	–
mehradrige, PVC-isolierte Leitungen (ausgenommen bei Verwendung für Haus- oder Handgeräte)	–	–	9/5	–	–	–	–	17 (5.10)	18 (5.11)
wärmebeständige, mehradrige Leitungen	–	–	–	9/5	9/5	–	9/5	17 (5.10)	20 (5.13)
	Leitungen mit einer zulässigen Betriebstemperatur am Leiter von							Umrechnungs-faktoren	
	40 °C	60 °C	70 °C	90 °C	110 °C	135 °C	180 °C		
Umgebungsbedingungen								in Tabelle[2)]	
Umgebungstemperatur in °C	30	30	30	–	–	–	–	15 (5.9)	
	–	–	–	bis 50	bis 80	bis 95	bis 150	16 (5.6)	
ausreichend große oder belüftete Räume, in denen die Umgebungstemperatur durch die Verlustwärme der Leitungen nicht merklich erhöht wird									
Schutz gegen direkte Wärmebestrahlung durch Sonne usw.								siehe 5.3.4.4 dieses Buchs	

Tabelle 5.5 (1. Teil) Betriebsbedingungen für Leitungen mit Nennspannungen bis 1000 V und für wärmebeständige Leitungen (Quelle: DIN VDE 0298-4 (**VDE 0298 Teil 4**):1998-11, Tabelle 8)

1) – Bei Häufung einadriger, sich berührender oder gebündelter Leitungen auf Flächen sind die Belastbarkeiten in Tabelle 5.23, Spalte 2, vor Anwendung der Umrechnungsfaktoren nach Tabelle 5.10
- mit dem Faktor 0,76 bei Einphasen-Wechselstromkreisen und Gleichstromkreisen oder
- mit dem Faktor 0,67 bei Drehstromkreisen zu multiplizieren.

– Bei Häufung einadriger, sich berührender oder gebündelter Leitungen frei in Luft oder auf Kabelpritschen sind die Belastbarkeiten in Tabelle 5.23, Spalte 2, vor Anwendung der Umrechnungsfaktoren nach Tabelle 5.12
- mit dem Faktor 0,8 bei Einphasen-Wechselstromkreisen und Gleichstromkreisen oder
- mit dem Faktor 0,7 bei Drehstromkreisen zu multiplizieren.

– Bei Häufung in Elektro-Installationsrohren oder -kanälen sind die Belastbarkeiten in Tabelle 5.15 bzw. 5.18, jeweils Spalte 2, 3, 6 oder 7, zu verwenden und mit den Umrechnungsfaktoren nach Tabelle 5.10 zu multiplizieren.

2) Tabelle 9 der Norm entspricht Tabelle 5.23 dieses Buchs, sonstige Schlüssel der Numerierung zwischen Norm und Buch siehe Klammerangaben.

Tabelle 5.5 (2. Teil) Fußnoten

5.3.3.4 Verlegebedingungen für wärmebeständige Leitungen

Zu unterscheiden sind Verlegung frei in Luft und direkte Verlegung auf oder an Flächen.

Verlegung frei in Luft (siehe Bild 5.20)

- wärmebeständige einadrige Leitungen

Direkte Verlegung auf oder an Flächen (siehe Bild 5.21)

- wärmebeständige mehradrige Leitungen

Es gibt Anwendungsfälle, bei denen die Umgebungstemperatur von Kabeln und Leitungen deutlich höher ist als die international festgelegte Umgebungstemperatur von 30 °C. In solchen Fällen sind Umrechnungsfaktoren anzuwenden (siehe Abschnitt 5.3.4.2 dieses Buchs).

Liegt die Umgebungstemperatur nur unwesentlich unter der zulässigen Betriebstemperatur am Leiter eines Kabels oder einer Leitung, so ist nur noch eine geringe Ausnutzung möglich, da die zwangsläufig erzeugte Verlustwärme, bedingt durch die geringe Temperaturdifferenz, sonst nicht mehr ausreichend abgeführt wird. Eine wirtschaftliche Nutzung ist oft nicht mehr gegeben.

Mitunter liegt die zu berücksichtigende Umgebungstemperatur sogar über der zulässigen Leiter-Betriebstemperatur von 70 °C herkömmlicher PVC-isolierter Kabel und Leitungen. In solchen Fällen bietet sich der Einsatz von wärmebeständigen Leitungen an. Tabelle 5.5 unterscheidet wärmebeständige Leitungen mit einer zulässigen Betriebstemperatur am Leiter von 90 °C, 110 °C, 135 °C und 180 °C. Diesen gängigen zulässigen Betriebstemperaturen am Leiter sind die Umgebungstemperaturbereiche bis 50 °C, bis 80 °C, bis 95 °C und bis 150 °C zugeordnet, bei deren Einhaltung die wärmebeständige Leitung voll ausgelastet werden kann. Voll ausgelastet bedeutet, daß eine uneingeschränkte Strombelastbarkeit der anzuwendenden Tabelle 5.23 (entspricht Tabelle 9 aus DIN VDE 0298-4, siehe Abschnitt 5.4.6 dieses Buchs) möglich ist.

So kann z. B. bei einer Umgebungstemperatur von bis zu 95 °C und Verwendung einer wärmebeständigen Leitung mit einer zulässigen Betriebstemperatur am Leiter von 135 °C diese Leitung voll ausgelastet werden. Bei einer Umgebungstemperatur von bis zu 150 °C ist z. B. für eine uneingeschränkte Strombelastbarkeit gemäß

Tabelle 5.23 eine wärmebeständige Leitung mit einer zulässigen Betriebstemperatur am Leiter von 180 °C erforderlich.

Bei Überschreitung der in Tabelle 5.5 genannten Umgebungstemperaturen muß die ermittelte Strombelastbarkeit (siehe Abschnitt 5.4.6 dieses Buchs) mit den in **Tabelle 5.6** (entspricht Tabelle 16 aus DIN VDE 0298-4) genannten Umrechnungsfaktoren für wärmebeständige Leitungen umgerechnet werden. Damit wird auch bei wärmebeständigen Leitungen ein zu hohes Ansteigen der Oberflächentemperatur bei der am Einsatzort vorherrschenden hohen Umgebungstemperatur verhindert.

1	2	3	4	5	6
	zulässige Betriebstemperatur				
	80 °C	90 °C	110 °C	135 °C	180 °C
Umgebungs-temperatur °C	Umrechnungsfaktoren, anzuwenden auf die Belastbarkeitsangaben für wärmebeständige Leitungen in Tabelle 5.23, Spalten 2 und 5				
bis 50	**1,00**	**1,00**	**1,00**	**1,00**	**1,00**
55	0,91	0,94	**1,00**	**1,00**	**1,00**
60	0,82	0,87	**1,00**	**1,00**	**1,00**
65	0,71	0,79	**1,00**	**1,00**	**1,00**
70	0,58	0,71	**1,00**	**1,00**	**1,00**
75	0,41	0,61	**1,00**	**1,00**	**1,00**
80	–	0,50	**1,00**	**1,00**	**1,00**
85	–	0,35	0,91	**1,00**	**1,00**
90	–	–	0,82	**1,00**	**1,00**
95	–	–	0,71	**1,00**	**1,00**
100	–	–	0,58	0,94	**1,00**
105	–	–	0,41	0,87	**1,00**
110	–	–	–	0,79	**1,00**
115	–	–	–	0,71	**1,00**
120	–	–	–	0,61	**1,00**
125	–	–	–	0,50	**1,00**
130	–	–	–	0,35	**1,00**
135	–	–	–	–	**1,00**
140	–	–	–	–	**1,00**
145	–	–	–	–	**1,00**
150	–	–	–	–	**1,00**
155	–	–	–	–	0,91
160	–	–	–	–	0,82
165	–	–	–	–	0,71
170	–	–	–	–	0,58
175	–	–	–	–	0,41

Tabelle 5.6 Umrechnungsfaktoren für wärmebeständige Leitungen (siehe Anhang C der Norm) (Quelle: DIN VDE 0298-4 (**DIN VDE 298 Teil 4**):1998-11, Tabelle 16)

Beispiel

Wie groß ist der Umrechnungsfaktor für eine wärmebeständige Leitung mit einer zulässigen Betriebstemperatur am Leiter von 110 °C für eine Umgebungstemperatur von 105 °C?

Nach Tabelle 5.6 beträgt der Umrechnungsfaktor 0,41. Würde eine wärmebeständige Leitung mit einer zulässigen Betriebstemperatur am Leiter von 135 °C verwendet, so wäre der Umrechnungsfaktor 0,87. Bei einer wärmebeständigen Leitung mit einer zulässigen Betriebstemperatur am Leiter von 180 °C wäre der Faktor 1.

Wie sich dem Beispiel entnehmen läßt, ist die Ausnutzung der wärmebeständigen Leitung beim Einsatz im Grenzbereich der zulässigen Betriebstemperatur am Leiter nur noch gering. Eine wirtschaftliche Nutzung ist oft nicht mehr gegeben. In solchen Fällen bietet sich der Einsatz von wärmebeständigen Leitungen mit einer höheren zulässigen Betriebstemperatur am Leiter an.

5.3.3.5 Verlegebedingungen für Gummischlauchleitungen H07RN-F und A07RN-F für industrielle Anwendungen

Neu in DIN VDE 0298-4 (**VDE 0298 Teil 4**):1998-11 sind Aussagen über Gummischlauchleitungen H07RN-F und A07RN-F für industrielle Anwendungen. Unterschieden werden frei in Luft verlegte einadrige Leitungen (**Bild 5.22**) und frei in Luft verlegte mehradrige Leitungen (**Bild 5.23**).

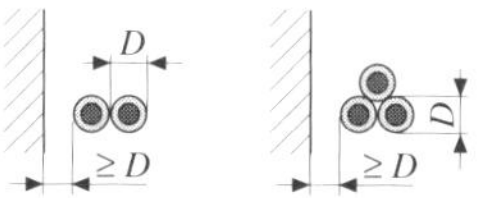

Bild 5.22 Verlegung frei in Luft – Gummischlauchleitungen 07RN-F für industrielle Anwendungen (einadrige Leitungen)

Bild 5.23 Verlegung frei in Luft – Gummischlauchleitungen 07RN-F für industrielle Anwendungen (mehradrige Leitungen)

Eine Aufstellung der Betriebsbedingungen für Gummischlauchleitungen 07RN-F für industrielle Anwendungen enthält **Tabelle 5.7** (entspricht Tabelle 10 aus DIN VDE 0298-4).

5.3.3.6 Verlegebedingungen für flexible Leitungen mit Nennspannung ab 0,6/1 kV

Zu unterscheiden sind auch hier die Verlegung frei in Luft und die direkte Verlegung auf oder an Flächen.

*Verlegung frei in Luft (**Bild 5.24**)*

- Sonder-Gummiaderleitungen mit Nennspannung 0,6/1 kV und 1,8/3 kV
- Sonder-Gummiaderleitungen mit Nennspannung 3,6/6 kV

1		2	3	4
vereinbarte Betriebsbedingungen			abweichende Betriebsbedingungen	
Betriebsart Dauerbetrieb mit den Werten der Belastbarkeit nach Tabelle 5.24			–	
		Angaben zur Strom-belastbarkeit in Tabelle 5.24	Umrechnungsfaktoren für	
			Häufung	vieladrige Leitungen
Verlegebedingungen		Spalte	in Tabelle	
Verlegung frei in Luft				
einadrige Leitungen				
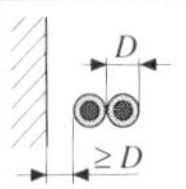	zwei belastete Adern	2	–	–
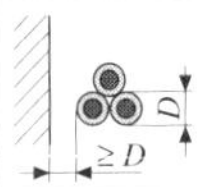	drei belastete Adern	3	5.12	–
mehradrige Leitungen				
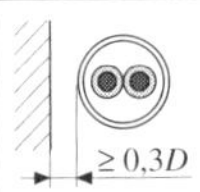	zweiadrig mit zwei belasteten Adern	4	5.11	–
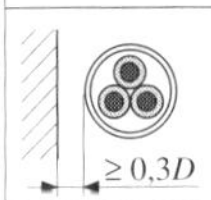	dreiadrig mit zwei belasteten Adern	5	5.11	–
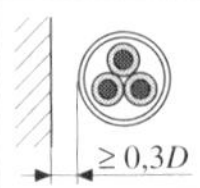	dreiadrig mit drei belasteten Adern	6	5.11	5.13
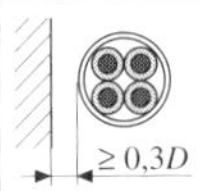	vieradrig mit drei belasteten Adern	7	5.11	–
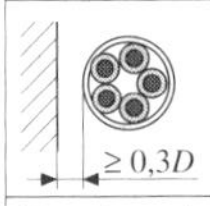	fünfadrig mit drei belasteten Adern	8	5.11	–
Umgebungsbedingungen				
	ausreichend große oder belüftete Räume, in denen die Umgebungstemperatur durch die Verlustwärme der Leitungen nicht merklich erhöht wird			
	Umgebungstemperatur 30 °C		Tabelle 5.9	
	Schutz gegen direkte Wärmebestrahlung durch Sonne usw.		siehe 5.3.4.4	

Tabelle 5.7 Betriebsbedingungen für Gummischlauchleitungen H07RN-F und A07RN-F für industrielle Anwendungen (Quelle: DIN VDE 0298-4 (**VDE 0298 Teil 4**):1998-11, Tabelle 10)

*Direkte Verlegung auf oder an Flächen (**Bild 5.25**)*

- mehradrige Gummischlauchleitungen NSSHÖU
- mehradrige Leitungstrossen mit Nennspannung bis 6/10 kV
- mehradrige Leitungstrossen mit Nennspannung über 6/10 kV

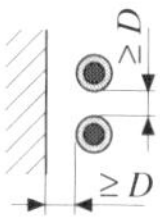

Bild 5.24 Verlegung frei in Luft – flexible Leitungen mit Nennspannung ab 0,6/1 kV (Sonder-Gummiaderleitungen)

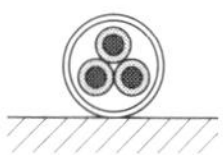

Bild 5.25 Direkte Verlegung auf oder an Flächen – flexible Leitungen mit Nennspannung ab 0,6/1 kV (mehradrige Gummischlauchleitungen NSSHÖU, mehradrige Leitungstrossen)

Eine Aufstellung der Betriebsbedingungen für Leitungen mit Nennspannungen ab 0,6/1 kV enthält **Tabelle 5.8** (entspricht Tabelle 12 aus DIN VDE 0298-4).

1	2	3	4	5
vereinbarte Betriebsbedingungen			abweichende Betriebsbedingungen	
Betriebsart Dauerbetrieb mit den Werten der Belastbarkeit nach Tabelle 5.25			–	
	Angaben zur Strombelastbarkeit von Leitungen		Umrechnungsfaktoren für	
	mit einer zulässigen Betriebstemperatur am Leiter von 90 °C	mit einer empfohlenen Betriebstemperatur von 80 °C	Häufung	vieladrige Leitungen
Verlegebedingungen	in Tabelle/Spalte		in Tabelle	
Verlegung frei in Luft				
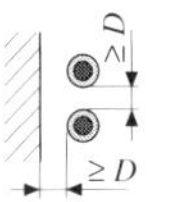 Sonder-Gummiaderleitungen mit Nennspannung 0,6/1 kV und 1,8/3 kV	5.25/2	–	1)	–
Sonder-Gummiaderleitungen mit Nennspannungen 3,6/6 kV	5.25/3	–	1)	–
direkte Verlegung auf oder an Flächen				
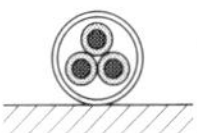 Mehradrige Gummischlauchleitungen NSSHÖU	–	5.25/4	5.10	5.13
Mehradrige Leitungstrossen mit Nennspannungen bis 6/10 kV	–	5.25/4	5.10	5.13
Mehradrige Leitungstrossen mit Nennspannungen über 6/10 kV	–	5.25/5	5.10	–
Umgebungsbedingungen				
Umgebungstemperatur	30 °C		Tabelle 5.9	
Ausreichend große oder belüftete Räume, in denen die Umgebungstemperatur durch die Verlustwärme der Leitungen nicht merklich erhöht wird.				
Schutz gegen direkte Wärmebestrahlung durch Sonne usw.			siehe 5.3.4.4 dieses Buchs	

1)
- Bei Häufung einadriger, sich berührender oder gebündelter Leitungen auf Flächen sind die Belastbarkeiten in Tabelle 5.25, Spalten 2 und 3, vor Anwendung der Umrechnungsfaktoren nach Tabelle 5.10
  - mit dem Faktor 0,76 bei Einphasen-Wechselstromkreisen und Gleichstromkreisen oder
  - mit dem Faktor 0,67 bei Drehstromkreisen zu multiplizieren.
- Bei Häufung einadriger, sich berührender oder gebündelter Leitungen frei in Luft oder auf Kabelpritschen sind die Belastbarkeiten in Tabelle 5.25, Spalten 2 und 3, vor Anwendung der Umrechnungsfaktoren nach Tabelle 5.12
  - mit dem Faktor 0,8 bei Einphasen-Wechselstromkreisen und Gleichstromkreisen oder
  - mit dem Faktor 0,7 bei Drehstromkreisen zu multiplizieren.
- Bei Häufung einadriger, sich berührender oder gebündelter Leitungen in Elektro-Installationsrohren oder -kanälen sind die Belastbarkeiten in Tabelle 5.25, Spalten 2 und 3, vor Anwendung der Umrechnungsfaktoren nach Tabelle 5.10
  - mit dem Faktor 0,61 bei Einphasen-Wechselstromkreisen und Gleichstromkreisen oder
  - mit dem Faktor 0,54 bei Drehstromkreisen zu multiplizieren.

Tabelle 5.8 Betriebsbedingungen für Leitungen mit Nennspannungen ab 0,6/1 kV (Quelle: DIN VDE 0298-4 (**VDE 0298 Teil 4**):1998-11, Tabelle 12)

5.3.3.7 Verlegebedingungen für Schweißleitungen

Bei Schweißleitungen H01N2-D und H01N2-E handelt es sich um die Verlegung frei in Luft (**Bild 5.26**).

Bild 5.26 Verlegung frei in Luft – Schweißleitungen H01N2-D und H01N2-E

Zu unterscheiden sind Dauerbetrieb (Einschaltdauer *ED* 100 %) und Aussetzbetrieb (häufige Anwendung). Beim Aussetzbetrieb sind für die jeweilige Spieldauer (5 min bzw. 10 min) unterschiedliche Einschaltzeiten (Einschaltdauer *ED* zwischen 85 % und 8 %) zu berücksichtigen (siehe auch Abschnitte 5.4.9 und 5.4.11.2 dieses Buchs).

5.3.3.8 Änderung der Verlegebedingungen im Verlauf der Verlegestrecke

Kabel und Leitungen dürfen an keiner Stelle über die zulässige Betriebstemperatur erwärmt werden. Bei den Verlegebedingungen sind daher die jeweils zutreffenden ungünstigsten Bedingungen zu berücksichtigen, die während der Dauer des Betriebs und im gesamten Verlauf des Kabels oder der Leitung auftreten.

Ein typisches Beispiel sind unterschiedliche Verlegearten längs des Kabel- oder Leitungswegs. Eine Mantelleitung NYM, die z. B. im Verlauf ihres 30 m langen Leitungswegs 20 m im Mauerwerk und 10 m im Rohr verlegt ist, muß selbstverständlich der Referenzverlegeart B2 – also dem ungünstigsten Fall – zugeordnet werden.

Wird allerdings ein Kabel oder eine Leitung nur zum mechanischen Schutz durch ein Elektro-Installationsrohr oder einen Elektro-Installationskanal von nicht mehr als 1 m Länge geführt und ist das Rohr oder der Kanal dabei frei in Luft oder auf einer vertikalen Fläche verlegt, muß die Strombelastbarkeit nicht reduziert werden.

Ähnliches gilt auch dort, wo ein Kabel oder eine Leitung auf oder in einem Material mit einem spezifischen Wärmewiderstand von mehr als 2 K · m/W verlegt ist. In diesen Fällen ist eine Verlegelänge bis zu 0,2 m erlaubt. Bei einer Verlegelänge >0,2 m ist die Strombelastbarkeit angemessen zu reduzieren.

5.3.4 Umgebungsbedingungen (Umgebungstemperatur, Verlustwärme, Wärmestrahlung) (DIN VDE 0298-4, Unterabschnitt 5.3.3)

5.3.4.1 Allgemeines

Bei den die Strombelastbarkeit beeinflussenden Umgebungsbedingungen sind zu nennen:

- Umgebungstemperatur (siehe Abschnitt 5.3.4.2 dieses Buchs)
- Verlustwärme (siehe Abschnitt 5.3.4.3 dieses Buchs)
- Wärmestrahlung (siehe Abschnitt 5.3.4.4 dieses Buchs)

5.3.4.2 Umgebungstemperatur

Unter Umgebungstemperatur ist die Temperatur des eine Leitung oder ein Kabel umgebenden Mediums, z. B. Luft, zu verstehen, wenn die betrachtete Leitung oder das betrachtete Kabel nicht belastet ist. International hat man sich auf eine Umgebungstemperatur von 30 °C verständigt. Die Werte in den Tabellen für die Strombelastbarkeit in DIN VDE 0298-4 sind also auf eine Umgebungstemperatur von 30 °C bezogen. Ausgenommen davon sind jedoch die Umgebungstemperaturen für wärmebeständige Leitungen (siehe Abschnitt 5.3.3.4 dieses Buchs).

Die international festgelegte Basistemperatur von 30 °C ist für die meisten Anwendungsfälle in der Bundesrepublik Deutschland sicherlich zu hoch angesetzt (siehe auch Abschnitt 5.4.4 dieses Buchs).

Um dem Planer und Errichter elektrischer Anlagen das Arbeiten mit Umrechnungsfaktoren zu ersparen, wurden seinerzeit im Beiblatt 1 zu DIN VDE 0100-430 (**VDE 0100 Teil 430**):1991-11 die Strombelastbarkeitswerte auf Basis einer Umgebungstemperatur von 25 °C veröffentlicht. Die Strombelastbarkeitswerte wurden dabei DIN VDE 0298-4/A1 (**VDE 0298 Teil 4/A1**):1991-01 (Entwurf) entnommen.

Nun enthält DIN VDE 0298-4 (**VDE 0298 Teil 4**):1998-11 Strombelastbarkeitswerte auf Basis einer Umgebungstemperatur von 25 °C. Im normativen Anhang A der Norm sind Strombelastbarkeitswerte von Kabeln und Leitungen für feste Verlegung in Gebäuden für die Referenzverlegearten A1, A2, B1 und B2 in Tabelle A.1 (Tabelle 5.21 dieses Buchs) sowie C, E, F und G in Tabelle A.2 (Tabelle 5.22 dieses Buchs) auf Basis der Umgebungstemperatur von 25 °C ergänzend aufgeführt, um dem Anwender das Umrechnen zu ersparen (siehe hierzu auch Abschnitt 5.4.4.2 dieses Buchs). Aus diesem Grund könnte auf ein neues Beiblatt 1 zu DIN VDE 0100-430 mit Strombelastbarkeitswerten gemäß DIN VDE 0298-4 (**VDE 0298 Teil 4**):1998-11 auf Basis einer Umgebungstemperatur von 25 °C verzichtet werden. Sie liegen ja in den Tabellen A.1 und A.2 des normativen Anhangs A des neuen Weißdrucks von DIN VDE 0298-4 (**VDE 0298 Teil 4**):1998-11 vor (siehe Abschnitt 5.4.4.1 dieses Buchs).

Da in besonderen Fällen auch von anderen Umgebungstemperaturen als 25 °C bzw. 30 °C ausgegangen werden muß, gibt es für die vom Basiswert 30 °C abweichenden Umgebungstemperaturen Umrechnungsfaktoren (**Tabelle 5.9**, entspricht Tabelle 15 aus DIN VDE 0298-4). Für abweichende Umgebungstemperaturen müssen die auf 30 °C Umgebungstemperatur basierenden Strombelastbarkeitswerte mit dem jeweils zutreffenden Faktor aus Tabelle 5.9 multipliziert werden. Diese Faktoren sind beispielsweise auch beim Überschreiten der Basis-Umgebungstemperatur von 30 °C an einzelnen Stellen des Kabel- bzw. Leitungswegs anzuwenden.

In der Fachliteratur sind mitunter andere als die in Tabelle 5.9 angegebenen Werte zu finden. Planer und Errichter elektrischer Anlagen sollten jedoch die in Tabelle 5.9 genannten Werte benutzen, die DIN VDE 0298-4 (**VDE 0298 Teil 4**):1998-11, Tabelle 15, entsprechen.

Waren in der alten DIN VDE 0298-4 (**VDE 0298 Teil 4**):1988-02, Tabelle 10, noch die zulässigen Betriebstemperaturen den Isolierwerkstoffen der Kabel und Leitungen

1	2	3	4	5	6	7
	zulässige bzw. empfohlene Betriebstemperatur					
	40 °C	60 °C	70 °C	80 °C	85 °C	90 °C
Umgebungstemperatur °C	Umrechnungsfaktoren, anzuwenden auf die Belastbarkeitsangaben in den Tabellen 5.15, 5.16, 5.18, 5.19, 5.23, 5.24, 5.25 und 5.26					
10	1,73	1,29	1,22	1,18	1,17	1,15
15	1,58	1,22	1,17	1,14	1,13	1,12
20	1,41	1,15	1,12	1,10	1,09	1,08
25	1,22	1,08	1,06	1,05	1,04	1,04
30	1,00	1,00	1,00	1,00	1,00	1,00
35	0,71	0,91	0,94	0,95	0,95	0,96
40	–	0,82	0,87	0,89	0,90	0,91
45	–	0,71	0,79	0,84	0,85	0,87
50	–	0,58	0,71	0,77	–	0,82
55	–	0,41	0,61	0,71	–	0,76
60	–	–	0,50	0,63	–	0,71
65	–	–	0,35	0,55	–	0,65
70	–	–	–	0,45	–	0,58
75	–	–	–	0,32	–	0,50
80	–	–	–	–	–	0,41
85	–	–	–	–	–	0,29

Tabelle 5.9 Umrechnungsfaktoren für abweichende Umgebungstemperaturen (Quelle: DIN VDE 0298-4 (**VDE 0298 Teil 4**):1998-11, Tabelle 15)

zugeordnet, so sind in der neuen DIN VDE 0298-4 (**VDE 0298 Teil 4**):1998-11 in Tabelle 15 (siehe Tabelle 5.9 dieses Buchs) nur noch die zulässigen Betriebstemperaturen genannt. Die Verknüpfung mit der Bauart bzw. dem Isolierwerkstoff der Kabel und Leitungen gibt Tabelle 1 von DIN VDE 0298-4 (**VDE 0298 Teil 4**):1998-11 (siehe Tabellen 5.1 und 5.2 dieses Buchs) vor.

Wie Tabelle 5.9 zeigt, werden Kabel und Leitungen bei höheren Umgebungstemperaturen nur noch gering ausgenutzt. Eine wirtschaftliche Nutzung ist oft nicht mehr gegeben. Als Beispiel sei die Ausnutzung von 35 % einer Leitung mit einer zulässigen Betriebstemperatur am Leiter von 70 °C (z. B. NYM) und Berücksichtigung einer Umgebungstemperatur von 65 °C genannt. In solchen Fällen bietet sich der Einsatz von wärmebeständigen Leitungen an (siehe Abschnitt 5.3.3.4 dieses Buchs).

5.3.4.3 Verlustwärme

Die zwangsläufig auftretende Verlustwärme der Kabel und Leitungen beeinflußt die Strombelastbarkeit entscheidend. Sie muß abgeführt werden.

Erhöht sich die Umgebungstemperatur durch Abfuhr der Verlustwärme der Kabel und Leitungen in geschlossenen Räumen, z. B. in begehbaren Kabelkanälen, Kabelzwischenböden oder Gehäusen, so sind die Umrechnungsfaktoren für abweichende Umgebungstemperaturen (siehe Tabelle 5.9 dieses Buchs) anzuwenden.

Auch wenn ausgedehnte Kabelkanäle, -schächte, -geschosse und -böden sowie Bereiche von Kreuzungen und Abzweigungen zwischen den vorgeschriebenen Brandabschnitten durch weitere Zwischenräume in kleinere Abschnitte aufgeteilt

werden, sind die möglicherweise auftretenden Temperaturerhöhungen zu berücksichtigen.
Die Umrechnungsfaktoren für abweichende Umgebungstemperaturen nach Tabelle 5.9 sind ggf. zusammen mit Umrechnungsfaktoren für Häufung anzuwenden.
Bei Häufung (Bündelung) von Kabeln und Leitungen beeinflußt die zwangsläufig auftretende Verlustwärme in jedem Fall die Strombelastbarkeit der gehäuft angeordneten Kabel und Leitungen. Die Verlustwärme des einzelnen Kabels bzw. der einzelnen Leitung kann einerseits nicht voll abgeführt werden, andererseits beeinflußt sie die anderen gehäuft angeordneten Kabel und Leitungen. Somit sind bei Häufung ebenfalls Umrechnungsfaktoren anzuwenden, unabhängig davon, ob die Kabel oder Leitungen den höchstzulässigen Strom I_z führen.
Die Umrechnungsfaktoren für Häufung reduzieren die Strombelastbarkeitswerte, die für den ungestörten Betrieb gelten. Sie werden daher auch Reduktionsfaktoren bzw. Reduzierfaktoren genannt.
Schon bei der Verlegung von mehr als einem Stromkreis in einer Gruppe müssen die dafür zutreffenden Umrechnungsfaktoren berücksichtigt werden. Verlegeanordnungen, für die jeweils dieselben Umrechnungsfaktoren gelten, zeigen die **Bilder 5.27 bis 5.31**.

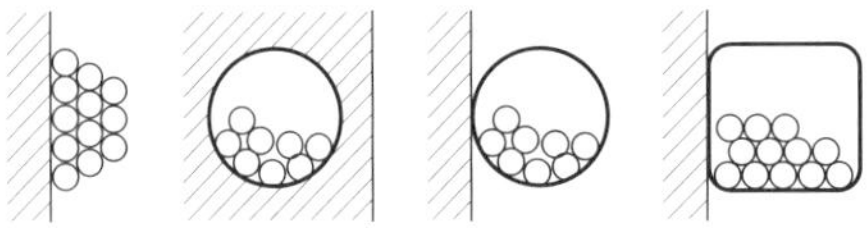

Bild 5.27 Häufung – Verlegeanordnungen gebündelt direkt auf der Wand, auf dem Fußboden, im Elektro-Installationsrohr oder -kanal, auf der Wand oder in der Wand

Bild 5.28 Häufung – Verlegeanordnungen einlagig auf der Wand oder auf dem Fußboden, mit Berührung

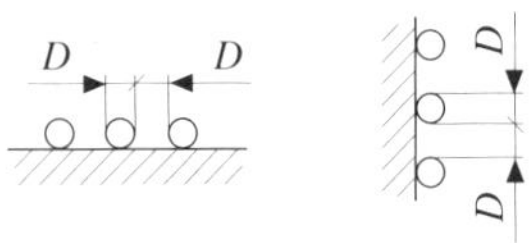

Bild 5.29 Häufung – Verlegeanordnungen einlagig auf der Wand oder auf dem Fußboden, mit Zwischenraum gleich dem Außendurchmesser D

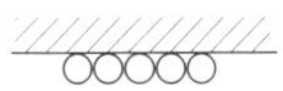

Bild 5.30 Häufung – Verlegeanordnung einlagig unter der Decke, mit Berührung

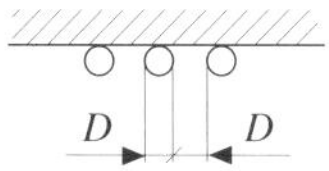

Bild 5.31 Häufung – Verlegeanordnung einlagig unter der Decke, mit Zwischenraum gleich dem Außendurchmesser *D*

Umrechnungsfaktoren für die Häufung von ein- oder mehradrigen Kabeln oder Leitungen auf der Wand, im Rohr und Kanal, auf dem Fußboden und unter der Decke sind **Tabelle 5.10** (entspricht Tabelle 17 aus DIN VDE 0298-4) zu entnehmen.

Dabei ist zu berücksichtigen, daß bei Anwendung der Umrechnungsfaktoren (Multiplikation mit den Strombelastbarkeitswerten) die Kabel oder Leitungen

- gleichartig
- gleich belastet
- derselben Verlegeart gehäuft sind

Die Leiterquerschnitte dürfen sich dabei höchstens um eine Querschnittsstufe unterscheiden. Bei einer Häufung von Kabeln oder Leitungen mit unterschiedlichen Leiterquerschnitten ist besondere Vorsicht bei der Strombelastung der kleineren Querschnitte geboten. Vorzugsweise sollte eine Rechenmethode angewendet werden, die speziell für eine gemischte Häufung von Kabeln oder Leitungen mit unterschiedlichen Leiternennquerschnitten geeignet ist. Bei CENELEC soll dieses Problem noch untersucht werden.

Überschreitet allerdings der horizontale lichte Abstand zwischen benachbarten Kabeln oder Leitungen das Zweifache ihres Außendurchmessers, braucht man keinen Reduktionsfaktor anzuwenden.

Auch Leiter mit geringen Belastungen können bei Häufungen unberücksichtigt bleiben. Wird ein Leiter mit einem Strom belastet, der nicht größer als 30 % seiner Strombelastbarkeit ist, darf er bei der Bestimmung des Umrechnungsfaktors für die restlichen Kabel oder Leitungen der Häufung vernachlässigt werden.

Diese Entscheidung muß aber gut überlegt sein. Ist beispielsweise aus Gründen des Spannungsfalls ein großer Leiterquerschnitt verlegt, der Leistungsbedarf aber auf Dauer sehr gering, kann die Vernachlässigung durchaus empfohlen werden. Ist aber ein Kabel oder eine Leitung nur zunächst einmal mit einem geringen Strom belastet, später z. B. aufgrund anderer Betriebsabläufe jedoch mit einem viel höheren Strom belastet, muß in einem solchen Fall davor dringend gewarnt werden. Die falsche Abschätzung der zu erwartenden gleichzeitig benötigten Leistung hat gerade bei Häufung von Versorgungsleitungen wiederholt zu Bränden geführt.

Generell sind die Umrechnungsfaktoren für Häufung auf der Grundlage des Dauerbetriebs mit einem Belastungsgrad von 100 % für alle aktiven Leiter berechnet. Sofern die Belastung für alle aktiven Leiter aufgrund konkret vorliegender Betriebsbedingungen kleiner ist als 100 %, können die Umrechnungsfaktoren höher sein. Ein typischer Anwendungsfall ist z. B. der Aussetzbetrieb (siehe Abschnitt 5.4.11.2 dieses Buchs). Auch andere veränderliche Belastungen zählen dazu.

1	2	3	4	5	6	7	8	9	10	11	12	13	14	15	16
	Anzahl der mehradrigen Kabel oder Leitungen oder Anzahl der Wechsel- oder Drehstromkreise aus einadrigen Kabeln oder Leitungen (2 bzw. 3 stromführende Leiter)														
	1	2	3	4	5	6	7	8	9	10	12	14	16	18	20
Verlege-anordnung	Umrechnungsfaktoren														
Bild 5.10.1	1,00	0,80	0,70	0,65	0,60	0,57	0,54	0,52	0,50	0,48	0,45	0,43	0,41	0,39	0,38
Bild 5.10.2	1,00	0,85	0,79	0,75	0,73	0,72	0,72	0,71	0,70	0,70	0,70	0,70	0,70	0,70	0,70
Bild 5.10.3	1,00	0,94	0,90	0,90	0,90	0,90	0,90	0,90	0,90	0,90	0,90	0,90	0,90	0,90	0,90
Bild 5.10.4	0,95	0,81	0,72	0,68	0,66	0,64	0,63	0,62	0,61	0,61	0,61	0,61	0,61	0,61	0,61
Bild 5.10.5	0,95	0,85	0,85	0,85	0,85	0,85	0,85	0,85	0,85	0,85	0,85	0,85	0,85	0,85	0,85

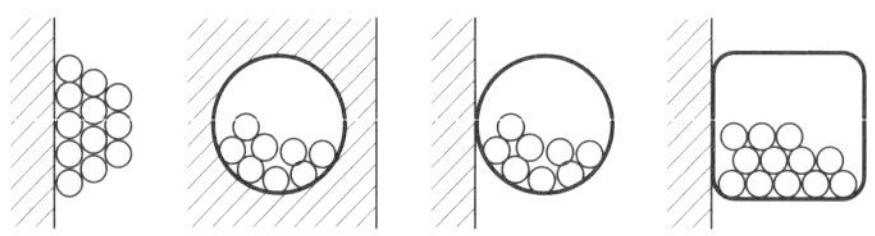

Bild 5.10.1
Anordnung gebündelt direkt auf der Wand, auf dem Fußboden, im Elektro-Installationsrohr oder -kanal, auf oder in der Wand

Bild 5.10.2
Anordnung einlagig auf der Wand oder auf dem Fußboden, mit Berührung

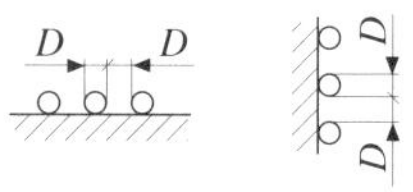

Bild 5.10.3
Anordnung einlagig auf der Wand oder auf dem Fußboden, mit Zwischenraum gleich dem Außendurchmesser *D*

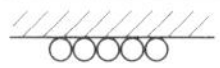

Bild 5.10.4
Anordnung einlagig unter der Decke, mit Berührung

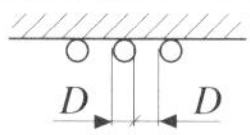

Bild 5.10.5
Anordnung einlagig unter der Decke, mit Zwischenraum gleich dem Außendurchmesser *D*

O Symbol für ein einadriges oder ein mehradriges Kabel oder eine einadrige oder eine mehradrige Leitung

Anmerkung:

- Die Umrechnungsfaktoren sind anzuwenden für die Ermittlung der Strombelastbarkeit gleichartiger und gleich belasteter Kabel oder Leitungen bei Häufung in derselben Verlegeart. Die Leiternennquerschnitte dürfen sich dabei höchstens um eine Querschnittstufe unterscheiden.
- Wenn der horizontale lichte Abstand zwischen benachbarten Kabeln oder Leitungen das 2fache ihres Außendurchmessers überschreitet, braucht kein Reduktionsfaktor angewendet zu werden.
- Dieselben Reduktionsfaktoren sind anzuwenden bei
  - Gruppen von zwei oder drei einadrigen Kabeln oder Leitungen oder
  - mehradrigen Kabeln oder Leitungen.
- Wenn ein System sowohl aus zwei- als auch aus dreiadrigen Kabeln oder Leitungen besteht, nimmt man zunächst die Gesamtzahl der Kabel oder Leitungen als die Anzahl der Stromkreise an. Der dafür zutreffende Faktor ist auf die Tabellen für zwei belastete Leiter von zweiadrigen Kabeln oder Leitungen oder auf die Tabellen für drei belastete Leiter von dreiadrigen Kabeln oder Leitungen anzuwenden.
- Besteht eine Gruppe aus *n* belasteten einadrigen Kabeln oder Leitungen, darf sie entweder wie *n*/2 Stromkreise mit je zwei belasteten Leitern oder wie *n*/3 Stromkreise mit je drei belasteten Leitern betrachtet werden.

Tabelle 5.10 Umrechnungsfaktoren für Häufung auf der Wand, im Rohr und Kanal, auf dem Fußboden und unter der Decke (Quelle: DIN VDE 0298-4 (**VDE 0298 Teil 4**):1998-11, Tabelle 17)

Bei Gruppen von zwei oder drei einadrigen Kabeln oder Leitungen oder bei mehradrigen Kabeln oder Leitungen sind dieselben Reduktionsfaktoren anzuwenden.
Besteht ein System (eine Häufung) sowohl aus zwei- als auch aus dreiadrigen Kabeln oder Leitungen, sind zunächst alle gehäuften Kabel oder Leitungen zu addieren. Das ergibt die Anzahl der zu berücksichtigenden Stromkreise. Der für diese Gesamtzahl zutreffende Reduktionsfaktor aus Tabelle 5.10 ist bei der Ermittlung der Strombelastbarkeit auf die Tabellenwerte für zwei belastete Leiter von zweiadrigen Kabeln oder Leitungen oder auf die Tabellenwerte für drei belastete Adern von dreiadrigen Kabeln oder Leitungen anzuwenden.
Die zuvor beschriebenen Aussagen sind der Anmerkung aus Tabelle 5.10 zu entnehmen. Zu berücksichtigen ist dabei, daß die Aussagen nicht die in Deutschland übliche Installation wiedergeben. In Deutschland werden bei zwei belasteten Adern üblicherweise dreiadrige, bei drei belasteten Adern üblicherweise vier- bzw. fünfadrige Kabel und Leitungen verlegt (siehe Abschnitte 5.4.2 und 5.4.3 dieses Buchs).

Beispiel
Es liegt die gemeinsame Häufung von zwei mehradrigen Leitungen mit drei belasteten Adern und drei mehradrigen Leitungen mit zwei belasteten Adern vor, die in einem Elektro-Installationskanal auf der Wand angeordnet sind.
Wie groß ist der für die gesamte Anzahl der gehäuften Leitungen anzusetzende Umrechnungsfaktor?

Ermittlungsgang:
Der Umrechnungsfaktor ergibt sich für fünf gebündelte Leitungen gemäß Tabelle 5.10 zu 0,60. Dieser Umrechnungsfaktor ist nun anzuwenden sowohl für die Strombelastbarkeit der Leitungen mit zwei belasteten Adern als auch für die Strombelastbarkeit der Leitungen mit drei belasteten Adern.
Besteht eine Gruppe (Häufung) aus n belasteten einadrigen Kabeln oder Leitungen, ist sie entweder wie $n/2$ Stromkreise mit je zwei belasteten Leitern oder wie $n/3$ Stromkreise mit je drei belasteten Leitern zu betrachten.

Beispiel
Es liegt die gemeinsame Häufung von neun einadrigen Leitungen vor (zwei Drehstromkreise mit L1, L2, L3, N und einem Schutzleiter (PE)), von denen nur sechs Leitungen belastet sind. Die Leitungen sind in einem Elektro-Installationsrohr in der Wand verlegt. Wie groß ist der Umrechnungsfaktor für die Stromkreise?

Ermittlungsgang:
Mit $n/3 = 6/3 = 2$ Stromkreise ergibt sich der Umrechnungsfaktor gemäß Tabelle 5.10 zu 0,8. Der Umrechnungsfaktor 0,8 ist nun für den Strombelastbarkeitswert für drei belastete Adern anzuwenden.
Eine Besonderheit enthält Tabelle 5.10 hinsichtlich der Verlegung von Kabeln und Leitungen unter der Decke (siehe Bilder 5.30 und 5.31). Während üblicherweise bei nur einem mehradrigen Kabel oder einer mehradrigen Leitung keine Häufung vorliegt und demnach der Umrechnungsfaktor 1 angesetzt wird, ist bei direkter Anord-

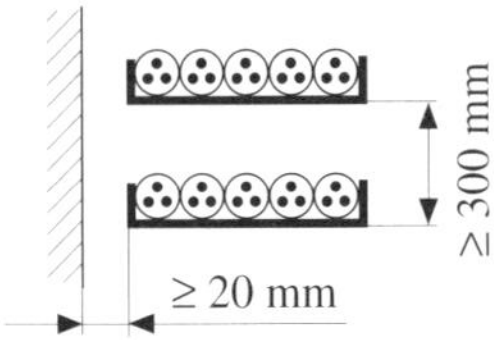

Bild 5.32 Häufung – Verlegeanordnung mehradriger Kabel oder Leitungen auf ungelochten Kabelwannen

nung von Kabeln und Leitungen unter der Decke schon ein davon abweichender Umrechnungsfaktor anzuwenden. Er beträgt 0,95 und berücksichtigt den physikalischen Effekt der aufsteigenden Wärme. Unter der Decke eines Raums ist die Temperatur höher als die sonst im Raum vorherrschende Temperatur.

Bei *allen* direkt unter der Decke verlegten Kabeln und Leitungen ist somit auch dann, wenn keine Häufung vorliegt, der Umrechnungsfaktor 0,95 nach Tabelle 5.10 immer anzuwenden.

Für die Verlegung von Aderleitungen und mehradrigen Kabeln und Leitungen im Elektro-Installationsrohr bzw. Elektro-Installationskanal unter der Decke sind in Tabelle 5.10 konkret keine Umrechnungsfaktoren zur Berücksichtigung des Wärmestaus genannt. Der Wärmestau unter der Decke sollte – wie bei einlagig direkt unter der Decke angeordneten Kabeln und Leitungen – mit dem Umrechnungsfaktor 0,95 gemäß Tabelle 5.10 berücksichtigt werden. Dieser Faktor schließt jedoch nicht

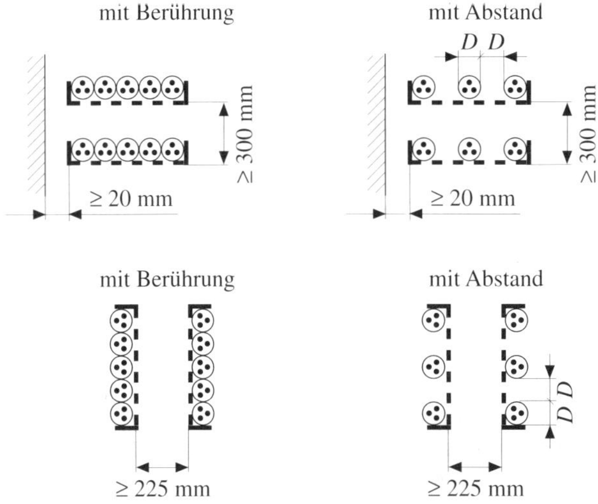

Bild 5.33 Häufung – Verlegeanordnungen mehradriger Kabel oder Leitungen auf gelochten Kabelwannen

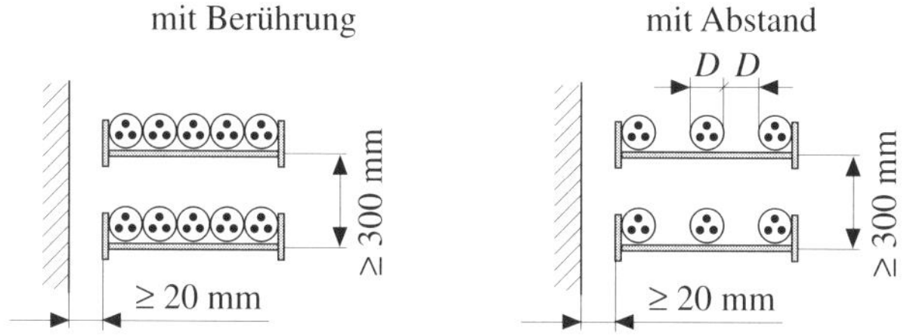

Bild 5.34 Häufung – Verlegeanordnungen mehradriger Kabel oder Leitungen auf Kabelpritschen

die Häufung bzw. Bündelung ein. Bei Bündelung im Elektro-Installationsrohr bzw. Elektro-Installationskanal sind *zusätzlich* die entsprechenden Umrechnungsfaktoren für Häufung gemäß Tabelle 5.10 zu berücksichtigen.

Tabelle 5.10 enthält Umrechnungsfaktoren für Häufung auf der Wand, im Rohr und Kanal, auf dem Fußboden und unter der Decke, also ein breites Spektrum. Für einige Verlegearten sind jedoch spezielle Umrechnungsfaktoren besser geeignet. Solche Faktoren gibt es für die Häufung in der Referenzverlegeart G.

Zu unterscheiden sind Verlegeanordnungen bei Häufung von mehradrigen Kabeln oder Leitungen für ungelochte Kabelwannen (**Bild 5.32**), gelochte Kabelwannen (**Bild 5.33**) und Kabelpritschen (**Bild 5.34**). Differenziert wird zudem die Verlegung der Kabel oder Leitungen mit Berührung bzw. mit Abstand.

Bei Häufung von einadrigen Kabeln oder Leitungen sind zu unterscheiden gelochte Kabelwannen (**Bild 5.35**) und Kabelpritschen (**Bild 5.36**).

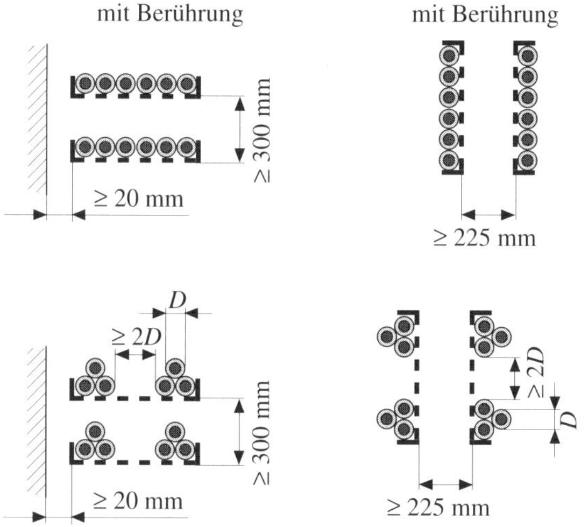

Bild 5.35 Häufung – Verlegeanordnungen einadriger Kabel oder Leitungen auf gelochten Kabelwannen

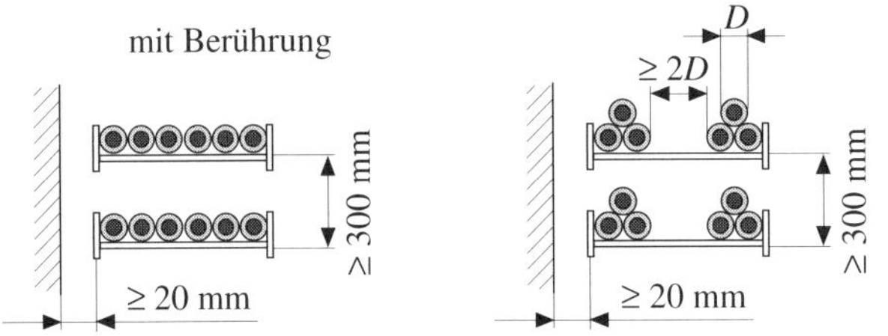

Bild 5.36 Häufung – Verlegeanordnungen einadriger Kabel oder Leitungen auf Kabelpritschen

Die Umrechnungsfaktoren wurden durch Versuch oder durch Anwendung eines Rechenverfahrens ermittelt. Für die Häufung von mehradrigen Kabeln oder Leitungen auf Wannen oder Pritschen sind Umrechnungsfaktoren der **Tabelle 5.11** (entspricht Tabelle 18 aus DIN VDE 0298-4) zu entnehmen. Für die Häufung von einadrigen Kabeln oder Leitungen auf Wannen oder Pritschen sind Umrechnungsfaktoren in der **Tabelle 5.12** (entspricht Tabelle 19 aus DIN VDE 0298-4) enthalten.

Bei mehradrigen Kabeln und Leitungen beeinflussen sich die Verlustwärme erzeugenden Adern gegenseitig in der Wärmeabfuhr. In den Tabellen mit Strombelastbarkeitswerten in DIN VDE 0298-4 (siehe Abschnitt 5.4 dieses Buchs) wird deshalb bei mehradrigen Kabeln und Leitungen auch die Anzahl der Verlustwärme erzeugenden Adern berücksichtigt. Unterschieden wird in zwei oder drei belastete Adern. Bei vieladrigen Kabeln und Leitungen sind Umrechnungsfaktoren zu beachten. Sie sind für vieladrige Kabel und Leitungen mit Leiternennquerschnitten bis 10 mm^2 **Tabelle 5.13** (entspricht Tabelle 20 aus DIN VDE 0298-4) zu entnehmen

Da auch bei aufgewickelten Leitungen die zwangsläufig auftretende Verlustwärme nicht problemlos abgeführt werden kann, wird auch bei ihnen die Strombelastbarkeit beeinträchtigt. Somit sind bei aufgewickelten Leitungen ebenfalls Umrechnungsfaktoren (Reduktions- bzw. Reduzierfaktoren) zu berücksichtigen. Sie sind in Abhängigkeit von der Anzahl der aufgewickelten Lagen **Tabelle 5.14** (entspricht Tabelle 21 aus DIN VDE 0298-4) zu entnehmen.

1		2	3	4	5	6	7	8
Verlegeanordnung		Anzahl der Wannen oder Pritschen	Anzahl der mehradrigen Kabel oder Leitungen					
			1	2	3	4	6	9
			Umrechnungsfaktoren					
ungelochte Kabelwannen	mit Berührung 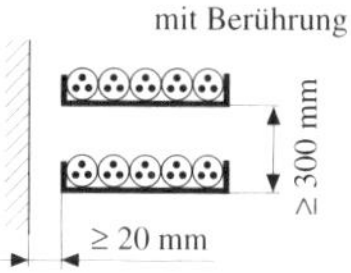	1	0,97	0,84	0,78	0,75	0,71	0,68
		2	0,97	0,83	0,76	0,72	0,68	0,63
		3	0,97	0,82	0,75	0,71	0,66	0,61
		6	0,97	0,81	0,73	0,69	0,63	0,58
gelochte Kabelwannen	mit Berührung 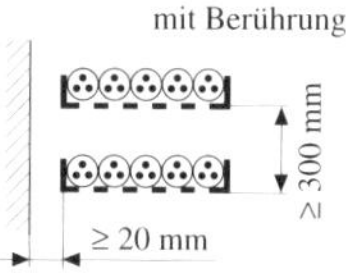	1	1,00	0,88	0,82	0,79	0,76	0,73
		2	1,00	0,87	0,80	0,77	0,73	0,68
		3	1,00	0,86	0,79	0,76	0,71	0,66
		6	1,00	0,84	0,77	0,73	0,68	0,64
	mit Abstand 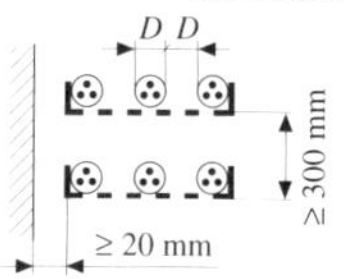	1	1,00	1,00	0,98	0,95	0,91	–
		2	1,00	0,99	0,96	0,92	0,87	–
		3	1,00	0,98	0,95	0,91	0,85	–
	mit Berührung 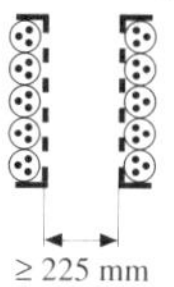	1	1,00	0,88	0,82	0,78	0,73	0,72
		2	1,00	0,88	0,81	0,76	0,71	0,70
	mit Abstand 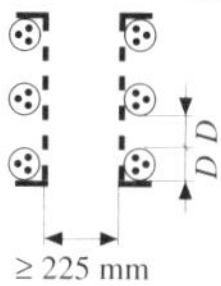	1	1,00	0,91	0,89	0,88	0,87	–
		2	1,00	0,91	0,88	0,87	0,85	–

Tabelle 5.11 (1. Teil) Umrechnungsfaktoren für Häufung von mehradrigen Kabeln oder Leitungen auf Wannen und Pritschen (Quelle: DIN VDE 0298-4 (**VDE 0298 Teil 4**):1998-11, Tabelle 18)

1		2	3	4	5	6	7	8
Verlegeanordnung		Anzahl der Wannen oder Pritschen	Anzahl der mehradrigen Kabel oder Leitungen					
			1	2	3	4	6	9
			Umrechnungsfaktoren					
Kabelpritschen	mit Berührung 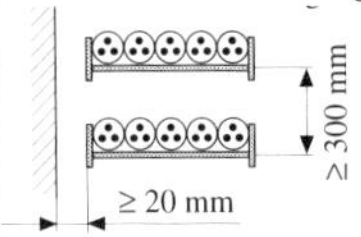	1	1,00	0,87	0,82	0,80	0,79	0,78
		2	1,00	0,86	0,81	0,78	0,76	0,73
		3	1,00	0,85	0,79	0,76	0,73	0,70
		6	1,00	0,83	0,76	0,73	0,69	0,66
	mit Abstand 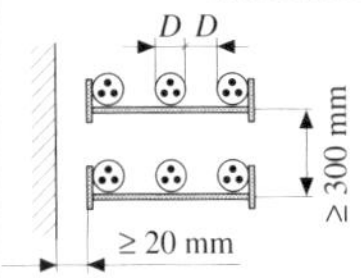	1	1,00	1,00	1,00	1,00	1,00	–
		2	1,00	0,99	0,98	0,97	0,96	–
		3	1,00	0,98	0,97	0,96	0,93	–

Anmerkung:
Die Umrechnungsfaktoren gelten nur für einlagig verlegte Gruppen von Kabeln oder Leitungen, wie oben dargestellt; sie gelten nicht, wenn die Kabel oder Leitungen mit Berührung übereinander verlegt sind oder die ebenfalls angegebenen Abstände zwischen den Kabelwannen oder Kabelpritschen unterschritten werden. In solchen Fällen sind die Umrechnungsfaktoren zu reduzieren, z. B. nach Tabelle 5.10.

Tabelle 5.11 (2. Teil) Umrechnungsfaktoren für Häufung von mehradrigen Kabeln oder Leitungen auf Wannen und Pritschen (Quelle: DIN VDE 0298-4 (**VDE 0298 Teil 4**):1998-11, Tabelle 18)

1	2	3	4	5	6
Verlegeanordnung	Anzahl der Wannen oder Pritschen	Anzahl der dreipoligen Stromkreise aus einadrigen Kabeln oder Leitungen			zu verwenden als Multiplikator für den Bemessungswert von:
		1	2	3	
		Umrechnungsfaktoren			
gelochte Kabelwannen, mit Berührung 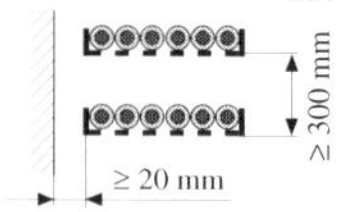	1	0,98	0,91	0,87	drei Kabeln oder Leitungen in horizontaler ebener Anordnung
	2	0,96	0,87	0,81	
	3	0,95	0,85	0,78	
mit Berührung 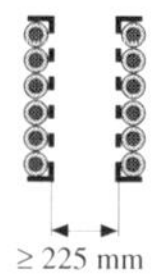	1	0,96	0,86	–	drei Kabeln oder Leitungen in vertikaler ebener Anordnung
	2	0,95	0,84	–	
Kabelpritschen, mit Berührung 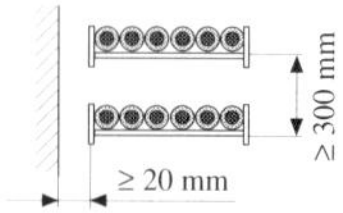	1	1,00	0,97	0,96	drei Kabeln oder Leitungen in horizontaler ebener Anordnung
	2	0,98	0,93	0,89	
	3	0,97	0,90	0,86	
gelochte Kabelwannen 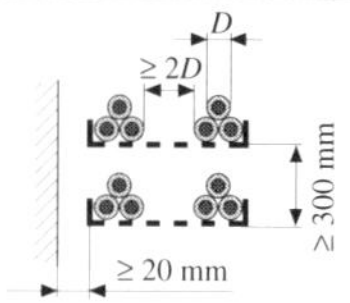	1	1,00	0,98	0,96	drei Kabeln oder Leitungen in horizontaler Dreiecksanordnung
	2	0,97	0,93	0,89	
	3	0,96	0,92	0,86	
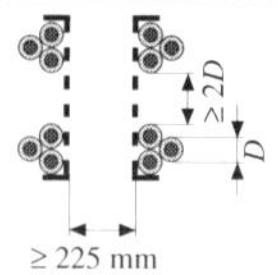	1	1,00	0,91	0,89	drei Kabeln oder Leitungen in vertikaler Dreiecksanordnung
	2	1,00	0,90	0,86	
Kabelpritschen 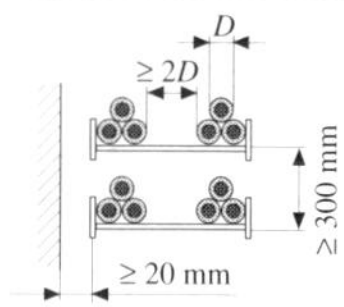	1	1,00	1,00	1,00	drei Kabeln oder Leitungen in horizontaler Dreiecksanordnung
	2	0,97	0,95	0,93	
	3	0,96	0,94	0,90	
Anmerkung: Die Umrechnungsfaktoren gelten nur für einlagig verlegte Gruppen von Kabeln und Leitungen, wie oben dargestellt; sie gelten nicht, wenn die Kabel oder Leitungen mit Berührung übereinander verlegt sind oder die ebenfalls angegebenen Abstände zwischen den Kabelwannen oder Kabelpritschen unterschritten werden. In solchen Fällen sind die Umrechnungsfaktoren zu reduzieren, z. B. nach Tabelle 5.10. Bei parallelgeschalteten Stromkreisen ist jedes Bündel von drei Leitern der Parallelschaltung wie ein Stromkreis zu betrachten.					

Tabelle 5.12 Umrechnungsfaktoren für Häufung von einadrigen Kabeln oder Leitungen auf Wannen und Pritschen (Quelle: DIN VDE 0298-4 (**VDE 0298 Teil 4**):1998-11, Tabelle 19)

1	2
Anzahl der belasteten Adern	Umrechnungsfaktoren
5	0,75
7	0,65
10	0,55
14	0,50
19	0,45
24	0,40
40	0,35
61	0,30

Tabelle 5.13 Umrechnungsfaktoren für vieladrige Kabel und Leitungen mit Leiternennquerschnitten bis 10 mm^2 (Quelle: DIN VDE 0298-4 (**VDE 0298 Teil 4**):1998-11, Tabelle 20)

1	2	3	4	5	6
Anzahl der Lagen auf der Spule	1	2	3	4	5
Umrechnungsfaktoren	0,80	0,61	0,49	0,42	0,38
Anmerkung: Für spiralige Aufwicklung gilt der Umrechnungsfaktor 0,80.					

Tabelle 5.14 Umrechnungsfaktoren für aufgewickelte Leitungen (Quelle: DIN VDE 0298-4 (**VDE 0298 Teil 4**):1998-11, Tabelle 21)

5.3.4.4 Wärmestrahlung

Auswirkungen von Wärmestrahlungen auf Kabel und Leitungen sind zu berücksichtigen bzw. zu verhindern. Wärmestrahlungen können die Strombelastbarkeit der Kabel und Leitungen in starkem Maß mindern, da die normalerweise vorhandene Abfuhr der Verlustwärme beeinträchtigt wird. Ein typischer Fall ist Sonneneinwirkung. Insbesondere im gewerblichen und industriellen Bereich ist auf mögliche Einflüsse von Wärmestrahlungen auf Kabel und Leitungen zu achten.

Am besten wählt man Leitungswege, bei denen Wärmestrahlquellen nicht einwirken können, ordnet also die Kabel und Leitungen in ausreichendem Abstand zur Wärmequelle an. Ist das wegen örtlicher Gegebenheiten nicht möglich, sollten die Einwirkungen von Wärmestrahlungen verhindert werden. Eine häufig praktizierte Möglichkeit besteht in Abdeckungen und Abschirmungen. Dabei ist aber auf ungestörte Luftzirkulation zu achten. Kann sie nicht garantiert werden, sind Umrechnungsfaktoren für abweichende Umgebungstemperaturen (siehe Tabelle 5.9 dieses Buchs) anzuwenden. Sollte sich direkte Wärmestrahlung auf Kabel und Leitungen nicht vermeiden lassen, ist der Einfluß der Wärmestrahlung zu berücksichtigen. Die Umrechnungsfaktoren für abweichende Umgebungstemperaturen können hierbei nicht weiterhelfen. Sie beziehen nicht den Temperaturanstieg ein, der durch direkte Sonnenstrahlung oder andere Infrarot-Strahlung verursacht wird. Sind Kabel und Leitungen einer solchen Strahlung ausgesetzt, muß die Strombelastbarkeit nach anerkannten Verfahren ermittelt werden. DIN VDE 0298-4 verweist hierzu im informativen Anhang B beispielhaft auf die IEC-Publikation 287.

5.4 Strombelastbarkeitswerte (DIN VDE 0298-4, Hauptabschnitte 4 und 5)

5.4.1 Allgemeines (DIN VDE 0298-4, Hauptabschnitt 4)

Die in DIN VDE 0298-4 genannten Strombelastbarkeitswerte gelten für isolierte Starkstromleitungen nach den Normen der Reihen DIN VDE 0250, DIN VDE 0281 und DIN VDE 0282. Sie gelten auch für Kabel nach DIN VDE 0262, DIN VDE 0266, DIN VDE 0276-603 und DIN VDE 0276-604, wenn diese Kabel in Gebäuden verlegt werden. Die Bauarten der Leitungen und Kabel vorgenannter Normen können den Tabellen 5.1 und 5.2 (entsprechen Tabelle 1 aus DIN VDE 0298-4) entnommen werden.

Die in DIN VDE 0298-4 aufgeführten Strombelastbarkeitswerte, die Umrechnungsfaktoren für abweichende Umgebungstemperaturen und die für Häufung für unbewehrte Kabel, Mantel- und Aderleitungen gelten für Nennspannungen bis 1 kV Wechselspannung mit 50 Hz bis 60 Hz oder 1,5 kV Gleichspannung.

Die Strombelastbarkeitswerte für mehradrige Kabel dürfen auch für Kabel mit Drahtbewehrung, konzentrischem Leiter und metallenem Schirm oder Mantel angewendet werden. Voraussetzung hierfür ist, daß in jedem Kabel alle Leiter enthalten sind, die zu dem Wechsel- oder Drehstromkreis gehören, der über das Kabel betrieben wird.

Für die Strombelastbarkeit von Kabeln, die in Erde oder Wasser verlegt sind, gelten die Werte von DIN VDE 0298-4 nicht. Hier sind die Teile 603 und 1000 von DIN VDE 0276 heranzuziehen.

Alle Angaben gelten für die Wahl des Leiternennquerschnitts im Hinblick auf die Belastung im ungestörten Betrieb. Sie beziehen sich immer auf die belasteten Leiter und gelten für den Betrieb mit Wechsel- oder Drehstrom mit einer Frequenz von 50 Hz bis 60 Hz sowie mit Gleichstrom.

Vorausgesetzt wird auch immer, daß die Leitungen und Kabel bestimmungsgemäß verwendet werden (Leitungen nach DIN VDE 0298-300 bzw. DIN VDE 0298-3 und Kabel nach DIN VDE 0298-1).

Alle Strombelastbarkeitsangaben in DIN VDE 0298-4 gelten nur für den ungestörten Betrieb und bei den in den jeweiligen Tabellen genannten Betriebsbedingungen:

- Betriebsart (siehe Abschnitt 5.3.2 dieses Buchs)
- Verlegebedingungen (siehe Abschnitt 5.3.3 dieses Buchs)
- Umgebungsbedingungen (Umgebungstemperatur, Verlustwärme, Wärmestrahlung) (siehe Abschnitt 5.3.4 dieses Buchs)

Für davon abweichende Betriebsbedingungen werden in den Tabellen entsprechende Hinweise zur Anwendung von Umrechnungsfaktoren gegeben. Solche Faktoren sind ggf. zu berücksichtigen für:

- abweichende Umgebungstemperaturen (siehe Abschnitt 5.3.4.2 dieses Buchs)
- wärmebeständige Leitungen (siehe Abschnitt 5.3.3.4 dieses Buchs)
- Häufung (siehe Abschnitt 5.3.4.3 dieses Buchs)
- vieladrige Kabel und Leitungen (siehe Abschnitt 5.3.4.3 dieses Buchs)
- aufgewickelte Leitungen (siehe Abschnitt 5.3.4.3 dieses Buchs)

Die Strombelastbarkeit I_z für tatsächliche Betriebsbedingungen ergibt sich nach

$$I_z = I_r \cdot \Pi f$$

mit

I_z Strombelastbarkeit bei tatsächlichen Betriebsbedingungen

I_r Strombelastbarkeit bei vereinbarten Betriebsbedingungen („Bemessungswert“) nach den Tabellen 3, 4, 5, 6, 9, 11, 13 und 14 aus DIN VDE 0298-4

Πf Produkt aller erforderlichen Umrechnungsfaktoren f

f Umrechnungsfaktor für abweichende Betriebsbedingungen

Ein Beispiel soll die erforderliche Vorgehensweise erläutern.

Beispiel

Vier Leitungen NYM mit jeweils drei belasteten Adern, gleichem Leiterquerschnitt von 2,5 mm² und etwa gleicher Belastung werden gemeinsam in einem Elektro-Installationskanal verlegt. Der Kanal läuft durch verschiedene Räume. Bis auf einen Raum, bei dem die Umgebungstemperatur 45 °C beträgt, ist mit einer Umgebungstemperatur von bis zu 25 °C zu rechnen. Welche maximale Absicherung der Leitungen ist zulässig?

Ermittlungsgang:

$$I_z = I_r \cdot \Pi f$$

$I_r = 20$ A gemäß Tabellen 5.3 (entspricht Tabelle 2 aus DIN VDE 0298-4), 5.4 (entspricht Tabelle 7 aus DIN VDE 0298-4) und 5.15 (entspricht Tabelle 3 aus DIN VDE 0298-4)

$f_1 = 0{,}79$ gemäß Tabelle 5.9 (entspricht Tabelle 15 aus DIN VDE 0298-4 (VDE 0298 Teil 4)) für eine Umgebungstemperatur von 45 °C bei einer zulässigen Betriebstemperatur von 70 °C (NYM)

$f_2 = 0{,}65$ gemäß Tabelle 5.10 (entspricht Tabelle 17 aus DIN VDE 0298-4) für vier gebündelte Leiter im Elektro-Installationskanal

$$I_z = I_r \cdot \Pi f$$

$$I_z = I_r \cdot f_1 \cdot f_2$$

$$I_z = 20\ \text{A} \cdot 0{,}79 \cdot 0{,}65$$

$$I_z = 10{,}27\ \text{A}$$

Die vier Leitungen NYM mit dem Querschnitt 2,5 mm² dürfen durch Überstrom-Schutzeinrichtungen mit einer Nennstromstärke von 10 A abgesichert werden.

Der Leiterquerschnitt muß so groß gewählt werden, daß die auftretende Strombelastung die Strombelastbarkeit der Leitung nicht überschreitet.
Der Leiternennquerschnitt ist somit zu dimensionieren für

$I_z \geq I_b$

mit

I_b Strombelastung im ungestörten Betrieb
I_z Strombelastbarkeit bei tatsächlichen Betriebsbedingungen

Der Leiterquerschnitt darf *an keiner Stelle* und *zu keinem Zeitpunkt* über die zulässige Betriebstemperatur erwärmt werden. Er ist daher so zu wählen, daß die Strombelastung die Strombelastbarkeit nicht überschreitet. Zu berücksichtigen sind dabei die jeweils zutreffenden ungünstigsten Betriebsbedingungen, die während der Dauer des Betriebs und entlang des Kabels oder der Leitung auftreten.
Ändert sich z. B. die Umgebungstemperatur während der Dauer des Betriebs, ist die höchste auftretende Temperatur – also der ungünstigste Fall – zu berücksichtigen.
Ein anderes Beispiel sind unterschiedliche Verlegearten längs des Leitungswegs. Eine Mantelleitung NYM, die z. B. im Verlauf ihres 30 m langen Leitungswegs 20 m im Mauerwerk und 10 m im Rohr verlegt ist, muß selbstverständlich der Verlegeart B2 – also dem ungünstigsten Fall – zugeordnet werden (siehe auch Abschnitt 5.3.3.8 dieses Buchs).

5.4.2 Anzahl der Aderleitungen bzw. Adern im Kabel oder in der Leitung (DIN VDE 0298-4, Abschnitt 4.3)

Die in den Tabellen 3, 4, 5 und 6 aus DIN VDE 0298-4 aufgeführten Strombelastbarkeitswerte für Kabel und Leitungen für feste Verlegung beziehen sich auf einzelne Stromkreissysteme, wobei *alle* Leiter belastet sind. Unter Berücksichtigung der Referenzverlegearten (siehe Abschnitt 5.3.3 dieses Buchs) ergeben sich folgende Zuordnungen:

Referenzverlegearten A1 und B1:
- zwei Aderleitungen oder zwei einadrige Kabel bzw. Mantelleitungen
- drei Aderleitungen oder drei einadrige Kabel bzw. Mantelleitungen

Referenzverlegearten A2 und B2:
- ein zweiadriges Kabel bzw. eine zweiadrige Mantelleitung
- ein dreiadriges Kabel bzw. eine dreiadrige Mantelleitung

Referenzverlegeart C:
- zwei einadrige Kabel bzw. Mantelleitungen oder ein zweiadriges Kabel bzw. eine zweiadrige Mantelleitung
- drei einadrige Kabel bzw. Mantelleitungen oder ein dreiadriges Kabel bzw. eine dreiadrige Mantelleitung

Referenzverlegearten E, F und G:

- zwei einadrige Kabel bzw. Mantelleitungen oder ein zweiadriges Kabel bzw. eine zweiadrige Mantelleitung
- drei einadrige Kabel bzw. Mantelleitungen oder ein dreiadriges Kabel bzw. eine dreiadrige Mantelleitung

Die aufgeführten Kabel bzw. Mantelleitungen, bei denen alle Leiter (Adern) belastet sind, entsprechen aber nicht der deutschen Installationspraxis (siehe Folgeabschnitt 5.4.3 dieses Buchs). Demnach ist das Augenmerk auf die Anzahl der belasteten Adern in einem Stromkreis zu richten.

5.4.3 Anzahl der belasteten Leiter (Adern) in einem Stromkreis (DIN VDE 0298-4, Abschnitte 4.3 und 4.4)

Bei mehr- und vieladrigen Kabeln oder Leitungen gelten die Strombelastbarkeitswerte in den Tabellen 3, 4, 5, 6, 9 und 11 aus DIN VDE 0298-4 (5.15 bis 5.19, 5.23 und 5.24 dieses Buchs) für

- zweiadrige Kabel oder Leitungen mit zwei belasteten Leitern sowie für
- dreiadrige Kabel oder Leitungen mit drei belasteten Leitern.

Die in den vorgenannten Tabellen aufgeführten Strombelastbarkeitswerte für zwei belastete Leiter gelten somit eigentlich nur bei Verwendung von zweiadrigen Kabeln oder zweiadrigen Leitungen. Dreiadrige Kabel oder Leitungen haben aber möglicherweise eine etwas höhere Strombelastbarkeit, wenn nur zwei der drei vorhandenen Leiter belastet sind.

Auch die in den genannten Tabellen aufgeführten Strombelastbarkeitswerte für drei belastete Leiter gelten somit nur bei Verwendung von dreiadrigen Kabeln oder dreiadrigen Leitungen. Vier- und fünfadrige Kabel oder Leitungen haben ebenfalls möglicherweise eine höhere Strombelastbarkeit, wenn nur drei der vier oder fünf vorhandenen Leiter belastet sind.

Generell gilt daher, daß bei der Ermittlung der Anzahl der belasteten Leiter in einem mehr- oder vieladrigen Kabel oder einer mehr- oder vieladrigen Leitung sowie bei Häufungen nur jene Leiter zu berücksichtigen sind, die einen Belastungsstrom führen. Kann in einem Mehrphasen-Stromkreis eine symmetrische Belastung angenommen werden, braucht daher der zugehörige Neutralleiter nicht berücksichtigt zu werden (siehe auch Abschnitt 6.7.3 dieses Buchs).

Im Drehstromkreis wird zunächst immer eine symmetrische Belastung angenommen. Wird aber der Neutralleiter belastet, ohne daß die Außenleiter entlastet werden, muß der Neutralleiter bei der Strombelastbarkeit des Kabels oder der Leitung mit berücksichtigt werden. Ein ausgeprägter Oberschwingungsstrom im Drehstromkreis kann z. B. solche Ströme im Neutralleiter verursachen (siehe auch Abschnitt 6.7.3 dieses Buchs).

In Deutschland ist es geübte Installationspraxis, in den meisten Fällen den Schutzleiter (PE) mitzuführen. Dieser Leiter ist nicht nur ein unbelasteter Leiter, er kann zusätzlich bei der Abfuhr der Verlustwärme einen positiven Beitrag leisten. Daher sollen für mehr- und vieladrige Kabel oder Leitungen, die zusätzlich unbelastete Leiter (z. B. PE-Leiter) aufweisen, bei CENELEC Strombelastbarkeitsuntersuchungen durchgeführt werden.

Alle Leiter, die ausschließlich nur Schutzleiterfunktion haben, werden somit nicht berücksichtigt, da sie keine Verlustwärme erzeugen. Dagegen müssen PEN-Leiter in der gleichen Weise wie ein Neutralleiter berücksichtigt werden. Sie sind ggf. als belastete Adern zu zählen.

Zum besseren Verständnis sei angemerkt, daß mehradrige Kabel und Leitungen zwei bis fünf Adern haben, einschließlich der als Neutralleiter und/oder Schutzleiter wirkenden Adern. Vieladrige Kabel und Leitungen haben mindestens sechs Adern. Nicht mitgezählt werden konzentrische Leiter oder zusätzliche, zur Energieübertragung benutzte Adern, z. B. für die Fernwirktechnik.

5.4.4 Strombelastbarkeitswerte von Kabeln und Leitungen für feste Verlegung in Gebäuden (Referenzverlegearten A1, A2, B1, B2, C, E, F und G) (DIN VDE 0298-4, Unterabschnitt 5.3.2.1)

5.4.4.1 Grundsätzliche Aussagen

Die Strombelastbarkeitswerte von Kabeln und Leitungen für feste Verlegung in Gebäuden sind für die Referenzverlegearten A1, A2, B1 und B2 bei einer zulässigen Betriebstemperatur am Leiter von 70 °C sowie einer Umgebungstemperatur von 30 °C **Tabelle 5.15** (entspricht Tabelle 3 aus DIN VDE 0298-4) zu entnehmen. Für die Referenzverlegearten C, E, F und G sind die Strombelastbarkeitswerte von Kabeln und Leitungen für feste Verlegung in Gebäuden bei einer zulässigen Betriebstemperatur am Leiter von 70 °C sowie einer Umgebungstemperatur von 30 °C der **Tabelle 5.16** (entspricht Tabelle 4 aus DIN VDE 0298-4) zu entnehmen.

Weitere Strombelastbarkeitswerte für Energieverteilungskabel mit Nennspannungen U_0/U 0,1/6 kV bei Verlegung in Luft und einer zulässigen Betriebstemperatur am Leiter von 70 °C sowie einer Umgebungstemperatur von 30 °C enthält **Tabelle 5.17** (entspricht Tabelle 15 aus Hauptabschnitt 3G von DIN VDE 0276-603).

Neu in DIN VDE 0298-4 sind Tabellen mit Strombelastbarkeitswerten von Kabeln und Leitungen für die feste Verlegung in Gebäuden bei einer zulässigen Betriebstemperatur am Leiter von 90 °C. Bei einer Umgebungstemperatur von 30 °C sind für die Referenzverlegearten A1, A2, B1 und B2 Strombelastbarkeitswerte in **Tabelle 5.18** (entspricht Tabelle 5 aus DIN VDE 0298-4), für die Referenzverlegearten C, E, F und G in **Tabelle 5.19** (entspricht Tabelle 6 aus DIN VDE 0298-4) enthalten.

1	2	3	4	5	6	7	8	9
zulässige Betriebstemperatur am Leiter	70 °C							
Umgebungstemperatur	30 °C							
Verlegeart (Referenzverlegeart)[1]	A1		A2		B1		B2	
	Verlegung in wärmegedämmten Wänden				Verlegung in Elektro-Installationsrohren			
	Aderleitungen im Elektro-Installationsrohr in einer wärmegedämmten Wand		mehradriges Kabel oder mehradrige Mantelleitung in einem Elektro-Installationsrohr in einer wärmegedämmten Wand		Aderleitungen im Elektro-Installationsrohr auf einer Wand		mehradrige Kabel oder mehradrige Mantelleitung in einem Elektro-Installationsrohr auf einer Wand	
	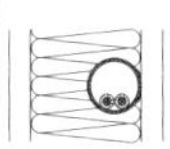	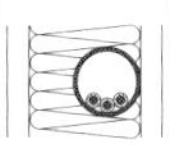		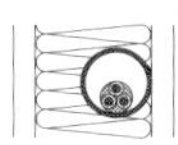				
Anzahl der belasteten Adern	2	3	2	3	2	3	2	3
Nennquerschnitt, Kupferleiter in mm²	Belastbarkeit in A							
1,5	15,5[2]	13,5	15,5[2]	13,0	17,5	15,5	16,5	15,0
2,5	19,5	18,0	18,5	17,5	24	21	23	20
4	26	24	25	23	32	28	30	27
6	34	31	32	29	41	36	38	34
10	46	42	43	39	57	50	52	46
10	–	–	–	–	–	–	–	47,17[3]
16	61	56	57	52	76	68	69	62
25	80	73	75	68	101	89	90	80
35	99	89	92	83	125	110	111	99
50	119	108	110	99	151	134	133	118
70	151	136	139	125	192	171	168	149
95	182	164	167	150	232	207	201	179
120	210	188	192	172	269	239	232	206
150	240	216	219	196	–	–	–	–
185	273	245	248	223	–	–	–	–
240	320	286	291	261	–	–	–	–
300	367	328	334	298	–	–	–	–
Belastbarkeit aus CENELEC-Report R 64-001 Tabelle Spalte	52-C1 A	52-C3 A	52-C13 2	52-C13 4	52-C1 B	52-C3 B	52-C13 3	52-C13 5
Umrechnungsfaktoren für								
abweichende Umgebungstemperatur	Tabelle 5.9							
Häufung	Tabelle 5.10							
Verlegung unter der Decke	–				Tabelle 5.10			
vieladrige Kabel oder Leitungen	–			Tabelle 5.13	–			Tabelle 5.13

[1] Weitere Verlegearten siehe Tabelle 5.4
[2] Siehe Anhang C der Norm
[3] Gilt nicht für Verlegung auf einer Holzwand und nicht für die Anwendung von Umrechnungsfaktoren; siehe Anhang C der Norm

Tabelle 5.15 Strombelastbarkeit von Kabeln und Leitungen für feste Verlegung in Gebäuden; Verlegearten A1, A2, B1 und B2; Betriebstemperatur 70 °C; Umgebungstemperatur 30 °C (Quelle: DIN VDE 0298-4 (**VDE 0298 Teil 4**):1998-11, Tabelle 3)

1	2	3	4	5	6	7	8	9	10
zulässige Betriebstemperatur am Leiter	70 °C								
Umgebungstemperatur	30 °C								
Verlegeart (Referenzverlegeart)[2]	C		E		F			G	
Verlegung	auf einer Wand		in Luft						
	ein- oder mehradriges Kabel oder ein- oder mehradrige Mantelleitung		mehradriges Kabel oder mehradrige Mantelleitung mit Abstand von mindestens 0,3 × Durchmesser *D* zur Wand		einadrige Kabel oder einadrige Mantelleitungen mit Abstand von mindestens 1 × Durchmesser *D* zur Wand				
					mit Berührung			mit Abstand *D*	
	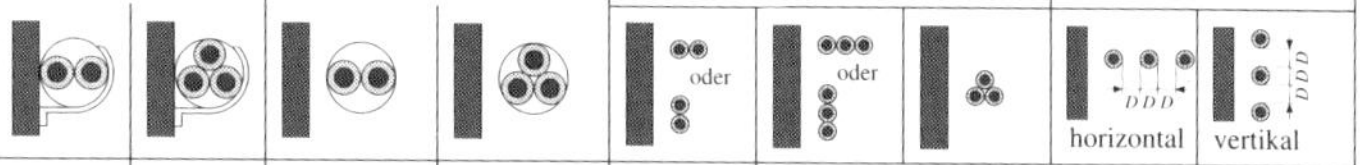								
Anzahl der belasteten Adern	2	3	2	3	2	3			
Nennquerschnitt, Kupferleiter in mm²	Belastbarkeit in A								
1,5	19,5	17,5	22	18,5	–	–	–	–	–
2,5	27	24	30	25	–	–	–	–	–
4	36	32	40	34	–	–	–	–	–
4	–	33,02[3]	–	–	–	–	–	–	–
6	46	41	51	43	–	–	–	–	–
10	63	57	70	60	–	–	–	–	–
10	–	59,43[3]	–	–	–	–	–	–	–
16	85	76	94	80	–	–	–	–	–
25	112	96	119	101	131	114	110	146	130
35	138	119	148	126	162	143	137	181	162
50	168	144	180	153	196	174	167	219	197
70	213	184	232	196	251	225	216	281	254
95	258	223	282	238	304	275	264	341	311
120	299	259	328	276	352	321	308	396	362
150	344	299	379	319	406	372	356	456	419
185	392	341	434	364	463	427	409	521	480
240	461	403	514	430	546	507	485	615	569
300	530	464	493	497	629	587	561	709	659
400	–	–	–	–	754	689	656	852	795
500	–	–	–	–	868	789	749	982	920
630	–	–	–	–	1005	905	855	1138	1070
Belastbarkeit aus CENELEC-Report R 64-001 Tabelle / Spalte	52-C1 C	52-C3 C	52-C9 1	52-C9 2	52-C9 3	52-C9 5	52-C9 4	52-C9 6	52-C9 7
Umrechnungsfaktoren für									
abweichende Umgebungstemperatur	Tabelle 5.9								
Häufung	Tabelle 5.10		Tabelle 5.11		Tabelle 5.12			–	
Verlegung unter Decke	Tabelle 5.10		–						
vieladrige Kabel oder Leitungen: Tabelle	–	5.13	–	5.13	–				

[2] Weitere Verlegearten siehe Tabelle 5.4
[3] Gilt nicht für Verlegung auf einer Holzwand und nicht für die Anwendung von Umrechnungsfaktoren; siehe Anhang C der Norm

Tabelle 5.16 Strombelastbarkeit[1] von Kabeln und Leitungen für feste Verlegung in Gebäuden; Verlegearten C, E, F und G; Betriebstemperatur 70 °C; Umgebungstemperatur 30 °C (Quelle: DIN VDE 0298-4 (**VDE 0298 Teil 4**):1998-11, Tabelle 4)

[1] Bei Kabeln mit konzentrischem Leiter gilt die Belastbarkeit nur für mehradrige Ausführungen. Weitere Belastbarkeiten für Kabel siehe DIN VDE 0276-603, Hauptabschnitt 3G, Tabelle 15 (Tabelle 5.17 dieses Buchs).

1	2	3	4	5	6	7	8	9	10	11
Isolierwerkstoff	PVC									
zulässige Betriebstemperatur	70 °C									
Bauartkurzzeichen	NYY			NYCWY		NAYY			NAYCWY	
Anordnung	1)					1)				
Anzahl der belasteten Adern	1	3	3	3	3	1	3	3	3	3
Querschnitt in mm²	Kupferleiter, Bemessungsstrom in A					Aluminiumleiter, Bemessungsstrom in A				
1,5	27	19,5	21	19,5	22	–	–	–	–	–
2,5	35	25	28	26	29	–	–	–	–	–
4	47	34	37	34	39	–	–	–	–	–
6	59	43	47	44	49	–	–	–	–	–
10	81	59	64	60	67	–	–	–	–	–
16	107	79	84	80	89	–	–	–	–	–
25	144	106	114	108	119	110	82	87	83	91
35	176	129	139	132	146	135	100	107	101	112
50	214	157	169	160	177	166	119	131	121	137
70	270	199	213	202	221	210	152	166	155	173
95	334	246	264	249	270	259	186	205	189	212
120	389	285	307	289	310	302	216	239	220	247
150	446	326	352	329	350	345	246	273	249	280
185	516	374	406	377	399	401	285	317	287	321
240	618	445	483	443	462	479	338	378	339	374
300	717	511	557	504	519	555	400	437	401	426
400	843	597	646	577	583	653	472	513	468	488
500	994	669	747	626	657	772	539	600	524	556
630	1180	–	858	–	744	915	–	701	–	628
800	1396	–	971	–	–	1080	–	809	–	–
1000	1620	–	1078	–	–	1258	–	916	–	–

1) Bemessungsstrom in Gleichstromanlagen mit weit entferntem Rückleiter

Tabelle 5.17 Strombelastbarkeit, Kabel in Luft, Betriebstemperatur 70 °C, Umgebungstemperatur 30 °C (Quelle: DIN VDE 0276-603 (**VDE 0276 Teil 603**):1995-11, Hauptabschnitt 3G, Tabelle 15)

1	2	3	4	5	6	7	8	9
zulässige Betriebstemperatur am Leiter	90 °C							
Umgebungstemperatur	30 °C							
Verlegeart (Referenzverlegeart)[1)]	A1		A2		B1		B2	
	Verlegung in wärmegedämmten Wänden				Verlegung in Elektro-Installationsrohren			
	Aderleitungen im Elektro-Installationsrohr in einer wärmegedämmten Wand		mehradriges Kabel oder mehradrige Mantelleitung in einem Elektro-Installationsrohr in einer wärmegedämmten Wand		Aderleitungen im Elektro-Installationsrohr auf einer Wand		mehradrige Kabel oder mehradrige Mantelleitung in einem Elektro-Installationsrohr auf einer Wand	
	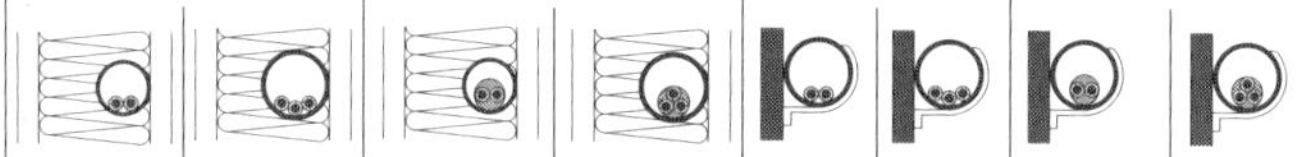							
Anzahl der belasteten Adern	2	3	2	3	2	3	2	3
Nennquerschnitt, Kupferleiter in mm^2	Belastbarkeit in A							
1,5	19,0	17,0	18,5	16,5	23	20	22	19,5
2,5	26	23	25	22	31	28	30	26
4	35	31	33	30	42	37	40	35
6	45	40	42	38	54	48	51	44
10	61	54	57	51	75	66	69	60
16	81	73	76	68	100	88	91	80
25	106	95	99	89	133	117	119	105
35	131	117	121	109	164	144	146	128
50	158	141	145	130	198	175	175	154
70	200	179	183	164	253	222	221	194
95	241	216	220	197	306	269	265	233
120	278	249	253	227	354	312	305	268
150	318	285	290	259	–	–	–	–
185	362	324	329	295	–	–	–	–
240	424	380	386	346	–	–	–	–
300	486	435	442	396	–	–	–	–
Belastbarkeit aus CENELEC-Report R 64-001 Tabelle Spalte	52-C2 A	52-C4 A	52-C14 2	52-C14 4	52-C2 B	52-C4 B	52-C14 3	52-C14 5
Umrechnungsfaktoren für								
abweichende Umgebungstemperatur	Tabelle 5.9							
Häufung	Tabelle 5.10							
Verlegung unter der Decke	–				Tabelle 5.10			
vieladrige Kabel oder Leitungen	–			Tabelle 5.13	–			Tabelle 5.13

1) Weitere Verlegearten siehe Tabelle 5.4

Tabelle 5.18 Strombelastbarkeit von Kabeln und Leitungen für feste Verlegung in Gebäuden; Verlegearten A1, A2, B1 und B2; Betriebstemperatur 90 °C; Umgebungstemperatur 30 °C (Quelle: DIN VDE 0298-4 (**VDE 0298 Teil 4**):1998-11, Tabelle 5)

1	2	3	4	5	6	7	8	9	10
zulässige Betriebstemperatur am Leiter	90 °C								
Umgebungstemperatur	30 °C								
Verlegeart (Referenzverlegeart)[2]	C		E		F			G	
	Verlegung auf einer Wand		Verlegung in Luft						
	ein- oder mehradriges Kabel		mehradriges Kabel mit Abstand von mindestens 0,3 × Durchmesser D zur Wand		einadriges Kabel mit Abstand von mindestens 1 × Durchmesser D zur Wand				
					mit Berührung			mit Abstand D	
	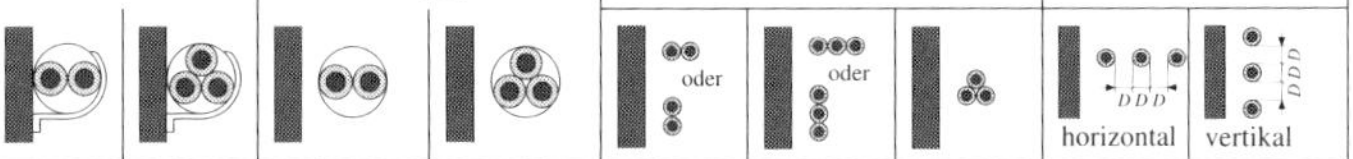							horizontal	vertikal
Anzahl der belasteten Adern	2	3	2	3	2	3			
Nennquerschnitt, Kupferleiter in mm²	Belastbarkeit in A								
1,5	24	22	26	23	–	–	–	–	–
2,5	33	30	36	32	–	–	–	–	–
4	45	40	49	42	–	–	–	–	–
6	58	52	63	54	–	–	–	–	–
10	80	71	86	75	–	–	–	–	–
16	107	96	115	100	–	–	–	–	–
25	138	119	149	127	161	141	135	182	161
35	171	147	185	158	200	176	169	226	201
50	209	179	225	192	242	216	207	275	246
70	269	229	289	246	310	279	268	353	318
95	328	278	352	298	377	342	328	430	389
120	382	322	410	346	437	400	383	500	454
150	441	371	473	399	504	464	444	577	527
185	506	424	542	456	575	533	510	661	605
240	599	500	641	538	679	634	607	781	719
300	693	576	741	621	783	736	703	902	833
400	–	–	–	–	940	868	823	1085	1008
500	–	–	–	–	1083	998	946	1253	1169
630	–	–	–	–	1254	1151	1088	1454	1362
Belastbarkeit aus CENELEC-Report R 64-001 Tabelle Spalte	52-C2 C	52-C4 C	52-C11 1	52-C11 2	52-C11 3	52-C11 5	52-C11 4	52-C11 6	52-C11 7
Umrechnungsfaktoren für									
abweichende Umgebungstemperatur	Tabelle 5.9								
Häufung	Tabelle 5.10		Tabelle 5.11		Tabelle 5.12			–	
Verlegung unter Decke	Tabelle 5.10		–						
vieladrige Kabel: Tabelle	–	5.13	–	5.13	–				

[2] Weitere Verlegearten siehe Tabelle 5.4

Tabelle 5.19 Strombelastbarkeit[1] von Kabeln und Leitungen für Verlegung in Gebäuden; Verlegeart C, E, F und G; Betriebstemperatur 90 °C; Umgebungstemperatur 30 °C (Quelle: DIN VDE 0298-4 (**VDE 0298 Teil 4**):1998-11, Tabelle 6)

[1] Bei Kabeln mit konzentrischem Leiter gilt die Belastbarkeit nur für mehradrige Ausführungen.
Weitere Belastbarkeiten für Kabel siehe DIN VDE 0276-603, Hauptabschnitt 5G, Tabelle 15 (Tabelle 5.20 dieses Buchs).

Weitere Strombelastbarkeitswerte für Energieverteilungskabel mit Nennspannungen U_0/U 0,1/6 kV bei Verlegung in Luft und einer zulässigen Betriebstemperatur am Leiter von 90 °C sowie einer Umgebungstemperatur von 30 °C enthält **Tabelle 5.20** (entspricht Tabelle 15 aus Hauptabschnitt 5G von DIN VDE 0276-603).

Für die Installationspraxis haben die Tabellen mit einer Betriebstemperatur am Leiter von 90 °C im Regelfall keine Bedeutung. Die Ausnutzung der in den Tabellen 5 und 6 aus DIN VDE 0298-4 (siehe Tabellen 5.18 und 5.19 dieses Buchs) sowie der Tabelle 15 aus Hauptabschnitt 5G aus DIN VDE 0276-603 (siehe Tabelle 5.20 dieses Buchs) genannten Strombelastbarkeitswerte führt – so sind die Tabellen konzipiert – natürlich zu einer Betriebstemperatur am Leiter von 90 °C. Dafür sind aber Installationsgeräte, z. B. Installationseinbaugeräte, Niederspannungs-Schaltgeräte, Klemmen und Befestigungsmaterial, nicht ausgelegt, sondern nur für die übliche Betriebstemperatur von 70 °C.

Somit sollten auch die Kabel und Leitungen, die für eine zulässige Betriebstemperatur am Leiter von 90 °C ausgelegt sind, nur mit einer Strombelastung betrieben werden, die zu einer maximalen Betriebstemperatur am Leiter von 70 °C im Anschlußbereich der Installationsgeräte führt. Die höhere zulässige Betriebstemperatur am Leiter von 90 °C kann z. B. als thermische Reserve genutzt werden, z. B. bei Häufung und/oder höheren Umgebungstemperaturen an anderen Stellen im Verlauf des Kabel- bzw. Leitungswegs.

Alle vorgenannten Tabellen beziehen sich auf die international festgelegte Umgebungstemperatur von 30 °C (siehe Abschnitt 5.3.4.2 dieses Buchs). Strombelastbarkeitswerte von Kabeln und Leitungen für die feste Verlegung in Gebäuden für die in Deutschland übliche Umgebungstemperatur von 25 °C enthalten **Tabelle 5.21** (entspricht Tabelle A.1 des normativen Anhangs A von DIN VDE 0298-4) sowie **Tabelle 5.22** (entspricht Tabelle A.2 des gleichen Anhangs).

Beide Tabellen berücksichtigen eine zulässige Betriebstemperatur am Leiter von 70 °C. Tabelle 5.21 enthält die Referenzverlegearten A1, A2, B1 und B2, Tabelle 5.22 die Referenzverlegearten C, E, F und G.

Die Tabellen 5.15 und 5.21 sowie 5.16 und 5.22 sind direkt miteinander vergleichbar. Sie unterscheiden sich nur durch die Umgebungstemperatur. Die Tabellen 5.15 und 5.16 berücksichtigen die international festgelegte Umgebungstemperatur von 30 °C, die Tabellen 5.21 und 5.22 die in Deutschland übliche Umgebungstemperatur von 25 °C.

Auch die diesem Buch beigelegte Zuordnungstabelle enthält die Strombelastbarkeitswerte für 25 °C Umgebungstemperatur auf Basis der Tabellen A.1 und A.2 aus dem normativen Anhang A der DIN VDE 0298-4 (siehe Abschnitt 6.3.2.2 dieses Buchs).

Drei wichtige Aspekte bedürfen besonderer Ausführungen:

- Handhaben der Strombelastbarkeitswerte für 25 °C Umgebungstemperatur (Tabellen 5.21 und 5.22 dieses Buchs)
- Beibehalten von für die Installationspraxis wichtigen Strombelastbarkeitswerten
- Verlegen in wärmegedämmten Wänden

1	2	3	4	5	6	7	8	9	10	11
Isolierwerkstoff	VPE									
zulässige Betriebstemperatur	90 °C									
Bauartkurzzeichen	N2XY N2X2Y			N2CWY N2XCW2Y		NA2XY NA2X2Y			NA2XCWY NA2XCW2Y	
Anordnung	1)					1)				
Anzahl der belasteten Adern	1	3	3	3	3	1	3	3	3	3
Querschnitt in mm²	Kupferleiter, Bemessungsstrom in A					Aluminiumleiter, Bemessungsstrom in A				
1,5	33	24	26	25	27	–	–	–	–	–
2,5	43	32	34	33	36	–	–	–	–	–
4	57	42	44	43	47	–	–	–	–	–
6	72	53	56	54	59	–	–	–	–	–
10	99	74	77	75	81	–	–	–	–	–
16	131	98	102	100	109	–	–	–	–	–
25	177	133	138	136	146	136	102	106	104	112
35	217	162	170	165	179	166	126	130	128	137
50	265	197	207	201	218	205	149	161	152	169
70	336	250	263	255	275	260	191	204	194	214
95	415	308	325	314	336	321	234	252	239	263
120	485	359	380	364	388	376	273	295	278	308
150	557	412	437	416	438	431	311	339	316	349
185	646	475	507	480	501	501	360	395	365	401
240	774	564	604	565	580	600	427	472	430	469
300	901	649	697	643	654	696	507	547	506	535
400	1060	761	811	737	733	821	600	643	575	615
500	1252	866	940	807	825	971	695	754	682	700
630	1486	–	1083	–	934	1151	–	882	–	790
800	1751	–	1228	–	–	1355	–	1019	–	–
1000	2039	–	1368	–	–	1580	–	1157	–	–

1) Bemessungsstrom in Gleichstromanlagen mit weit entferntem Rückleiter

Tabelle 5.20 Strombelastbarkeit, Kabel in Luft, Betriebstemperatur 90 °C, Umgebungstemperatur 30 °C (Quelle: DIN VDE 0276-603 (**VDE 0276 Teil 603**):1995-11, Hauptabschnitt 5G, Tabelle 15)

1	2	3	4	5	6	7	8	9
zulässige Betriebstemperatur am Leiter	70 °C							
Umgebungstemperatur	25 °C							
Verlegeart (Referenzverlegeart)[1]	A1		A2		B1		B2	
	Verlegung in wärmegedämmten Wänden				Verlegung in Elektro-Installationsrohren			
	Aderleitungen im Elektro-Installationsrohr in einer wärmegedämmten Wand		mehradriges Kabel oder mehradrige Mantelleitung in einem Elektro-Installationsrohr in einer wärmegedämmten Wand		Aderleitungen im Elektro-Installationsrohr auf einer Wand		mehradrige Kabel oder mehradrige Mantelleitung in einem Elektro-Installationsrohr auf einer Wand	
	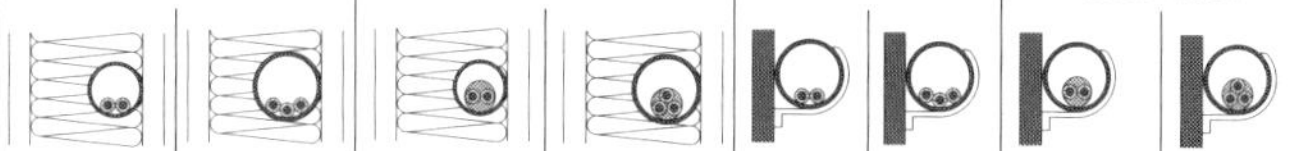							
Anzahl der belasteten Adern	2	3	2	3	2	3	2	3
Nennquerschnitt, Kupferleiter in mm²	Belastbarkeit in A							
1,5	16,5[2])	14,5	16,5[2])	14,0	18,5	16,5	17,5	16,0
2,5	21	19,0	19,5	18,5	25	22	24	21
4	28	25	27	24	34	30	32	29
6	36	33	34	31	43	38	40	36
10	49	45	46	41	60	53	55	49
10	–	–	–	–	–	–	–	50[3])
16	65	59	60	55	81	72	73	66
25	85	77	80	72	107	94	95	85
35	105	94	98	88	133	117	118	105
50	126	114	117	105	160	142	141	125
70	160	144	147	133	204	181	178	158
95	193	174	177	159	246	219	213	190
120	223	199	204	182	285	253	246	218
150	254	229	232	208	–	–	–	–
185	289	260	263	236	–	–	–	–
240	339	303	308	277	–	–	–	–
300	389	348	354	316	–	–	–	–
Belastbarkeit aus CENELEC-Report R 64-001 — Tabelle / Spalte	52-C1 A	52-C3 A	52-C13 2	52-C13 4	52-C1 B	52-C3 B	52-C13 3	52-C13 5
	jeweils multipliziert mit dem Faktor 1,06							
Umrechnungsfaktoren für								
abweichende Umgebungstemperatur	Anhang C der Norm							
Häufung								
Verlegung unter der Decke								
vieladrige Kabel oder Leitungen								

1) Weitere Verlegearten siehe Tabelle 5.4
2) Siehe Anhang C der Norm
3) Gilt nicht für Verlegung auf einer Holzwand; siehe Anhang C der Norm

Tabelle 5.21 Strombelastbarkeit von Kabeln und Leitungen für feste Verlegung in Gebäuden; Verlegearten A1, A2, B1 und B2; Betriebstemperatur 70 °C; Umgebungstemperatur 25 °C (Quelle: DIN VDE 0298-4 (**VDE 0298 Teil 4**):1998-11, Tabelle A.1)

1	2	3	4	5	6	7	8	9	10
zulässige Betriebstemperatur am Leiter	70 °C								
Umgebungstemperatur	25 °C								
Verlegeart (Referenzverlegeart)[2)]	C		E		F			G	
Verlegung	auf einer Wand		in Luft						
	ein- oder mehradriges Kabel oder ein- oder mehradrige Mantelleitung		mehradriges Kabel oder mehradrige Mantelleitung mit Abstand von mindestens 0,3 × Durchmesser *D* zur Wand		einadrige Kabel oder einadrige Mantelleitungen mit Abstand von mindestens 1 × Durchmesser *D* zur Wand				
					mit Berührung			mit Abstand *D*	
	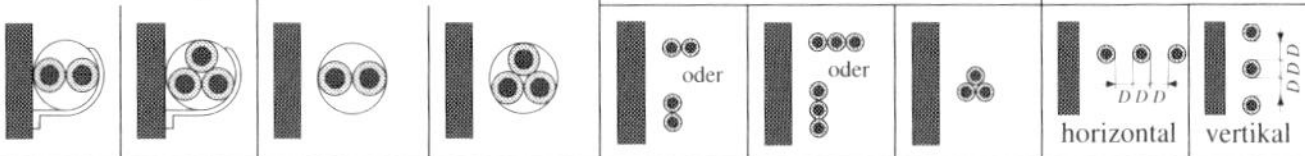							horizontal	vertikal
Anzahl der belasteten Adern	2	3	2	3	2	3			
Nennquerschnitt, Kupferleiter in mm²	Belastbarkeit in A								
1,5	21	18,5	23	19,5	–	–	–	–	–
2,5	29	25	32	27	–	–	–	–	–
4	38	34	42	36	–	–	–	–	–
4	–	35[3)]	–	–	–	–	–	–	–
6	49	43	54	46	–	–	–	–	–
10	67	60	74	64	–	–	–	–	–
10	–	63[3)]	–	–	–	–	–	–	–
16	90	81	100	85	–	–	–	–	–
25	119	102	126	107	139	121	117	155	138
35	146	126	157	134	172	152	145	192	172
50	178	153	191	162	208	184	177	232	209
70	226	195	246	208	266	239	229	298	269
95	273	236	299	252	322	292	280	361	330
120	317	275	348	293	373	340	326	420	384
150	365	317	402	338	430	394	377	483	444
185	416	361	460	386	491	453	434	552	509
240	489	427	545	456	579	537	514	652	603
300	562	492	629	527	667	622	595	752	699
400	–	–	–	–	799	730	695	903	843
500	–	–	–	–	920	836	794	1041	975
630	–	–	–	–	1065	959	906	1206	1134
Belastbarkeit aus CENELEC-Report R 64-001 Tabelle Spalte	52-C1 C	52-C3 C	52-C9 1	52-C9 2	52-C9 3	52-C9 5	52-C9 4	52-C9 6	52-C9 7
	jeweils multipliziert mit dem Faktor 1,06								
Umrechnungsfaktoren für									
abweichende Umgebungstemperatur	Anhang C der Norm								
Häufung									
Verlegung unter der Decke									
vieladrige Kabel oder Leitungen									

2) Weitere Verlegearten siehe Tabelle 5.4.
3) Gilt nicht für Verlegung auf einer Holzwand; siehe Anhang C der Norm.

Tabelle 5.22 Strombelastbarkeit[1)] von Kabeln und Leitungen für feste Verlegung in Gebäuden; Verlegearten C, E, F und G; Betriebstemperatur 70 °C; Umgebungstemperatur 25 °C (Quelle: DIN VDE 0298-4 (**VDE 0298 Teil 4**):1998-11, Tabelle A.2)

1) Bei Kabeln mit konzentrischem Leiter gilt die Belastbarkeit nur für mehradrige Ausführungen. Weitere Belastbarkeiten für Kabel siehe DIN VDE 0276-603, Hauptabschnitt 3G, Tabelle 15 (Tabelle 5.17 dieses Buchs).

5.4.4.2 Handhabung der Strombelastbarkeitswerte für 25 °C Umgebungstemperatur

Erfreulicherweise sind für den Planer und Errichter elektrischer Anlagen in Deutschland weiterhin Strombelastbarkeitswerte für eine Umgebungstemperatur bis 25 °C direkt, also in Tabellenform, verfügbar. Im normativen Anhang A von DIN VDE 0298-4 sind in den Tabellen A.1 und A.2 (siehe Tabellen 5.21 und 5.22 dieses Buchs) Strombelastbarkeitswerte für eine Umgebungstemperatur von 25 °C aufgeführt. Diese Strombelastbarkeitswerte haben als Basis die Werte der Tabellen 3 und 4 aus DIN VDE 0298-4 (siehe Tabellen 5.15 und 5.16 dieses Buchs). Die Strombelastbarkeitswerte für die Umgebungstemperatur 25 °C wurden mit dem Faktor 1,06 gemäß Tabelle 15 aus DIN VDE 0298-4 (siehe Tabelle 5.9 dieses Buchs) umgerechnet. Das bedeutet eine Strombelastbarkeitserhöhung von 6 % gegenüber der Umgebungstemperatur von 30 °C.

Damit wird den in Deutschland üblichen Betriebsbedingungen Rechnung getragen und dem Planer und Errichter elektrischer Anlagen das Ermitteln der Strombelastbarkeit für viele Fälle der Praxis erleichtert. Die sonst erforderliche zusätzliche Rechenarbeit mit dem Umrechnungsfaktor 1,06 entfällt.

Das direkte Vorliegen von Strombelastbarkeitswerten für 25 °C Umgebungstemperatur ist eine echte Erleichterung für den Anwender, da mit Umgebungstemperaturen von mehr als 25 °C in üblichen Wohn- und Büroräumen sowie in Versammlungsstätten, also allgemein in der Gebäudeinstallation, in aller Regel nicht zu rechnen ist. Umgebungstemperaturen über 25 °C können allenfalls in nicht belüfteten Räumen für die Leitungsverlegung auftreten, z. B. aufgrund von Stromwärmeverlusten, Verlustwärme von Heizrohrleitungen oder bei besonderen Anwendungsfällen.

Zu beachten ist, daß diese Strombelastbarkeitswerte ausschließlich bei der Umgebungstemperatur 25 °C und den in den Tabellen A.1 und A.2 des normativen Anhangs A von DIN VDE 0298-4 (siehe Tabellen 5.21 und 5.22 dieses Buchs) genannten Verlegearten ohne Häufung bei Dauerbetrieb gelten. Bei davon abweichenden Betriebsbedingungen, z. B. anderen Umgebungstemperaturen und/oder Häufung, müssen die Werte der Ursprungstabellen, die sich auf die international festgelegte Umgebungstemperatur 30 °C beziehen, zusammen mit den entsprechenden Umrechnungsfaktoren angewendet werden. In keinem Fall dürfen also Umrechnungsfaktoren für

- abweichende Umgebungstemperaturen (Tabelle 15 aus DIN VDE 0298-4) (siehe Tabelle 5.9 dieses Buchs),
- Häufung auf der Wand, im Rohr und Kanal, auf dem Fußboden und unter der Decke (Tabelle 17 aus DIN VDE 0298-4) (siehe Tabelle 5.10 dieses Buchs),
- Häufung von ein- und mehradrigen Kabeln oder Leitungen auf Wannen und Pritschen (Tabellen 18 und 19 aus DIN VDE 0298-4) (siehe Tabellen 5.11 und 5.12 dieses Buchs),
- vieladrige Kabel und Leitungen mit Leiternennquerschnitten bis 10 mm^2 (Tabelle 20 aus DIN VDE 0298-4) (siehe Tabelle 5.13 dieses Buchs),

- aufgewickelte Leitungen (Tabelle 21 aus DIN VDE 0298-4) (siehe Tabelle 5.14 dieses Buchs)

angewendet werden auf die Werte der Tabellen A.1 und A.2 aus dem normativen Anhang A von DIN VDE 0298-4 (siehe Tabellen 5.21 und 5.22 dieses Buchs), da die Strombelastbarkeitswerte dieser Tabellen sich auf 25 °C Umgebungstemperatur beziehen. Siehe hierzu auch Abschnitt 5.4.1 dieses Buchs.

5.4.4.3 Beibehaltung von für die Installationspraxis wichtigen Strombelastbarkeitswerten

Mit Erscheinen von DIN VDE 0298-4 (**VDE 0298 Teil 4**):1988-02 wurden seinerzeit die Strombelastbarkeitswerte aus DIN VDE 0100-523 (**VDE 0100 Teil 523**):1981-06 abgelöst. Für wichtige Anwendungsgebiete ergaben sich dadurch geringere Strombelastbarkeitswerte, was letztlich zu größeren Leiterquerschnitten führte. Zu nennen sind:

- Verlegeart C, drei belastete Adern, 4 mm^2 Cu

  Dieser für Verbrauchsmittel wichtige Leiterquerschnitt durfte nach DIN VDE 0298-4 (**VDE 0298 Teil 4**):1988-02 nur mit 32 A bei 30 °C Umgebungstemperatur belastet werden. Umgerechnet auf 25 °C (Umrechnungsfaktor 1,06 nach Tabelle 10 von DIN VDE 0298-4 (**VDE 0298 Teil 4**):1988-02) bedeutete das eine Strombelastbarkeit von 33,92 A. Daraus ergab sich bei Verwendung von Schmelzsicherungen nur eine Absicherung von 25 A.
- Verlegeart C, drei belastete Adern, 10 mm^2 Cu

  Dieser für Hauptleitungen wichtige Querschnitt durfte nach DIN VDE 0298-4 (**VDE 0298 Teil 4**):1988-02 nur mit 57 A bei 30 °C Umgebungstemperatur belastet werden. Umgerechnet auf 25 °C (Umrechnungsfaktor 1,06 nach Tabelle 10 von DIN VDE 0298-4 (**VDE 0298 Teil 4**):1988-02 folgte eine Strombelastbarkeit von 60,42 A. Dadurch ergab sich nur eine Absicherung von 50 A.

  Da DIN 18015-1 für die Hauptleitung eines Einfamilienhauses und für die Verbindungsleitung zwischen Zählerplatz und Stromkreisverteiler eine Strombelastbarkeit von mindestens 63 A fordert, war bei Anwendung von DIN VDE 0298-4 (**VDE 0298 Teil 4**):1988-02 ein Leiterquerschnitt von 16 mm^2 Cu erforderlich.
- Verlegeart B2, drei belastete Adern, 16 mm^2 Cu

  Dieser Querschnitt durfte nach DIN VDE 0298-4 (**VDE 0298 Teil 4**):1988-02 nur mit 46 A bei 30 °C Umgebungstemperatur belastet werden. Umgerechnet auf 25 °C (Umrechnungsfaktor 1,06 nach Tabelle 10 von DIN VDE 0298-4 (**VDE 0298 Teil 4**):1988-02 ergab sich eine Strombelastbarkeit von 48,76 A. Daraus folgte bei Verwendung von Schmelzsicherungen nur eine Absicherung von 35 A.

Um die für die Installationspraxis negativen Auswirkungen zu vermeiden, erschien 1988 ein zwischenzeitlich zurückgezogenes VDEW/ZVEH-Papier „Empfehlungen für die Zuordnung der Überstrom-Schutzeinrichtungen" (siehe hierzu auch Abschnitt 6.3.2.2 dieses Buchs). Darin wurden den Überstrom-Schutzeinrichtungen Leiterquerschnitte mit Strombelastbarkeitswerten auf der Basis 25 °C Umgebungstemperatur zugeordnet.

Außerdem wurden für die vorgenannten kritischen Fälle die Strombelastbarkeitswerte so angehoben, daß sich bei der Zuordnung der Überstrom-Schutzeinrichtungen zu den Leiterquerschnitten wieder die alten, jahrzehntelang bewährten Zuordnungen ergaben:

- Verlegeart C, drei belastete Adern 4 mm^2 Cu, 25 °C Umgebungstemperatur, I_n = 35 A (nach DIN VDE 0298-4 (**VDE 0298 Teil 4**):1988-02 bei Verwendung von Schmelzsicherungen nur I_n = 25 A)
- Verlegeart C, drei belastete Adern, 10 mm^2 Cu, 25 °C Umgebungstemperatur, I_n = 63 A (nach DIN VDE 0298-4 (**VDE 0298 Teil 4**):1988-02 nur I_n = 50 A)
- Verlegeart B2, drei belastete Adern, 10 mm^2 Cu, 25 °C Umgebungstemperatur, I_n = 50 A (nach DIN VDE 0298-4 (**VDE 0208 Teil 4**):1988-02 bei Verwendung von Schmelzsicherungen nur I_n = 35 A)

Diese Erhöhungen der Strombelastbarkeit in den vorgenannten Fällen wurden im VDEW/ZVEH-Papier auch begründet. Aufgrund der langjährigen Erfahrungen bei den erwähnten Anwendungsfällen wurde die Vorgehensweise als praxisgerecht angesehen, weil die auftretenden Betriebsströme I_b – auch bei Steckdosenstromkreisen – praktisch immer kleiner als die zulässige Strombelastbarkeit I_z sind.
Für in Deutschland übliche Installationen wurden detaillierte Messungen durchgeführt und deren Ergebnisse veröffentlicht:

- Krefter, K. H., Niemand, Th.: Strombelastbarkeit elektrischer Leitungen bei unterschiedlichen Verlegearten. etz Elektrotechnische Zeitschrift 110 (1989) H. 18, S. 964–973
- Winkler, A.: Belastbarkeit von NYM-Leitungen bei horizontaler Einzelverlegung. etz Elektrotechnische Zeitschrift 109 (1988) H. 18, S. 836–839
- Harms, G.: Belastbarkeit elektrischer Leitungen in wärmegedämmten Wänden. etz Elektrotechnische Zeitschrift 110 (1989) H. 9, S. 414–420

Insbesondere die Untersuchung von Krefter/Niemand führte dazu, daß die erwähnten kritischen Anwendungsfälle in DIN VDE 0298-4/A1 (**VDE 0298 Teil 4/A1**):1991-01 (Entwurf) gegenüber DIN VDE 0298-4 (**VDE 0298 Teil 4**):1988-02 entscheidende Änderungen erfuhren. Die schon im VDEW/ZVEH-Papier geringfügig angehobenen Strombelastbarkeitswerte wurden geändert. Da bisher in der deutschen Installationspraxis die in der nationalen Fachwelt allgemein anerkannten Festlegungen in DIN VDE 0100-523 galten (Beispiel VDEW/ZVEH-Empfehlungen), wurden die davon abweichenden Strombelastbarkeitswerte in DIN VDE 0298-4/A1 (**VDE 0298 Teil 4/A1**):1991-01 geändert (erhöht), um unnötige Strombelastbarkeitsreduzierungen zu vermeiden. Die besonderen Strombelastbarkeitswerte waren in den Tabellen 3 und 31 von DIN VDE 0298-4/A1 (**VDE 0298 Teil 4/A1**):1991-01 (Entwurf) mit Fußnote 8 besonders gekennzeichnet. Die Werte galten in Deutschland bis zum Vorliegen neuer Strombelastbarkeitswerte bei CENELEC. Sie waren auch dadurch zu erkennen, daß die von der Umgebungstemperatur 25 °C zurückgerechneten Strombelastbarkeitswerte bei der Umgebungstemperatur 30 °C in Tabelle 3 von DIN VDE 0298-4/A1 (**VDE 0298 Teil 4/A1**):1991-01 (Entwurf) auf zwei Stellen gerundet wurden.

Im zwischenzeitlich zurückgezogenen Beiblatt 1 zu DIN VDE 0100-430 (**VDE 0100 Teil 430**):1991-11 wurden die angehobenen Strombelastbarkeitswerte ebenfalls berücksichtigt (siehe hierzu auch Abschnitt 6.3.2.2 dieses Buchs). Tabelle 2 aus Beiblatt 1 zu DIN VDE 0100-430 (**VDE 0100 Teil 430**):1991-11, die ja für 25 °C Umgebungstemperatur galt, entsprach hinsichtlich der Strombelastbarkeit voll den Tabellen 31 und 41 aus DIN VDE 0298-4/A1 (**VDE 0298 Teil 4/A1**):1991-01 (Entwurf). Sie enthielt somit auch die Fußnote 8 für die besonders gekennzeichneten Strombelastbarkeitswerte.

Erfreulicherweise sind die vorgenannten, für die Installationspraxis wichtigen Anwendungsfälle auch in der neuen Ausgabe DIN VDE 0298-4 (**VDE 0298 Teil 4**):1998-11 besonders behandelt.

Während die Strombelastbarkeiten der Referenzverlegearten B1, B2 und C für die Verlegung auf einer Holzwand ermittelt wurden – und damit bei Verlegung auf Mauerwerk, Putz usw. auf der sicheren Seite liegen –, sind für die in der Installationspraxis wichtigen Leiterquerschnitte 4 mm² Cu und 10 mm² Cu zusätzlich Strombelastbarkeitswerte bei Verlegung auf Mauerwerk oder einer Wand mit mindestens vergleichbarer Wärmeableitung aufgeführt.

Im einzelnen sind betroffen:

- in den Tabellen 3 aus DIN VDE 0298-4 (siehe Tabelle 5.15 dieses Buchs) und A.1 des normativen Anhangs A von DIN VDE 0298-4 (siehe Tabelle 5.21 dieses Buchs) der Leiterquerschnitt 10 mm² Cu in der Referenzverlegeart B2 bei drei belasteten Adern
- in den Tabellen 4 aus DIN VDE 0298-4 (siehe Tabelle 5.16 dieses Buchs) und A.2 des normativen Anhangs A von DIN VDE 0298-4 (siehe Tabelle 5.22 dieses Buchs) die Leiterquerschnitte 4 mm² Cu und 10 mm² Cu in der Referenzverlegeart C bei drei belasteten Adern

Insofern hat sich gegenüber der jahrzehntelang geübten Praxis keine Änderung ergeben. Weiterhin wird somit bei diesen Leiterquerschnitten und Verlegearten eine wirtschaftlichere Zuordnung von Überstrom-Schutzeinrichtungen ermöglicht.

In den vorgenannten Tabellen 3, 4, A.1 und A.2 aus DIN VDE 0298-4 (siehe Tabellen 5.15, 5.16, 5.21 und 5.22 dieses Buchs) sind die zusätzlichen Strombelastbarkeitsangaben durch separate Zeilen (jeweils doppelte Nennung des Leiterquerschnitts) zu erkennen. Bei den für 25 °C Umgebungstemperatur gültigen Tabellen A.1 und A.2 des normativen Anhangs A von DIN VDE 0298-4 (siehe Tabellen 5.21 und 5.22 dieses Buchs) sind die Strombelastbarkeitswerte „glatte" Zahlenwerte, die die wirtschaftliche Zuordnung der Überstrom-Schutzeinrichtungen zulassen. Die von der Umgebungstemperatur 25 °C zurückgerechneten Strombelastbarkeitswerte bei der Umgebungstemperatur 30 °C in den Tabellen 3 und 4 aus DIN VDE 0298-4 (siehe Tabellen 5.15 und 5.16 dieses Buchs) wurden auf zwei Stellen gerundet.

Die zusätzlich aufgeführten Strombelastbarkeitswerte gelten selbstverständlich nicht für die Verlegung auf einer Holzwand. Hier gelten die „normalen" Strombelastbarkeitswerte der Tabellen. Umrechnungsfaktoren, z. B. bei abweichenden

Umgebungstemperaturen oder Häufung, dürfen auf sie nicht angewendet werden; generell nicht bei den Strombelastbarkeitswerten für 25 °C Umgebungstemperatur (siehe Abschnitt 5.4.4.2 dieses Buchs), aber auch nicht für die von 25 °C auf 30 °C zurückgerechnete Umgebungstemperatur. Für die Anwendung von Umrechnungsfaktoren gelten ausschließlich die ursprünglichen Strombelastbarkeitswerte der Tabellen 3 und 4 aus DIN VDE 0298-4 (siehe Tabellen 5.15 und 5.16 dieses Buchs). Auf die erforderliche Beachtung der vorgenannten Ausführungen wird in den Tabellen in einer Fußnote hingewiesen.

5.4.4.4 Verlegung in wärmegedämmten Wänden

Der Belastbarkeitswert für den Nennquerschnitt 1,5 mm^2 Cu und zwei belastete Adern in Tabelle 3, Spalte 2 (Referenzverlegeart A1) bzw. Spalte 4 (Referenzverlegeart A2), aus DIN VDE 0298-4 (siehe Tabelle 5.15 dieses Buchs) wurde gegenüber dem Belastbarkeitswert aus dem CENELEC-Report R64-001 aufgrund veröffentlichter Meßergebnisse von 14,5 A bzw. 14,0 A auf 15,5 A festgelegt.
Für 25 °C Umgebungstemperatur ergibt sich unter Berücksichtigung des Umrechnungsfaktors 1,06 in Tabelle A.1, Spalte 2 (Referenzverlegeart A1) bzw. Spalte 4 (Referenzverlegeart A2), des normativen Anhangs A der DIN VDE 0298-4 (siehe Tabelle 5.21 dieses Buchs) ein Strombelastbarkeitswert von 16,5 A für den Nennquerschnitt 1,5 mm^2 Cu bei zwei belasteten Adern.
Bei den Untersuchungen wurde gemessen

- an dreiadrigen Mantelleitungen mit zwei belasteten Adern, bei Verlegung mit oder ohne Elektro-Installationsrohr direkt an der inneren Beplankung anliegend, und
- an zwei belasteten Aderleitungen im Elektro-Installationsrohr.

Folgender Wandaufbau wurde zugrunde gelegt:

- äußere Beplankung mit 10 mm Holzfaserplatten
- Wärmedämmung mit 100 mm Mineralfaser
- innere Beplankung mit 25 mm Holzfaserplatte mit einer Wärmeleitfähigkeit von 0,1 W/(K·m) senkrecht zur Plattenebene und 0,23 W/(K·m) parallel zur Plattenebene

Nach Aussage der Studiengemeinschaft für Fertigbau stellt dieser Wandaufbau die am stärksten wärmedämmende Wand für den Fertighausbau in Deutschland dar. Sollte eine thermisch ungünstigere Wand vorliegen, ist jedoch der Strombelastbarkeitswert von 14,5 A aus dem CENELEC-Report R64-001 zu verwenden (für 30 °C Umgebungstemperatur).

5.4.5 Strombelastbarkeit von flexiblen Leitungen mit Nennspannungen bis 1 000 V (DIN VDE 0298-4, Unterabschnitt 5.3.2.2)

Die Strombelastbarkeitswerte von flexiblen Leitungen mit Nennspannungen bis 1 000 V sind **Tabelle 5.23** (entspricht Tabelle 9 aus DIN VDE 0298-4) zu entnehmen.

1	2	3	4	5
Verlegeart[1)]	frei in Luft	auf oder an Flächen		
	einadrige Leitungen – gummi-isoliert – PVC-isoliert – wärmebeständig 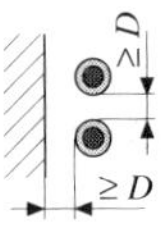	mehradrige Leitungen für Haus- oder Handgeräte – gummi-isoliert – PVC-isoliert 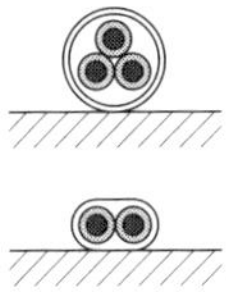		mehradrige Leitungen (außer für Haus- oder Handgeräte) – gummi-isoliert – PVC-isoliert – wärmebeständig 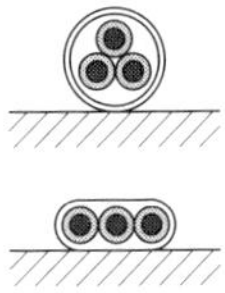
Anzahl der belasteten Adern	1	2	3	2 oder 3
Nennquerschnitt, Kupferleiter in mm^2	Belastbarkeit in A			
0,5	–	3	3	–
0,75	15	6	6	12
1	19	10	10	15
1,5	24	16	16	18
2,5	32	25	20	26
4	42	32	25	34
6	54	40	–	44
10	73	63	–	61
16	98	–	–	82
25	129	–	–	108
35	158	–	–	135
50	198	–	–	168
70	245	–	–	207
95	292	–	–	250
120	344	–	–	292
150	391	–	–	335
185	448	–	–	382
240	528	–	–	453
300	608	–	–	523
400	726	–	–	–
500	830	–	–	–
Belastbarkeit aus	DIN VDE 0100-523: 1981-06; Gruppe 3	HD 21.1 S2 bzw. HD 22.1 S2		DIN VDE 0100-523: 1981-06; Gruppe 2
Umrechnungsfaktoren für				
abweichende Umgebungstemperatur	siehe Tabelle 5.5	–		siehe Tabelle 5.5
Häufung	siehe Tabelle 5.5	–		Tabelle 5.10
Verlegung unter der Decke	–			Tabelle 5.10
vieladrige Leitungen	–			Tabelle 5.13

1) Auflistung der Bauarten sowie zulässige Betriebstemperatur am Leiter siehe Tabellen 5.1 und 5.2

Tabelle 5.23 Strombelastbarkeit von Leitungen mit Nennspannungen bis 1 000 V und von wärmebeständigen Leitungen (Quelle: DIN VDE 0298-4 (**VDE 0298 Teil 4**):1998-11, Tabelle 9)

Die als Basis verwendeten bzw. zu berücksichtigenden Betriebsbedingungen (Betriebsart, Verlegebedingungen, Umgebungsbedingungen, Leitungsart) sind in Abschnitt 5.3.3.3 dieses Buchs genannt.

Die Strombelastbarkeitswerte der Tabelle 9, Spalten 2 und 5, aus DIN VDE 0298-4 (siehe Tabelle 5.23 dieses Buchs) gelten für eine Erwärmung von 30 °C auf 60 °C für gummi-isolierte Leitungen und eine Erwärmung von 30 °C auf 70 °C für PVC-isolierte Leitungen. Umrechnungsbedingt werden die gummi-isolierten Leitungen um etwa 2 % zu hoch belastet. Dies ist bei Betreiben der Leitung im Grenzbereich zu berücksichtigen.

5.4.6 Strombelastbarkeit von wärmebeständigen Leitungen (DIN VDE 0298-4, Unterabschnitt 5.3.2.2)

Die Strombelastbarkeitswerte von wärmebeständigen Leitungen sind ebenfalls Tabelle 5.23 (entspricht Tabelle 9 aus DIN VDE 0298-4) zu entnehmen.

Sie gelten bis zu den in der Tabelle 5.5 (entspricht Tabelle 8 aus DIN VDE 0298-4) angegebenen Umgebungstemperaturen (bis 50 °C, bis 80 °C, bis 95 °C, bis 150 °C). Bei höheren Umgebungstemperaturen muß die Strombelastbarkeit mit den in Tabelle 5.6 (entspricht Tabelle 16 aus DIN VDE 0298-4) genannten Umrechnungsfaktoren angepaßt werden.

Die als Basis verwendeten bzw. zu berücksichtigenden Betriebsbedingungen (Betriebsart, Verlegebedingungen, Umgebungsbedingungen, Leitungsart) sind in Abschnitt 5.3.3.4 dieses Buchs enthalten.

5.4.7 Strombelastbarkeit von Gummischlauchleitungen H07RN-F und A07RN-F für industrielle Anwendungen (DIN VDE 0298-4, Unterabschnitt 5.3.2.3)

Die Strombelastbarkeitswerte von Gummischlauchleitungen H07RN-F und A07RN-F für industrielle Anwendungen findet man in **Tabelle 5.24** (entspricht Tabelle 11 aus DIN VDE 0298-4).

Die als Basis benutzten bzw. zu berücksichtigenden Betriebsbedingungen (Betriebsart, Verlegebedingungen, Umgebungsbedingungen, Leitungsart) sind Abschnitt 5.3.3.5 dieses Buchs zu entnehmen.

5.4.8 Strombelastbarkeit von flexiblen Leitungen mit Nennspannungen ab 0,6/1 kV (DIN VDE 0298-4, Unterabschnitt 5.3.2.4)

Die Strombelastbarkeitswerte von flexiblen Leitungen mit Nennspannungen ab 0,6/1 kV enthält **Tabelle 5.25** (entspricht Tabelle 13 aus DIN VDE 0298-4).

Die als Basis verwendeten bzw. zu berücksichtigenden Betriebsbedingungen (Betriebsart, Verlegebedingungen, Umgebungsbedingungen, Leitungsart) befinden sich in Abschnitt 5.3.3.6 dieses Buchs.

1	2	3	4	5	6	7	8
zulässige Betriebstemperatur am Leiter	60 °C						
Umgebungstemperatur	30 °C						
Verlegeart	frei in Luft 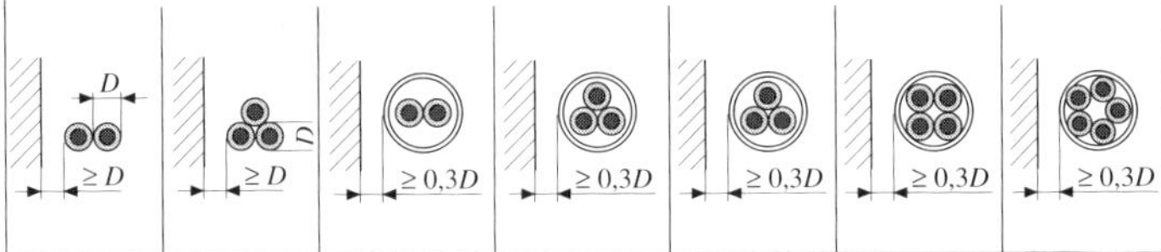						
Anzahl der belasteten Adern	2	3	2	2	3	3	3
Nennquerschnitt, Kupferleiter in mm²	Belastbarkeit in A						
1	–	–	15,0	15,5	12,5	13,0	13,5
1,5	19,0	16,5	18,5	19,5	15,5	16,0	16,5
2,5	26	22	25	26	21	22	23
4	34	30	34	35	29	30	30
6	43	38	43	44	36	37	38
10	60	53	60	62	51	52	54
16	79	71	79	82	67	69	71
25	104	94	105	109	89	92	94
35	129	117	–	135	110	114	–
50	162	148	–	169	138	143	–
70	202	185	–	211	172	178	–
95	240	222	–	250	204	210	–
120	280	260	–	292	238	246	–
150	321	300	–	335	273	282	–
185	363	341	–	378	309	319	–
240	433	407	–	447	365	377	–
300	497	468	–	509	415	430	–
400	586	553	–	–	–	–	–
500	670	634	–	–	–	–	–
630	784	742	–	–	–	–	–
Belastbarkeit aus	HD 516 S2:1997						
Umrechnungsfaktoren für							
abweichende Umgebungstemperatur	Tabelle 5.9						
Häufung	–	Tabelle 5.12	Tabelle 5.11				
aufgewickelte Leitungen	–		Tabelle 5.14				
vieladrige Leitungen	–				Tabelle 5.13	–	

Tabelle 5.24 Strombelastbarkeit von Gummischlauchleitungen H07RN-F und A07RN-F für industrielle Anwendungen (Quelle: DIN VDE 0298-4 (**VDE 0298 Teil 4**):1998-11, Tabelle 11)

Für die Bauarten NSSHÖU und NT... ist als höchste zulässige Betriebstemperatur am Leiter 90 °C festgelegt (siehe Tabelle 5.2 dieses Buchs, entspricht Tabelle 1 aus DIN VDE 0298-4 sowie DIN VDE 0298-3). Dagegen gelten die Strombelastbarkeitswerte

1	2	3	4	5
zulässige Betriebstemperatur am Leiter	90 °C		–	
empfohlene Betriebstemperatur	–		80 °C	
Umgebungstemperatur	30 °C			
Verlegeart	frei in Luft		auf oder an Flächen	
	Sonder-Gummiaderleitung 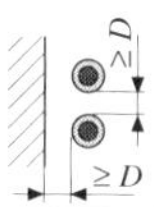 		Mehradrige Gummischlauchleitungen und Leitungstrossen 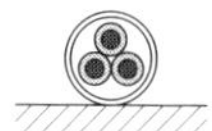	 1)
Nennspannung	0,6/1 kV und 1,8/3 kV	3,6/6 kV	bis 6/10 kV	über 6/10 kV
Anzahl der belasteten Adern	1	1	3	3
Nennquerschnitt, Kupferleiter in mm^2	Belastbarkeit in A			
1,5	30	32	–	–
2,5	41	43	30	–
4	55	56	41	–
6	70	71	53	–
10	98	99	74	–
16	132	133	99	105
25	176	174	131	139
35	218	215	162	172
50	276	270	202	216
70	347	338	250	265
95	416	403	301	319
120	488	473	352	371
150	566	546	404	428
185	644	622	461	488
240	775	–	–	–
300	898	–	–	–
Belastbarkeit aus	Berechnung		VDE 0250c: 1975-08 Tabelle 813,3 Spalte 4 × 0,95	VDE 0250c: 1975-08 Tabelle 813,3 Spalte 5 × 0,95
Umrechnungsfaktoren für				
abweichende Umgebungstemperatur	Tabelle 5.9, Spalte 7		Tabelle 5.9, Spalte 5	
Häufung	siehe Tabelle 5.8		Tabelle 5.10	
aufgewickelte Leitungen	–		Tabelle5.14	
vieladrige Leitungen	–		Tabelle 5.13	–

1) Belastbarkeit gilt auch für einadrige, im Dreieck mit Berührung angeordnete Bauarten

Tabelle 5.25 Strombelastbarkeit von Leitungen mit Nennspannungen ab 0,6/1 kV (Quelle: DIN VDE 0298-4 (**VDE 0298 Teil 4**):1998-11, Tabelle 13)

der Spalten 4 und 5 von Tabelle 13 aus DIN VDE 0298-4 (siehe Tabelle 5.25 dieses Buchs) nach wie vor für eine Betriebstemperatur am Leiter von 80 °C.

5.4.9 Strombelastbarkeit von Schweißleitungen (DIN VDE 0298-4, Unterabschnitt 5.3.2.5)

Strombelastbarkeitswerte von Schweißleitungen sind **Tabelle 5.26** (entspricht Tabelle 14 aus DIN VDE 0298-4) zu entnehmen.
Die als Basis geltenden bzw. zu berücksichtigenden Betriebsbedingungen findet man in Abschnitt 5.3.3.7 dieses Buchs (siehe auch Abschnitt 5.4.11.2).

5.4.10 Strombelastbarkeit von im Erdreich verlegten Starkstromkabeln

Die Strombelastbarkeit von Starkstromkabeln mit Nennspannungen 0,6/1 kV bis 18/30 kV, die in Erde verlegt sind, ist für die Standardverlegung in den einzelnen Produktnormen für die Kabel festgelegt. Für in Erde verlegte Energieverteilungskabel mit Nennspannungen U_0/U 0,6/1 kV sind Strombelastbarkeitswerte in DIN VDE 0276-603 zu finden. Hauptabschnitt 3G dieser Norm umfaßt PVC-isolierte Kabel, also Kabel mit einer höchsten zulässigen Betriebstemperatur am Leiter von 70 °C. Die Strombelastbarkeitswerte sind **Tabelle 5.27** (entspricht Tabelle 14 aus Hauptabschnitt 3G der DIN VDE 0276-603) zu entnehmen. Hauptabschnitt 5G dieser Norm umfaßt VPE-isolierte Kabel, also Kabel mit einer höchsten zulässigen Betriebstemperatur am Leiter von 90 °C. Die Strombelastbarkeitswerte findet man in **Tabelle 5.28** (entspricht Tabelle 14 aus Hauptabschnitt 5G der DIN VDE 0276-603).
Zusätzlich ist DIN VDE 0276-1000 (**VDE 0276 Teil 1000**):1995-06 zu beachten, die DIN 57298-2 (**VDE 0298 Teil 2**):1979-11 ersetzt hat. DIN VDE 0276-1000 enthält allgemeine Hinweise zur Ermittlung der Strombelastbarkeit von Starkstromkabeln, die in Erde oder frei in Luft verlegt sind. Zudem enthält die Norm Umrechnungsfaktoren beim Verlegen in Erde je nach Verlegeart für abweichende Erdbodentemperaturen in Abhängigkeit vom spezifischen Erdbodenwärmewiderstand und vom Belastungsgrad. Für Verlegen in Luft findet man in der Norm Umrechnungsfaktoren für Häufung und abweichende Lufttemperatur.
Die sich bei Anwendung der Produktnorm für das jeweilige Kabel und von DIN VDE 0276-1000 ergebenden höheren Strombelastbarkeitswerte für im Erdreich verlegte Kabel gelten auch für kurze Anschlußenden außerhalb des Erdreichs, z. B. Einführungen von im Freien angebrachten Pumpen und Verteilerkästen oder Einführungen zu Hausanschlußkästen.
Da solch eine Festlegung für die Elektrofachkraft selbstverständlich ist, werden sowohl in DIN VDE 0276-1000 als auch in DIN VDE 0298-4 entsprechende Aussagen nicht mehr direkt gemacht. Früher war eine solche Aussage in DIN VDE 0100-523, Abschnitt 6.2, zu finden.

5.4.11 Strombelastbarkeit von Kabeln und Leitungen in Sonderfällen

5.4.11.1 Allgemeines

Die zwischenzeitlich zurückgezogene DIN VDE 0100-523, Hauptabschnitt 7, enthielt noch Aussagen zur Strombelastbarkeit in Sonderfällen.

1	2	3	4	5	6	7	8
zulässige Betriebstemperatur am Leiter	85 °C						
Umgebungstemperatur	30 °C						
Verlegeart	frei in Luft 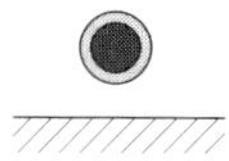						
Anzahl der belasteten Adern	1						
Betriebsart	Dauerbetrieb	Aussetzbetrieb					
Spieldauer	–	5 min					
Einschaltdauer *ED*	100 %	85 %	80 %	60 %	35 %	20 %	8 %
Nennquerschnitt, Kupferleiter in mm^2	Belastbarkeit in A						
10	96	97	98	102	114	137	198
16	130	132	134	142	166	204	301
25	173	179	181	196	234	293	442
35	216	226	229	250	304	384	584
50	274	287	293	323	398	508	779
70	341	360	368	409	510	655	1011
95	413	438	448	502	632	816	1266
120	480	511	523	588	745	966	1502
150	557	594	609	687	875	1137	1771
185	638	683	700	793	1012	1319	2059
Betriebsart	Dauerbetrieb	Aussetzbetrieb					
Spieldauer	–	10 min					
Einschaltdauer *ED*	100 %	85 %	80 %	60 %	35 %	20 %	8 %
Nennquerschnitt, Kupferleiter in mm^2	Belastbarkeit in A						
10	96	96	96	97	102	113	152
16	130	131	131	133	144	167	233
25	173	175	176	182	204	244	351
35	216	220	222	233	268	324	477
50	274	281	284	303	356	439	654
70	341	352	358	387	463	578	872
95	413	430	438	478	582	734	1117
120	480	503	513	564	692	880	1348
150	557	586	597	661	819	1046	1609
185	638	674	688	765	955	1226	1892
Belastbarkeit aus	prHD 516 S2:1996, Tabellen 9 und 10, umgerechnet auf die Umgebungstemperatur 30 °C						
Umrechnungsfaktoren für abweichende Umgebungstemperatur	Tabelle 5.9						

Tabelle 5.26 Betriebsbedingungen und Strombelastbarkeit für Schweißleitungen H01N2-D und H01N2-E für industrielle Anwendungen (Quelle: DIN VDE 0298-4 (**VDE 0298 Teil 4**):1998-11, Tabelle 14)

DIN VDE 0298-4 macht hierzu keine konkreten Angaben, weil nicht alle Einzelfälle von Normen erfaßt werden können.

1	2	3	4	5	6	7	8	9	10	11
Isolierwerkstoff	PVC									
zulässige Betriebstemperatur	70 °C									
Bauartkurzzeichen	NYY			NYCWY		NAYY			NAYCWY	
Anordnung	1)					1)				
Anzahl der belasteten Adern	1	3	3	3	3	1	3	3	3	3
Querschnitt in mm²	Kupferleiter Bemessungsstrom in A					Aluminiumleiter Bemessungsstrom in A				
1,5	41	27	30	27	31	–	–	–	–	–
2,5	55	36	39	36	40	–	–	–	–	–
4	71	47	50	47	51	–	–	–	–	–
6	90	59	62	59	63	–	–	–	–	–
10	124	79	83	79	84	–	–	–	–	–
16	160	102	107	102	108	–	–	–	–	–
25	208	133	138	133	139	160	102	106	103	108
35	250	159	164	160	166	193	123	127	123	129
50	296	188	195	190	196	230	144	151	145	153
70	365	232	238	234	238	283	179	185	180	187
95	438	280	286	280	281	340	215	222	216	223
120	501	318	325	319	315	389	245	253	246	252
150	563	359	365	357	347	436	275	284	276	280
185	639	406	413	402	385	496	313	322	313	314
240	746	473	479	463	432	578	364	375	362	358
300	848	535	541	518	473	656	419	425	415	397
400	975	613	614	579	521	756	484	487	474	441
500	1125	687	693	624	574	873	553	558	528	489
630	1304	–	777	–	636	1011	–	635	–	539
800	1507	–	859	–	–	1166	–	716	–	–
1000	1715	–	936	–	–	1332	–	796	–	–

1) Bemessungsstrom in Gleichstromanlagen mit weit entferntem Rückleiter

Tabelle 5.27 Strombelastbarkeit, Kabel in Erde, Betriebstemperatur 70 °C, Umgebungstemperatur Erdboden 20 °C (Quelle: DIN VDE 0276-603 (**VDE 0276 Teil 603**):1995-11, Hauptabschnitt 3G, Tabelle 14)

1	2	3	4	5	6	7	8	9	10	11
Isolierwerkstoff	VPE									
zulässige Betriebstemperatur	90 °C									
Bauartkurzzeichen	N2XY N2X2Y		N2CWY N2XCW2Y			NA2XY NA2X2Y			NA2XCWY NA2XCW2Y	
Anordnung	 1)	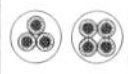				 1)				
Anzahl der belasteten Adern	1	3	3	3	3	1	3	3	3	3
Querschnitt in mm²	Kupferleiter Bemessungsstrom in A					Aluminiumleiter Bemessungsstrom in A				
1,5	48	31	33	31	33	–	–	–	–	–
2,5	63	40	42	40	43	–	–	–	–	–
4	82	52	54	52	55	–	–	–	–	–
6	102	64	67	65	68	–	–	–	–	–
10	136	86	89	87	91	–	–	–	–	–
16	176	112	115	113	117	–	–	–	–	–
25	229	145	148	146	150	177	112	114	113	116
35	275	174	177	176	179	212	135	136	136	138
50	326	206	209	208	211	252	158	162	159	164
70	400	254	256	256	257	310	196	199	197	201
95	480	305	307	307	304	372	234	238	236	240
120	548	348	349	349	341	425	268	272	269	272
150	616	392	393	391	377	476	300	305	302	303
185	698	444	445	442	418	541	342	347	342	340
240	815	517	517	509	469	631	398	404	397	387
300	927	585	583	569	514	716	457	457	454	430
400	1064	671	663	637	565	825	529	525	520	479
500	1227	758	749	691	623	952	609	601	584	531
630	1421	–	843	–	690	1102	–	687	–	587
800	1638	–	935	–	–	1267	–	776	–	–
1000	1869	–	1023	–	–	1448	–	865	–	–
1) Bemessungsstrom in Gleichstromanlagen mit weit entferntem Rückleiter										

Anmerkung:
Die angegebenen Belastbarkeiten dürfen auch für Kabel mit PE-Mantelwerkstoff verwendet werden.

Tabelle 5.28 Strombelastbarkeit, Kabel in Erde, Betriebstemperatur 90 °C, Umgebungstemperatur Erdboden 20 °C (Quelle: DIN VDE 0276-603 (**VDE 0276 Teil 603**):1995-11, Hauptabschnitt 5G, Tabelle 14)

5.4.11.2 Strombelastbarkeit von Kabeln und Leitungen bei Aussetz- und Kurzzeitbetrieb

Bei Aussetzbetrieb, Kurzzeitbetrieb usw. darf zeitweise eine Erhöhung der Belastung von Leitungen und Kabeln auftreten. Die Leiterquerschnitte sind von Fall zu Fall zu ermitteln.

Die Strombelastbarkeit von Kabeln und Leitungen wird für Dauerlast angegeben. Für Kurzzeit- oder Aussetzbetrieb sind die zulässigen Stromwerte je nach dem speziellen Anwendungsfall zu ermitteln.

Bei kurzzeitigem Betrieb ist die Betriebszeit so kurz, daß die Beharrungstemperatur (Endtemperatur) nicht erreicht wird. Die anschließende Pause ist lang genug, daß sich das Kabel (die Leitung) wieder auf Umgebungstemperatur abkühlt (**Bild 5.37**).

Bei aussetzendem Betrieb wechseln Einschaltzeiten und Pausen. Die Dauer der Pausen genügt nicht, um wieder eine Abkühlung auf die Temperatur der Umgebung zu erreichen. Man muß unterscheiden, ob trotz eines den Nennstrom übersteigenden Betriebsstroms die Nenntemperatur eingehalten oder überschritten wird.

Die Temperatur steigt nach **Bild 5.38** in der ersten Betriebsperiode wesentlich steiler als bei Nennstrom. Ohne Abschaltung würde die Endtemperatur hoch über der Nenntemperatur liegen. In der stromlosen Pause tritt keine vollständige Abkühlung ein. In etwa der dritten Betriebsperiode wird annähernd die Nenntemperatur erreicht. Das geschieht nun fortlaufend am Ende einer jeden Betriebsperiode, ohne daß die Nenntemperatur überschritten wird.

Bei Berücksichtigung des quadratischen Mittelwerts des Stroms über die gesamte Betriebszeit entspricht die Leitertemperatur nur im Mittel der zulässigen Nenntemperatur. Sie liegt jeweils am Ende der Betriebsperiode darüber und am Ende der stromlosen Periode darunter (**Bild 5.39**). Die Isolierung nimmt zeitweise eine zu hohe Temperatur an und altert rasch.

Der Aussetzbetrieb kommt sehr selten vor, z. B. bei Krananlagen und beim Schweißen. Strombelastbarkeitswerte bei Aussetzbetrieb mit im Schweißbetrieb üblichen Spiel- und Einschaltzeiten (Spieldauer und Einschaltdauer (ED)) enthält Tabelle 5.26.

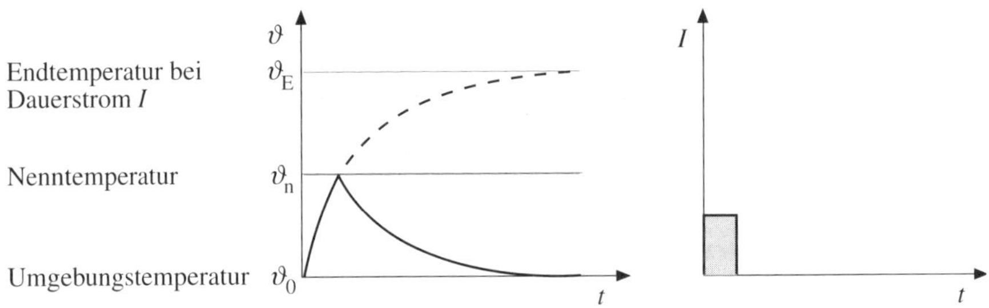

Bild 5.37 Kurzzeitbetrieb (KB)

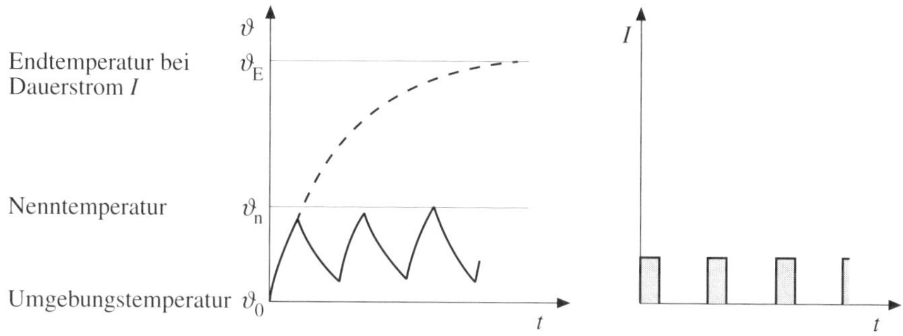

Bild 5.38 Aussetzbetrieb (AB)
– Nenntemperatur wird eingehalten

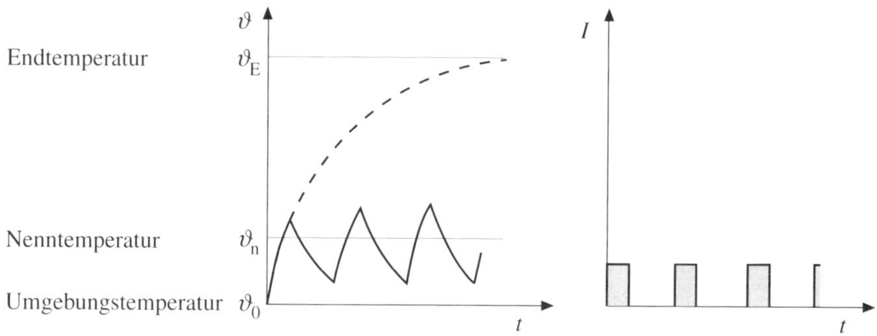

Bild 5.39 Aussetzbetrieb unter Berücksichtigung des quadratischen Mittelwerts
– Nenntemperatur wird überschritten

5.4.11.3 Strombelastbarkeit von Kabeln und Leitungen bei Mehrmotorenbetrieb

Wird der Nennstrom von Motoren bei Mehrmotorenantrieben durch längere Laufzeiten, Anlaßhäufigkeit oder Belastungsstöße zeitweilig überschritten, ist der Nennstrom des Antriebs (Antriebsnennstrom) als quadratischer Mittelwert für die Bemessung des Leiterquerschnitts zu ermitteln.

Bezüglich der Strombelastbarkeit eines nach dem quadratischen Mittelwert des Stroms ermittelten Leiterquerschnitts darf der Mittelwert bei 30 °C Umgebungstemperatur dem Strombelastbarkeitswert nach den Tabellen 3 und 4 aus DIN VDE 0298-4 (siehe Tabellen 5.15 und 5.16 dieses Buchs), bei 25 °C Umgebungstemperatur dem Strombelastbarkeitswert nach den Tabellen A.1 und A.2 des normativen Anhangs A von DIN VDE 0298-4 (siehe Tabellen 5.21 und 5.22 dieses Buchs) gleichgesetzt werden.

Voraussetzung ist dabei allerdings, daß die Einschaltdauer des Spitzenstroms unter den Werten der **Tabelle 5.29** bleibt.

Nennquerschnitt mm²	**zulässige Einschaltdauer** s
bis 6	4
von 10 bis 25	8
von 35 bis 50	15
von 70 bis 150	30
von 185 und mehr	60

Tabelle 5.29 Zulässige Einschaltdauer für Strombelastbarkeit nach dem quadratischen Mittelwert

Der quadratische Mittelwert für den Nennstrom eines Mehrmotorenantriebs ergibt sich aus

$$I_\mathrm{m} = \sqrt{\frac{I_1^2 \cdot t_1 + I_2^2 \cdot t_2 + \ldots + I_n^2 \cdot t_n}{t_1 + t_2 + \ldots + t_n}}$$

mit

I_m quadratischer Mittelwert des Stroms

$I_1, I_2 \ldots I_\mathrm{n}$ Summe der Belastungsströme der einzelnen Motoren (Geräte) zu den Zeiten $t_1, t_2 \ldots t_\mathrm{n}$

$t_1, t_2 \ldots t_\mathrm{n}$ Einschaltdauer der Summe der Belastungsströme $I_1, I_2 \ldots I_\mathrm{n}$

$t_1 + t_2 \ldots t_\mathrm{n}$ gesamte Einschaltdauer eines Spiels

Beispiel

Gesucht wird der quadratische Mittelwert I_m als Bemessungsgrundlage für die Dimensionierung eines Anschlußkabels NYY (Referenzverlegeart C, Umgebungstemperatur 25 °C) für eine Maschine in der Holzverarbeitung. Die Maschine hat einen Mehrmotorenantrieb sowie eine Elektroheizung für den Preßvorgang.

Die Elektrowärmeleistung der Elektroheizung beträgt 48 kW (70 A) und ist als Grundlast einzusetzen, die ständig in Betrieb ist. Der Mehrmotorenantrieb besteht aus drei Drehstrommotoren von je 15,8 kW (400 V, 30 A). Die drei Motoren werden durchgehend mit ihrer Nennleistung belastet und noch kurzzeitigen Belastungsstößen ausgesetzt. Die Überlastung läuft wie folgt ab (**Bild 5.40**):

Bei Motor 1 tritt alle 35 s ein Belastungsstoß von 10 s Dauer mit dem vierfachen Nennstrom auf.

Motor 2 erhält alle 35 s einen Belastungsstoß von 15 s Dauer mit dem dreifachen Nennstrom. Die Überlastung ist gegenüber der Überlastung des Motors 1 um 5 s verschoben.

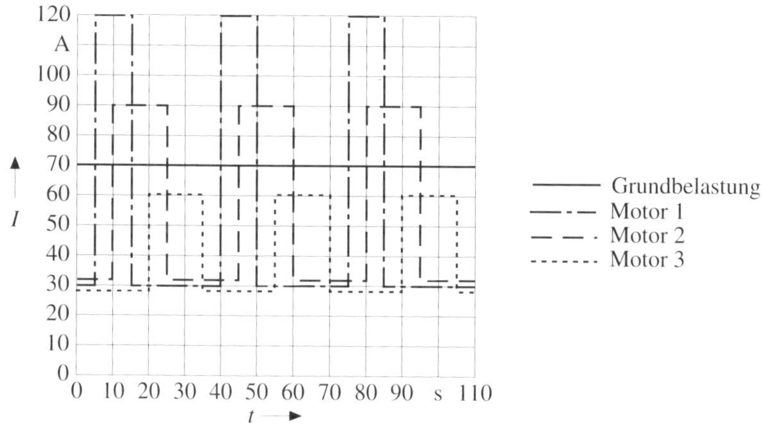

Bild 5.40 Teilströme eines Mehrmotorenantriebs mit Grundlast

Motor 3 wird alle 35 s einem Belastungsstoß von 15 s Dauer mit dem zweifachen Nennstrom ausgesetzt. Die Überlastung ist gegenüber der Überlastung des Motors 1 um 15 s verschoben.

Ermittlungsgang:

Nach dem anzufertigenden Belastungsdiagramm (**Bild 5.41**) mit der Summe der Belastungsströme ist I_m zu errechnen:

$$I_m = \sqrt{\frac{(160\text{ A})^2 \cdot 5\text{ s} + (250\text{ A})^2 \cdot 5\text{ s} + (310\text{ A})^2 \cdot 5\text{ s} + (220\text{ A})^2 \cdot 5\text{ s} + (250\text{ A})^2 \cdot 5\text{ s} + (190\text{ A})^2 \cdot 10\text{ s}}{5\text{ s} + 5\text{ s} + 5\text{ s} + 5\text{ s} + 5\text{ s} + 10\text{ s}}}$$

$$I_m = \sqrt{\frac{1\,836\,500\text{ A}^2\text{s}}{35\text{ s}}} = \sqrt{52\,471\text{ A}^2}$$

$I_m = 229$ A

Nach Tabelle A.2 aus DIN VDE 0298-4 (siehe Tabelle 5.22 dieses Buchs) darf bei Referenzverlegeart C ein Leiterquerschnitt von 95 mm² Cu verlegt werden. Dieser Querschnitt ist auch mit Tabelle 5.25 dieses Buchs in Einklang, weil die Dauer des Spitzenstroms (310 A) nur 5 s beträgt (siehe Bild 5.41). Nach Tabelle 5.29 dieses Buchs wäre für 95 mm² Cu sogar noch eine Einschaltdauer von 30 s zulässig.

Würde man für die Bemessung des Leiterquerschnitts ausschließlich vom Spitzenstrom (310 A) ausgehen, wäre nach Tabelle A.2 aus DIN VDE 0298-4 (siehe Tabelle 5.22 dieses Buchs) ein Querschnitt von 150 mm² Cu erforderlich. Die Ein-

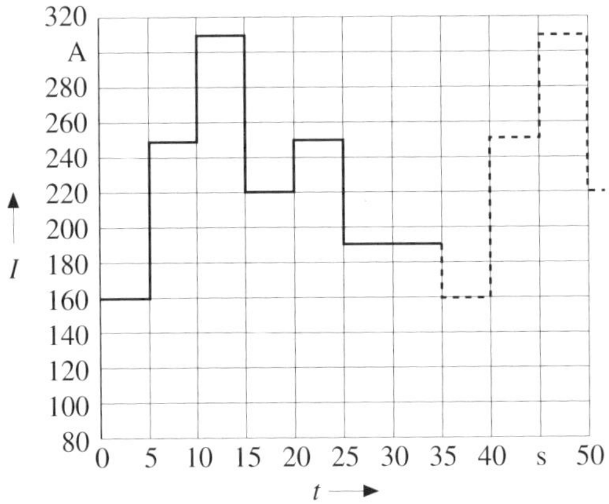

Bild 5.41 Gesamtstrom eines Mehrmotorenantriebs mit Grundlast

sparung an Kupfer – wegen des geringeren Querschnitts – ist bei Anwendung vorgenannter Methode beträchtlich.

5.4.11.4 Strombelastbarkeit von Leitern in Stromschienensystemen

Stromschienen außerhalb von Schaltanlagen und Verteilern werden neben den seit vielen Jahren bekannten Schienenverbindungen zwischen Transformatoren und Schaltanlagen und den Schienenverteilern zur Versorgung ortsveränderlicher Betriebsmittel in zunehmendem Maß auf verschiedenen Gebieten für die Energieverteilung eingesetzt.

Zu unterscheiden sind typgeprüfte Stromschienensysteme und partiell typgeprüfte Stromschienensysteme.

Im Hinblick auf Hauptstromversorgungssysteme sind unter typgeprüften Stromschienensystemen Schienenverteiler mit Abgängen zu verstehen, die als Hauptleitung zur Stromversorgung in Hochhäusern dienen. Sie werden nach DIN EN 60439-1 (**VDE 0660 Teil 500**) und DIN EN 60439-2 (**VDE 0660 Teil 502**) gebaut und sind typgeprüfte Niederspannungs-Schaltgerätekombinationen (TSK).

Partiell typgeprüfte Stromschienensysteme sind dagegen *errichtete* Stromschienensysteme, die typgeprüfte und/oder nichttypgeprüfte Baugruppen enthalten und als Verbindung zwischen Transformator und Niederspannungs-Hauptschaltanlage anstelle von Kabeln bzw. als Hauptleitungen zur Stromversorgung in Gebäuden eingesetzt werden. Für den Bau nichttypgeprüfter Stromschienensysteme gelten die Bestimmungen DIN EN 60439-1 (**VDE 0660 Teil 500**) und DIN EN 60439-2 (**VDE 0660 Teil 502**) sinngemäß. Grundsätzlich gelten für alle Stromschienensysteme die allgemeinen Festlegungen für Betriebsmittel nach DIN VDE 0100-510.

Aussagen zur Strombelastbarkeit von Leitern in Stromschienensystemen waren früher in DIN VDE 0100-523 (**VDE 0100 Teil 523**):1981-06 zu finden. Danach gab es

Aussagen in DIN VDE 0100-520 (**VDE 0100 Teil 520**):1985-11. Die Folgeausgabe DIN VDE 0100-520 (**VDE 0100 Teil 520**):1996-01 enthält keine konkreten Aussagen zur Strombelastbarkeit von Stromschienensystemen mehr. Ganz allgemein wird hinsichtlich der zulässigen Strombelastbarkeit von Leitern auf die IEC-Publikation 364-5-523 verwiesen. Bei CENELEC gilt somit das Harmonisierungsdokument HD 384.5.523 S1. Die entsprechende deutsche Norm ist danach DIN VDE 0298-4.

Ein besonderes Augenmerk ist auf die Dauerbelastung von Leitern in Stromschienensystemen zu legen. Für typgeprüfte Stromschienensysteme sind in jedem Fall die Herstellerangaben zu beachten. Für die Strombelastbarkeit von nur partiell typgeprüften Stromschienensystemen gelten DIN VDE 0298-4 bzw. DIN 43670 für Stromschienen aus Aluminium und DIN 43671 für Stromschienen aus Kupfer.

Die Strombelastbarkeit von Stromschienensystemen wird von folgenden Einflüssen bestimmt, die bei der Bemessung der Leiterquerschnitte zu berücksichtigen sind:

- Lage der Leiter zueinander
- verminderte Wärmeabfuhr, z. B. durch vorhandene Umhüllung, Brandabschnittschottung
- Lage der Leiter zu einer vorhandenen Umhüllung
- Lage der Leiter zu inaktiven Teilen (Auftreten von Wirbelströmen, Induktionswärme)
- Schienenführung senkrecht oder waagerecht

Dem Errichter einer elektrischen Anlage obliegt die Verantwortung zu beachten, in welchem Maß die errechneten Werte eines Stromschienensystems infolge nachträglich veränderter Voraussetzungen am Montageort, z. B. horizontale oder vertikale Anordnung, verminderte Lüftung durch Brandabschnittschottung und andere, beeinflußt werden.

5.4.11.5 Leitungen im Innern von Geräten sowie typgeprüften und partiell typgeprüften Niederspannungs-Schaltgerätekombinationen

Für Leitungen im Innern von Geräten sowie typgeprüften und partiell typgeprüften Niederspannungs-Schaltgerätekombinationen sowie fest an Verbrauchsmitteln angeschlossene bewegliche Anschlußleitungen gelten die entsprechenden Gerätebestimmungen.

An dieser Stelle sei ausdrücklich vermerkt, daß DIN VDE 0100-430 nur den Schutz der Leitungen und Kabel der festen Installation berücksichtigt und daß dieser Leitungsschutz nicht unbedingt den Schutz der angeschlossenen Betriebsmittel sowie deren Anschlußleitung einschließt.

Von der Möglichkeit, die zulässige Strombelastbarkeit auf andere Weise zu ermitteln, haben die Gerätebestimmungen schon immer Gebrauch gemacht und sowohl die mechanische Festigkeit als auch die zulässige Strombelastbarkeit der Leitungen auf das jeweilige Betriebsmittel individuell abgestimmt. Der Anlagenerrichter braucht diese Leitungen nicht mehr anhand von DIN VDE 0100-430 und DIN VDE

0298-4 zu überprüfen. Es genügt die Aussage des Herstellers oder Lieferanten, daß die Geräte und ihre zugehörigen Anschlußleitungen die entsprechenden Gerätebestimmungen erfüllen.

5.4.11.6 Strombelastbarkeit von Verbindungsleitern zwischen Maschinen, Transformatoren, Akkumulatoren, Schaltanlagen und dergleichen

Für blanke Leiter und fest verlegte einadrige Verbindungen zwischen Maschinen, Transformatoren, Akkumulatoren, Schaltanlagen und dergleichen bis 50 mm^2 Cu- oder 70 mm^2 Al-Querschnitt können die Strombelastbarkeitswerte der Verlegeart E, frei in Luft (siehe Tabellen 5.16 und 5.22 dieses Buchs), herangezogen werden.
Für größere Querschnitte sowie für Fahr- und Freileitungen gilt dies nicht. Derartige Verbindungen sind so zu bemessen, daß sie beim höchsten vorkommenden Betriebsstrom genügend mechanische Festigkeit haben und keine für den Betrieb oder die Umgebung gefährliche Temperatur annehmen können (siehe auch DIN 43670 und DIN 43671).
Bei blanken Leitern wird die Wärme nicht nur durch Konvektion, sondern auch durch Strahlung abgeführt. Konvektion und Strahlung sind darüber hinaus von Form und Lage der Leiter abhängig. Deshalb können höhere Werte als die Strombelastbarkeitswerte der Verlegeart E, frei in Luft, zulässig sein. Die mögliche Strombelastbarkeit darf darum auch auf andere Weise ermittelt werden, z. B. auf der Basis von DIN 43670 für Stromschienen aus Aluminium und DIN 43671 für Stromschienen aus Kupfer.

6 Schutz von Kabeln und Leitungen bei Überstrom

6.1 Allgemeines (DIN VDE 0100-430, Hauptabschnitt 3)

Um Kabel und Leitungen gegen zu hohe Erwärmung zu schützen, müssen Überstrom-Schutzeinrichtungen verwendet werden. Zu berücksichtigen ist die Erwärmung, die auftreten kann

- durch betriebsmäßige Überlast (siehe Bild 5.1) und
- bei vollkommenem Kurzschluß (siehe Bild 5.2).

6.2 Überstrom-Schutzeinrichtungen (DIN VDE 0100-430, Hauptabschnitt 4)

Folgende Bauarten von Überstrom-Schutzeinrichtungen zum Schutz von Kabeln und Leitungen gegen zu hohe Erwärmung dürfen verwendet werden:

- Überstrom-Schutzeinrichtungen, die sowohl den Schutz bei Überlast als auch bei Kurzschluß übernehmen
- Überstrom-Schutzeinrichtungen, die nur den Schutz bei Überlast übernehmen
- Überstrom-Schutzeinrichtungen, die nur den Schutz bei Kurzschluß übernehmen

6.2.1 Überstrom-Schutzeinrichtungen, die sowohl den Schutz bei Überlast als auch bei Kurzschluß übernehmen (DIN VDE 0100-430, Abschnitt 4.1)

Solche Überstrom-Schutzeinrichtungen müssen jeden Überstrom bis zum größten Strom bei vollkommenem Kurzschluß an ihrer Einbaustelle unterbrechen können. Beispiele für die Installationspraxis sind:

- **Schmelzsicherungen:** Niederspannungs- bzw. Leitungsschutzsicherungen nach den Normen der Reihe DIN VDE 0636 (**VDE 0636**)
- **Überstrom-Schutzschalter:** Leitungsschutzschalter nach den Normen der Reihe DIN VDE 0641 (**VDE 641**), Leistungsschalter nach DIN EN 60947-2 (**VDE 0660 Teil 101**), Motorstarter nach DIN VDE 0660-102 (**VDE 0660 Teil 102**).

6.2.1.1 Leitungsschutzsicherungen (Schmelzsicherungen)

6.2.1.1.1 Wirkungsweise bei Überlast

Überlastströme, die nur wenig oberhalb der maximal dauernd zulässigen Belastbarkeit I_z einer Leitung liegen (siehe Abschnitt 5 dieses Buchs), erwärmen die Leiter dieser Leitung erst nach längerer Zeit auf unzulässig hohe Temperaturen. Dabei wird eine bestimmte Wärmemenge $I^2 \cdot R \cdot t$ erzeugt. Ist in einem so belasteten Stromkreis eine Sicherung eingesetzt, deren Schmelzleiter schon von einer etwas geringeren Wärmemenge abgeschmolzen wird, kann die unzulässig hohe Temperatur an den Leitern nicht erreicht werden. Das heißt, die Kabel und Leitungen werden durch diese Maßnahme sicher bei Überlast geschützt.

6.2.1.1.2 Wirkungsweise bei Kurzschluß

Der Schutz bei Kurzschluß funktioniert bei Einsatz von Schmelzsicherungen nach demselben Prinzip wie bei dem zuvor beschriebenen Überlastschutz. Bei hohen Kurzschlußströmen kann die unzulässig hohe Wärmemenge schon in Bruchteilen einer elektrischen Halbwelle (10 ms bei 50-Hz-Wechselstrom) erreicht werden.

Schmelzsicherungen schmelzen auch bei hohen Kurzschlußströmen innerhalb einer ausreichend kurzen Zeit ab. Während des Abschmelzens des Schmelzleiters fließt noch ein begrenzter Kurzschlußstrom durch den Lichtbogen weiter. Daraus ergibt sich der Durchlaßwert $I^2 \cdot t$. Von etwa 5 kA bis zur Grenze ihres Schaltvermögens (mindestens 50 kA) behält die Schmelzsicherung einen gleichen Durchlaßwert $I^2 \cdot t$ bei. Bedeutung hat der Durchlaßwert bei Selektivitätsbetrachtungen und beim Nachweis des wirksamen Schutzes von Kabeln und Leitungen bei Kurzschluß bei sehr kurzen Ausschaltzeiten (siehe Abschnitt 6.4 dieses Buchs).

6.2.1.1.3 Klassifizierung nach DIN VDE 0636

Die früher üblichen Sicherungscharakteristiken „flink" und „träge" sind in den Normen der Reihe DIN VDE 0636 (**VDE 636**), die DIN VDE 0635 (**VDE 0635**) (D- und D0-Sicherungen) und DIN VDE 0660-4 (**VDE 0660 Teil 4** (NH-Sicherungen)) ablösten, durch eine neue Klassifizierung ersetzt worden. Schmelzsicherungen nach den Normen der Reihe DIN VDE 0636 werden zur Beschreibung der Abschaltkennlinie nach zwei Kriterien unterteilt:

- Bauart
- Betriebsklasse

Bei den Bauarten werden drei Ausführungsarten unterschieden:

- NH-System (Niederspannungs-Hochleistungs-Sicherungssystem; Sicherungen mit Messerkontaktstücken)
- D-System (Diazed; Schraubsicherungen)
- D0-System (Neozed; Schraubsicherungen)

Während das NH-System die Bedienung durch Fachkräfte oder elektrotechnisch unterwiesene Personen voraussetzt, dürfen D- und D0-System auch von Laien bedient werden. D- und D0-System sind so konzipiert, daß bei ihrer Bedienung sowohl der Schutz gegen direktes Berühren als auch die Nennstrom-Unverwechselbarkeit gegeben sind. Dennoch dürfen Laien nach DIN VDE 0105-100 nur stromführende D- und D0-Sicherungen bis zu einer Nennstromstärke von 63 A auswechseln (**Tabelle 6.1**). Diese Forderung ist bei der Planung und beim Bau elektrischer Anlagen unbedingt zu berücksichtigen.

Sicherungssystem Typ	Nennspannung V	Nennstrom A	Laien	Elektrofachkräfte, elektrotechnisch unterwiesene Personen
D0, D	bis AC 400	bis 63 über 63	ja nein	ja nein
D	über AC 400	bis 16 über 16	nein nein	ja nein
D0, D	bis DC 25	über 0	ja	ja
D0	über DC 25 bis 60 über DC 60 bis 120 über DC 120	bis 6 bis 2 über 0	nein nein nein	ja ja nein
D	über DC 25 bis 60 über DC 60 bis 120 über DC 120 bis 750 über DC 750	bis 16 bis 5 bis 1 über 0	nein nein nein nein	ja ja ja nein

Tabelle 6.1 Stromgrenzen für das gefahrlose Auswechseln von stromführenden Sicherungseinsätzen bei Nennspannungen bis 1000 V nach DIN VDE 0105-100 (**VDE 0105 Teil 100**):1997-10

Sicherungslastschalter (Schalter-Sicherungseinheiten des Systems D0) verfügen über Schalteinrichtungen mit Lastschaltvermögen. Sie dürfen auch bei Nennströmen >63 A von Laien bedient werden.

Die Betriebsklasse ist durch zwei Buchstaben gekennzeichnet, z. B. gG. Der erste Buchstabe bezeichnet die Funktionsklasse, der zweite das zu schützende Objekt.

Die Funktionsklasse legt fest, welchen Strombereich ein Sicherungseinsatz ausschalten kann. Man unterscheidet zwei Funktionsklassen (**Bild 6.1**):

- Funktionsklasse g:

  Ganzbereichssicherungen (general purpose fuses); das sind Sicherungseinsätze, die Ströme wenigstens bis zur Höhe ihres Nennstroms dauernd führen und Ströme vom kleinsten Schmelzstrom bis zum Nennausschaltstrom ausschalten können.
- Funktionsklasse a:

  Teilbereichssicherungen (accompanied fuses); das sind Sicherungseinsätze, die Ströme wenigstens bis zu ihrem Nennstrom dauernd führen und Ströme oberhalb eines bestimmten Vielfachen ihres Nennstroms bis zum Nennausschaltstrom ausschalten können.

Während Sicherungen der Funktionsklasse g für den Überlast- und Kurzschlußschutz konzipiert sind, stellen Sicherungen der Funktionsklasse a nur den Kurzschlußschutz sicher. Deshalb können Sicherungen der Funktionsklasse a nur dann eingesetzt werden, wenn kein Überlastschutz erforderlich ist oder wenn dieser anderweitig sichergestellt wird. Falls eine Sicherung der Funktionsklasse a bei Ausfall der eingesetzten Überlast-Schutzeinrichtung mit Überlastströmen beansprucht wird, kann die Sicherung den Überlaststrom unter Umständen nicht abschalten. Die

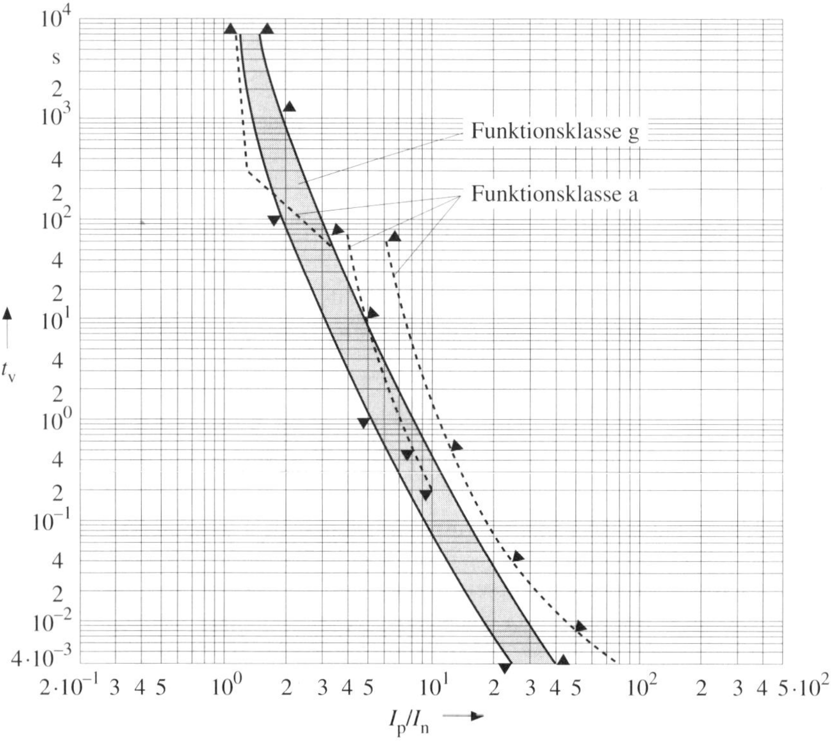

Bild 6.1 Prinzipieller Verlauf der Zeit/Strom-Bereiche von Sicherungen der Funktionsklassen a und g nach DIN VDE 0636-1 (**VDE 0636 Teil 1**)

Sicherung der Funktionsklasse a könnte übermäßig erwärmt werden, bis sie explodiert. Es ist nicht auszuschließen, daß in einem solchen Fall ein Lichtbogen stehenbleibt.

Neben den Funktionsklassen werden die Abschaltkennlinien nach ihrer Eignung für bestimmte Schutzobjekte unterschieden. Folgende Schutzobjekte sind festgelegt (zweiter Buchstabe der Betriebsklasse):

G allgemeine Anwendung
L Kabel- und Leitungen
M Schaltgeräte
R Halbleiter
B Bergbau-Anlagen
Tr Transformatoren

Hieraus ergeben sich diese Betriebsklassen:

gG Ganzbereichsschutz für allgemeine Anwendung
gL Ganzbereichs-Kabel- und Leitungsschutz
aM Teilbereichs-Schaltgeräteschutz
aR Teilbereichs-Halbleiterschutz
gR Ganzbereichs-Halbleiterschutz
gB Ganzbereichs-Bergbau-Anlagenschutz
gTr Ganzbereichs-Transformatorenschutz

Üblicherweise werden bei der Elektroinstallation in Wohnungen Sicherungen der Betriebsklasse gL bzw. gG verwendet. Die Betriebsklasse gG wurde im Rahmen der europäischen Harmonisierung mit DIN VDE 0636-10 (**VDE 0636 Teil 10**) (EN 60269-1) eingeführt, um unterschiedliche Betriebsklassen in europäischen Ländern einander anzugleichen. Sie entspricht im wesentlichen der bisher in Deutschland verwendeten Betriebsklasse gL.

6.2.1.1.4 Zeit/Strom-Bereiche

Für jede Betriebsklasse und jeden in dieser Betriebsklasse möglichen Nennstrom sind die Zeit/Strom-Bereiche, innerhalb deren Toleranzband die Schmelzsicherung auslösen muß, in den Normen der Reihe DIN VDE 0636 als Diagramm dargestellt (**Bild 6.2a** und **Bild 6.2b**). Bei diesen Diagrammen ist auf der Waagerechten der unbeeinflußte (prospektive) Kurzschlußstrom im Verhältnis zum Nennstrom der Schmelzsicherung aufgetragen und auf der Senkrechten die Zeitdauer für das Abschmelzen des Schmelzleiters (virtuelle Zeit).

Erst nach Überschreiten der unteren (vorderen) Kennlinie des Toleranzbands, der sogenannten Schmelzzeit/Strom-Kennlinie, darf die Schmelzsicherung ansprechen, d. h. abschmelzen. Beim Erreichen der oberen (hinteren) Kennlinie des Toleranzbands, der sogenannten Ausschaltzeit/Strom-Kennlinie, muß die Schmelzsicherung ansprechen.

Markante Punkte stellen die Werte am oberen Ende des Toleranzbands dar (Zeit/Strom-Tor). In Abhängigkeit vom Nennstrom sind verschiedene Zeiten (konventionelle Prüfdauer) festgelegt. Sie liegen bei Nennströmen

- bis 63 A bei 1 Stunde
- über 63 A bis 160 A bei 2 Stunden
- über 160 A bis 400 A bei 3 Stunden
- über 400 A bei 4 Stunden

Auf der unteren (vorderen) Kennlinie des Toleranzbands (Schmelzzeit/Strom-Kennlinie) liegt der kleine Prüfstrom I_1. So darf z. B. eine Schmelzsicherung bis 63 A Nennstrom innerhalb der konventionellen Prüfdauer von einer Stunde beim kleinen Prüfstrom (1,3 I_n) noch nicht auslösen.

Auf der oberen (hinteren) Kennlinie des Toleranzbands (Ausschaltzeit/Strom-Kennlinie) liegt der große Prüfstrom I_2. Eine Schmelzsicherung bis 63 A Nennstrom muß erst innerhalb der konventionellen Prüfdauer von einer Stunde auslösen, wenn der große Prüfstrom I_2 (1,45 I_n) fließt. I_2 ist bei der Zuordnung der Überstrom-Schutz-

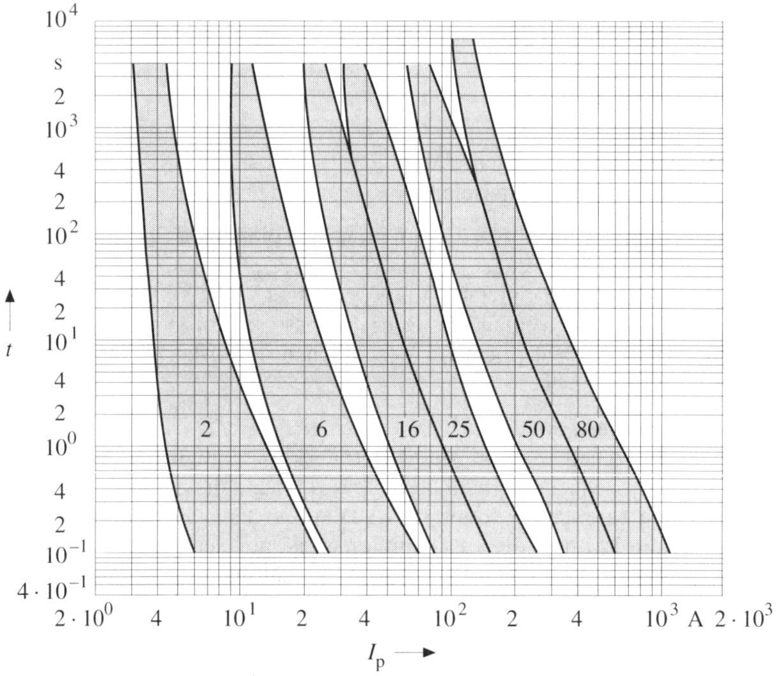

Bild 6.2a Zeit/Strom-Bereiche für „gG"-Sicherungseinsätze (Quelle: DIN VDE 0636-301 (**VDE 0636 Teil 101**):1998-01)

einrichtungen zu den Nennquerschnitten von Kabeln und Leitungen von sehr wesentlicher Bedeutung (siehe hierzu Abschnitt 6.3 dieses Buchs).

6.2.1.1.5 Schaltvermögen

Nach den Normen der Reihe DIN VDE 0636 müssen Schmelzsicherungen ein Schaltvermögen von mindestens 50 kA aufweisen, also Kurzschlußströme von mindestens 50 kA sicher abschalten.

6.2.1.1.6 Back-up-Schutz

Ist der unbeeinflußte Kurzschlußstrom am Einbauort der Überstrom-Schutzeinrichtung größer als das Schaltvermögen dieser Überstrom-Schutzeinrichtung, muß ihr durch eine vorgeschaltete Überstrom-Schutzeinrichtung Rückschutz (Back-up-Schutz) geboten werden (siehe Abschnitt 6.4.3 dieses Buchs). Aufgrund des hohen Schaltvermögens von 50 kA bei Schmelzsicherungen erübrigt sich in der Mehrzahl aller Fälle der Praxis beim Einsatz von Schmelzsicherungen ein Rückschutz.

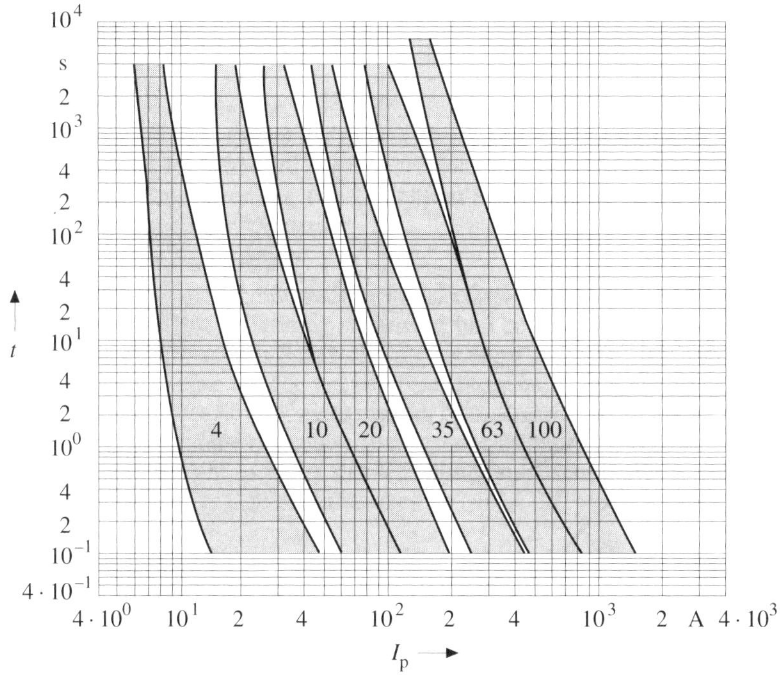

Bild 6.2b Zeit/Strom-Bereiche für „gG"-Sicherungseinsätze (Quelle: DIN VDE 0636-301 (**VDE 0636 Teil 101**):1998-01)

6.2.1.2 Leitungsschutzschalter

Leitungsschutzschalter haben getrennt wirkende Auslöser für den Überlast- und den Kurzschlußschutz.

6.2.1.2.1 Wirkungsweise bei Überlast

Der Schutz bei Überlast wird bei modernen Leitungsschutzschaltern mit einem zeitlich verzögerten Thermo-Bimetallauslöser sichergestellt. Die verschiedenen Ausdehnungskoeffizienten der unter hohem Druck kalt aufeinander gewalzten beiden Metallstreifen, deren Formgebung sowie die Temperatur und deren Einwirkungsdauer, bestimmen den Grad der Krümmung des Thermo-Bimetallstreifens. Die mechanische Bewegung der Krümmung wird zum Auslösen, dem Entklinken des Feder-Kraftspeichers und somit zum Selbstauslösen (Selbstauslöser) genutzt. Das Auslösen wird entscheidend bestimmt durch die Erwärmung, d. h. durch Strom und Zeit (**Bild 6.3**).

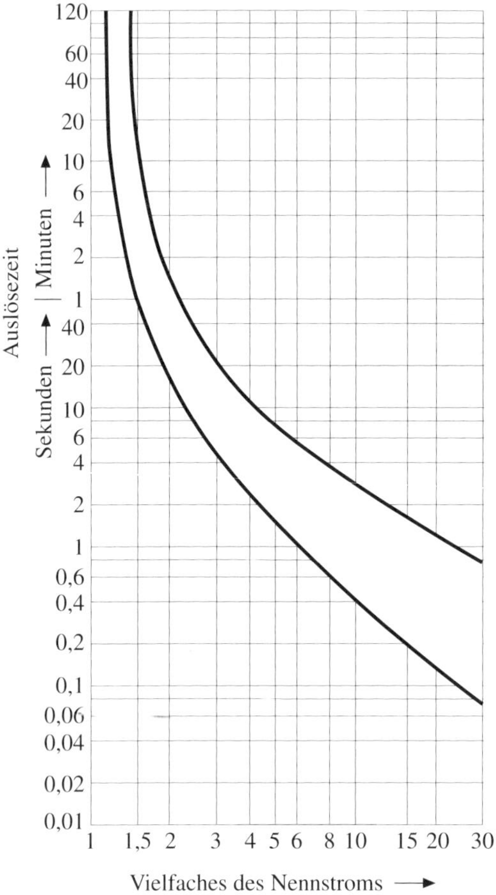

Bild 6.3 Verlauf der Auslösekennlinie des Thermo-Bimetallauslösers eines Leitungsschutzschalters

6.2.1.2.2 Wirkungsweise bei Kurzschluß

Der Schutz bei Kurzschluß wird durch den zeitlich nahezu unverzögerten Elektromagnetauslöser sichergestellt. Er reagiert ausschließlich stromabhängig, wie dem senkrechten Verlauf der Auslösekennlinie im Strom/Zeit-Diagramm zu entnehmen ist (**Bild 6.4**).

Moderne Leitungsschutzschalter begrenzen den Kurzschlußstrom sehr erheblich, was – insbesondere, wenn sie auch den Schutz bei Kurzschluß übernehmen sollen – von großer Bedeutung ist. Durch das Schlaganker-Prinzip wird der bewegliche Eisenkern mit großer Kraft gegen das bewegliche Schaltstück geschlagen. Das bewirkt eine

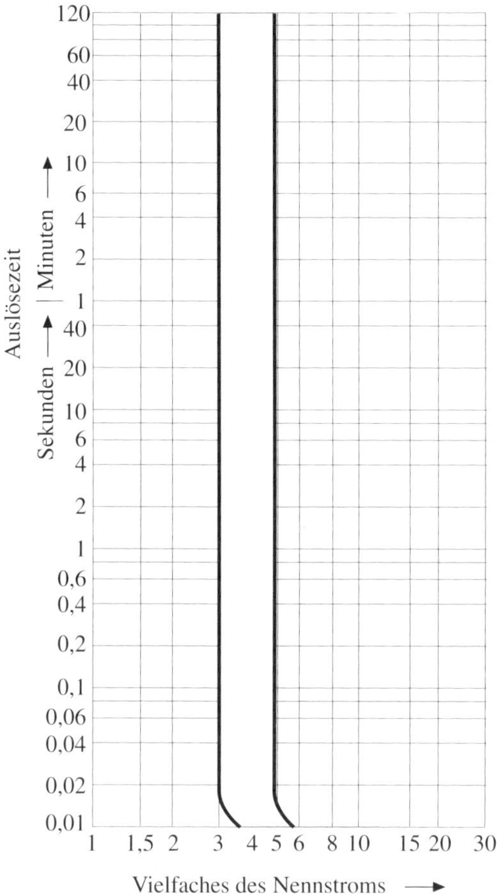

Bild 6.4 Verlauf der Auslösekennlinie des Elektromagnetauslösers eines Leitungsschutzschalters

schnelle weite Öffnung der Schaltstücke. Als Folge entsteht ein langer Lichtbogen, der dem Kurzschlußstrom schon im Entstehen viel Widerstand entgegensetzt und ihn dadurch erheblich begrenzt. Im gleichen Sinn wirken das Aufteilen des Lichtbogens mit Deionblechen in mehrere elektrisch hintereinandergeschaltete Lichtbögen in der Lichtbogenlöschkammer und elektrodynamisch abhebende Schaltstücke.

Ein kleiner Durchlaßstrom i_D von kurzer Dauer ergibt auch nur einen kleinen Durchlaßwert $I^2 \cdot t$ (**Bild 6.5**). Der Durchlaßwert hängt ab von der Höhe des unbegrenzten Kurzschlußstroms und vom Grad der Kurzschlußstrombegrenzung der Überstrom-Schutzeinrichtung. Letztgenannter wird vom Hersteller der Leitungsschutzschalter

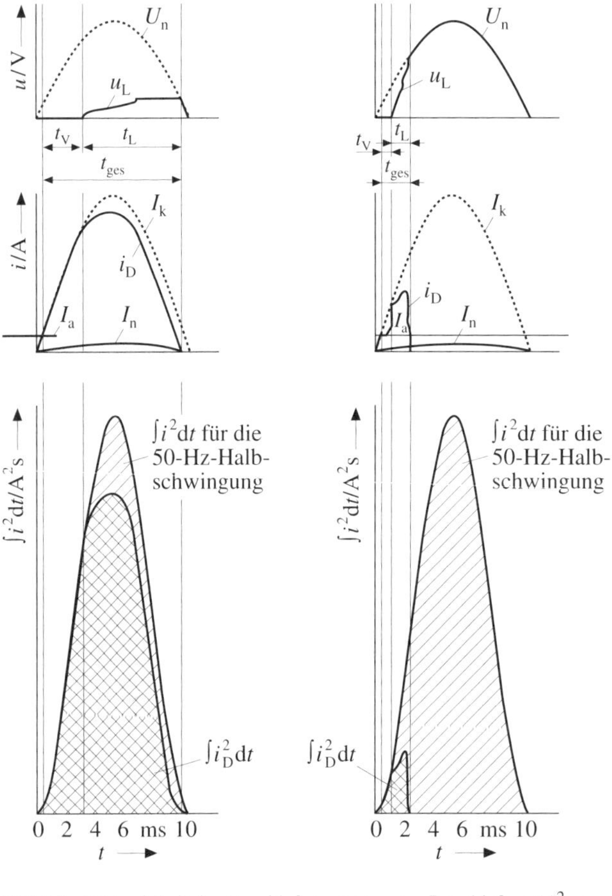

Bild 6.5 Abhängigkeit des Durchlaßstroms i_D vom Durchlaßwert $I^2 \cdot t$

angegeben. Bedeutung hat der Durchlaßwert bei Selektivitätsbetrachtungen und auch beim Nachweis eines wirksamen Schutzes von Kabeln und Leitungen bei Kurzschluß bei sehr kurzen Ausschaltzeiten (siehe Abschnitt 6.4 dieses Buchs).

6.2.1.2.3 Auslösecharakteristiken

Die unterschiedlichen Auslösekennlinien von Thermo-Bimetallauslöser und Elektromagnetauslöser ergeben aneinandergefügt eine gemeinsame Auslösekennlinie oder Auslösecharakteristik (**Bilder 6.6 bis 6.14**).

Auch die Auslösewerte von Leitungsschutzschaltern liegen – wie die der Schmelzsicherungen – innerhalb eines Toleranzbands. Die untere (vordere) Kennlinie des

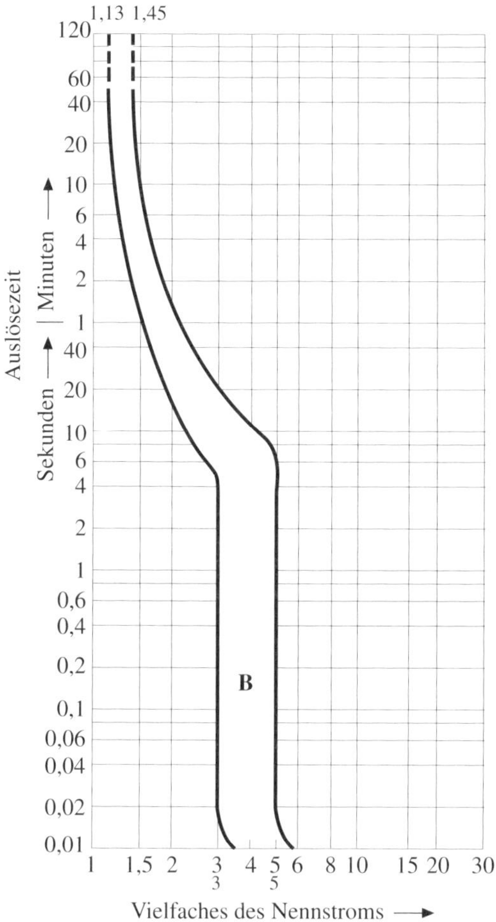

Bild 6.6 Leitungsschutzschalter – Charakteristik B

Toleranzbands wird als Haltekennlinie (Haltewert, Haltestrom), die obere (hintere) Kennlinie als Auslösekennlinie (Auslösewert, Auslösestrom) bezeichnet.

Um spezielle Eigenschaften von zu schützenden Verbrauchsmitteln zu berücksichtigen, z. B.

- Anlaufstrom von Motoren,
- Magnetisierungsstrom von Transformatoren (Rusheffekt),
- Einschaltstromspitzen von Kondensatoren und Lampen,

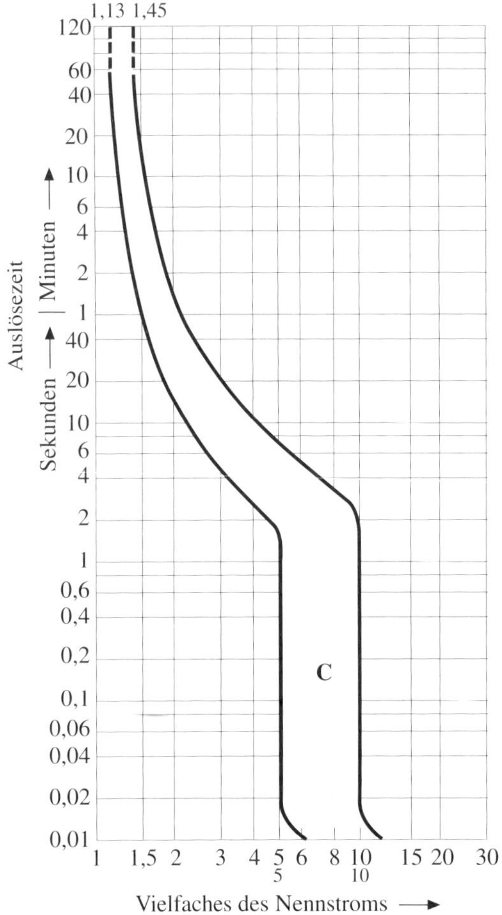

Bild 6.7 Leitungsschutzschalter – Charakteristik C

bedarf es neben der Leitungsschutz-Charakteristik, die bei den zuvor angeführten Verbrauchsmitteln oftmals zum Auslösen des Leitungsschutzschalters und damit zu unerwünschten Unterbrechungen der Stromversorgung führen würde, weiterer Auslösecharakteristiken.

Im folgenden sind beispielhaft einige Auslösecharakteristiken von Leitungsschutzschaltern aufgeführt, die es am Markt gibt oder gab; sie sind bzw. sie werden in Installationsanlagen eingesetzt:

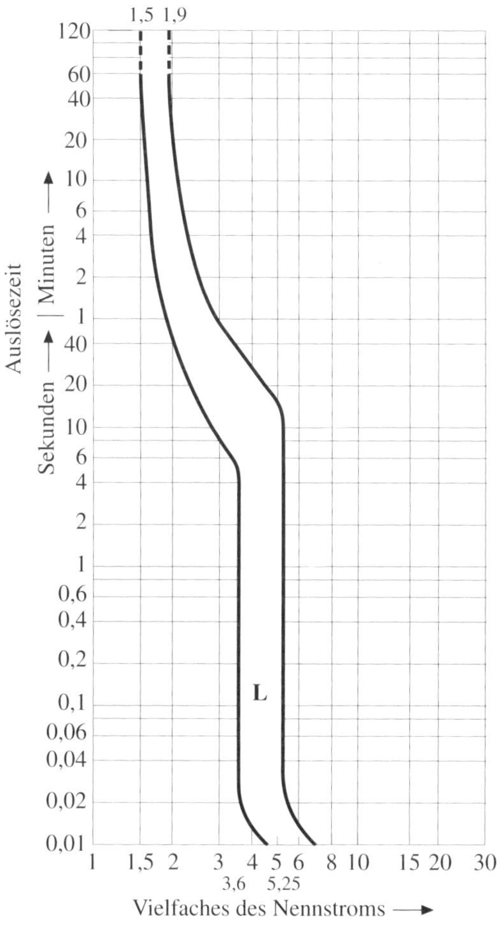

Bild 6.8 Leitungsschutzschalter – Charakteristik L

- A Charakteristik für begrenzten Halbleiterschutz und Meßkreise mit Wandlern, gebaut in Anlehnung an DIN VDE 0641-11
- B Leitungsschutz-Charakteristik, gebaut nach DIN VDE 0641-11
- C Leitungsschutz-Charakteristik, gebaut nach DIN VDE 0641-11
- D Charakteristik für stark impulserzeugende Betriebsmittel, z. B. Transformatoren und Magnetventile, gebaut nach DIN VDE 0641-11
- E Exakt-Charakteristik, gebaut nach Entwurf DIN VDE 0645
- G General-Charakteristik, gebaut nach CEE-Publikation 19, 1. Ausgabe

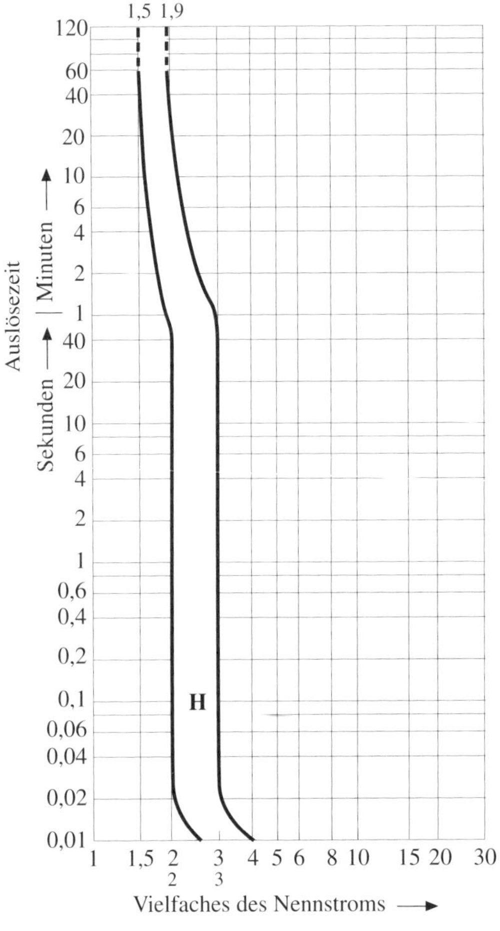

Bild 6.9 Leitungsschutzschalter – Charakteristik H

- H Haushalt-Leitungsschutz-Charakteristik, gebaut nach DIN VDE 0641
- K Kraft-Charakteristik, gebaut nach DIN EN 60947-2 (**VDE 0660 Teil 101**) und DIN VDE 0660-102
- L Leitungsschutz-Charakteristik, gebaut nach DIN VDE 0641
- U Universal-Charakteristik, gebaut nach CEE-Publikation 19, 2. Ausgabe
- Z Charakteristik zum Schutz von Halbleiterelementen und Spannungswandlern, gebaut nach DIN EN 60947-2 (**VDE 0660 Teil 101**) und DIN VDE 0660-102

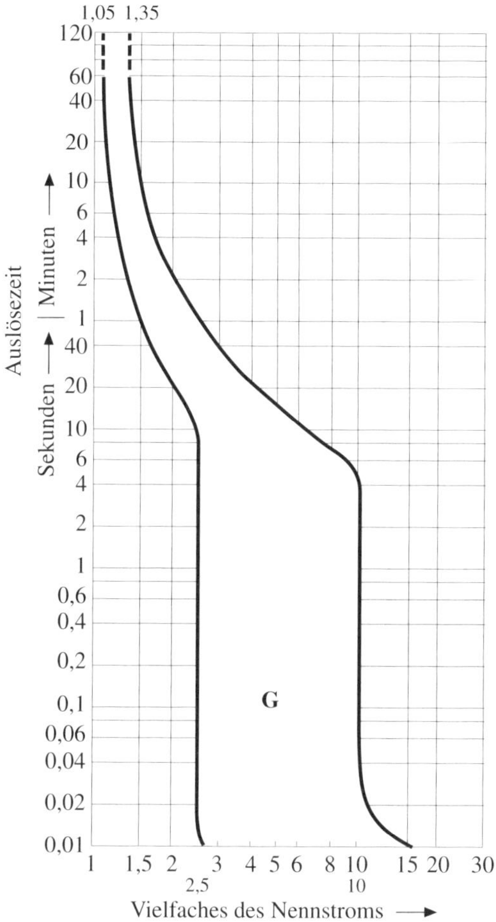

Bild 6.10 Leitungsschutzschalter – Charakteristik G

Sehr spezielle bzw. ausschließlich im Ausland angewendete Charakteristiken bleiben – wegen der geringen Bedeutung für den Leitungsschutz – in diesem Buch unberücksichtigt. Neben den speziell für den Leitungsschutz konzipierten Charakteristiken B und C können auch die anderen in diesem Buch behandelten Charakteristiken für den Leitungsschutz eingesetzt werden.

Zur Zeit werden von der herstellenden Industrie im wesentlichen zwei nach DIN VDE 0641-11 genormte Charakteristiken von Leitungsschutzschaltern auf dem deutschen Markt angeboten, nämlich die Charakteristiken B (siehe Bild 6.6) und C

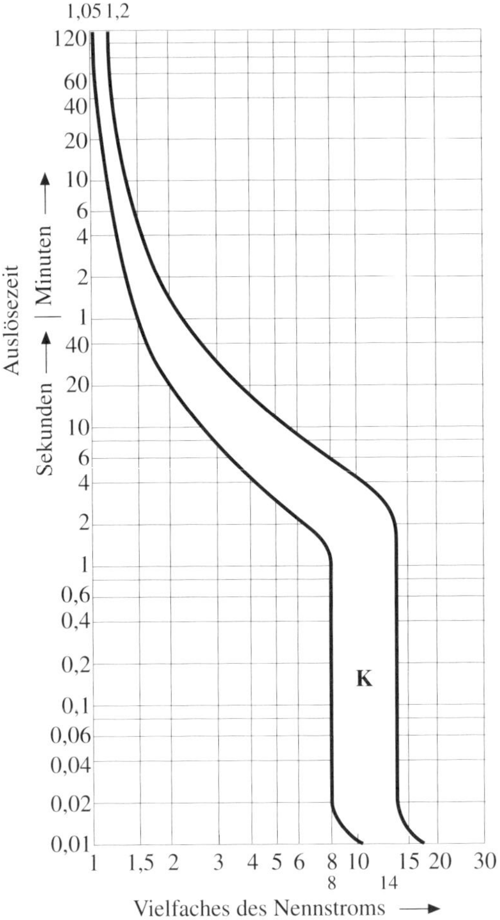

Bild 6.11 Leitungsschutzschalter – Charakteristik K

(siehe Bild 6.7). Beide Leitungsschutzschalter sind primär für den Leitungsschutz konzipiert. Der Charakteristik B sind vorausgegangen die Typen L (siehe Bild 6.8) (seit 1923) und H (siehe Bild 6.9) (seit 1946).

Die H-Charakteristik war seinerzeit für leistungsschwache Netze konzipiert, da die L-Charakteristik in Ausnahmefällen zu Schwierigkeiten beim Erfüllen der Abschaltbedingungen zum Schutz gegen elektrischen Schlag im TN-System (früher Nullung) führte. Die unterschiedlichen *k*-Faktoren in Tabelle 9-1 der seinerzeit gültigen DIN VDE 0100/5.73 resultierten im wesentlichen aus den seinerzeit noch vor-

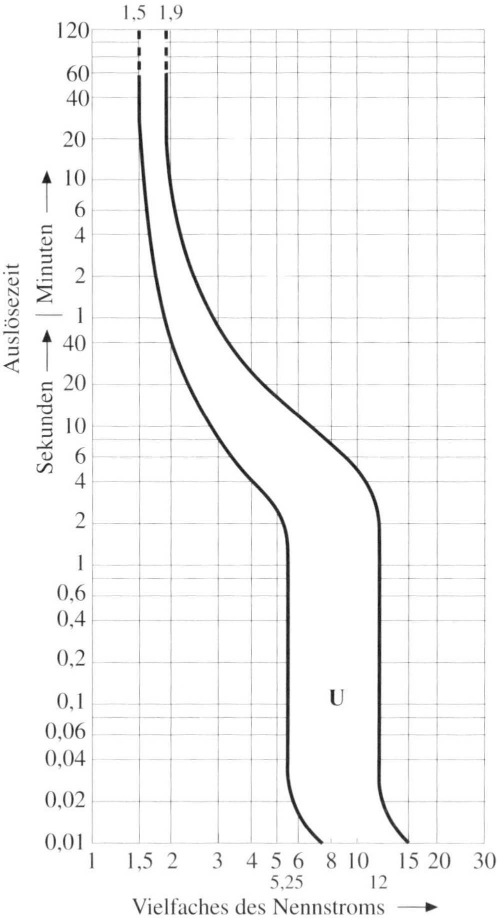

Bild 6.12 Leitungsschutzschalter – Charakteristik U

handenen leistungsschwachen Netzen. Da die Netze im Lauf der Jahre – bedingt durch den bedarfsgerechten Ausbau – immer leistungsstärker wurden, konnte mit Erscheinen von DIN VDE 0100 v_1/6.77 auf die Verwendung von Leitungsschutzschaltern mit der Abschaltcharakteristik H verzichtet werden. Deshalb wurde der H-Typ nicht mehr in DIN VDE 0641 (VDE 0641), Ausgabe Juni 1978, aufgenommen. Die L-Charakteristik hingegen wurde im Rahmen der internationalen Harmonisierungsmaßnahmen mit Erscheinen von DIN VDE 0641/A4 (**VDE 0641/A4**) im November 1988 abgelöst durch die B-Charakteristik. Neben der Ablösung der L-

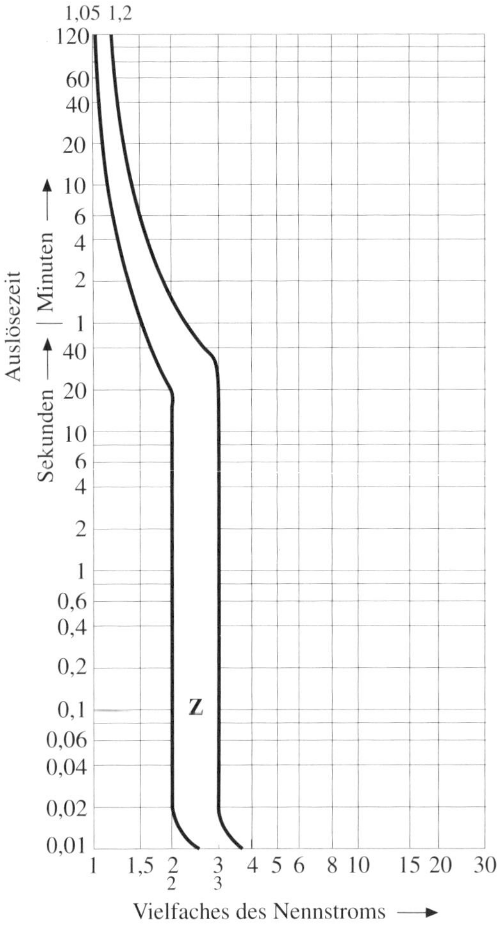

Bild 6.13 Leitungsschutzschalter – Charakteristik Z

Charakteristik durch die B-Charakteristik wurde in DIN VDE 0641/A4 die C-Charakteristik neu aufgenommen.
Leitungsschutzschalter mit C-Charakteristik unterscheiden sich von denen mit B-Charakteristik im wesentlichen durch die höheren Ansprechwerte des unverzögert wirkenden Elektromagnetauslösers (Schnellauslöser). Sie sind für den Leitungsschutz in Stromkreisen mit hohen Einschaltstromspitzen, z. B. in Motor- und reinen Glühlampenstromkreisen, konzipiert.
Vor Aufnahme der C-Charakteristik in DIN VDE 0641-11 bot der Markt auch schon für die zuvor angeführten Problemfälle Leitungsschutzschalter mit den Charakteri-

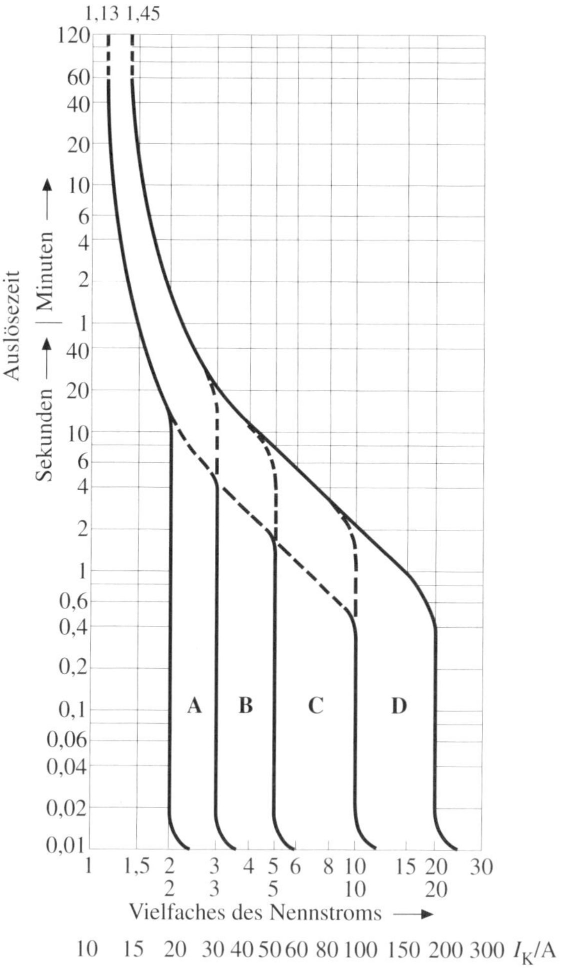

Bild 6.14 Leitungsschutzschalter – Auslösecharakteristiken A, B, C und D

stiken G (siehe Bild 6.10), K (siehe Bild 6.11) und U (siehe Bild 6.12) an, wobei die Charakteristik U in Deutschland wenig eingesetzt wurde.

Die K-Charakteristik, nach DIN EN 60947-2 (**VDE 0660 Teil 101**) und DIN VDE 0660-102 gebaut, wird für die vorgenannten Anwendungsfälle nach wie vor neben der neuen C-Charakteristik nach DIN VDE 0641-11 auf dem Markt angeboten. Eine der K-Charakteristik sehr ähnliche Kennlinie im elektromagnetischen Bereich hat der D-Typ, der wie C- und B-Schalter nach DIN VDE 0641-11 gebaut wird (siehe

Bild 6.14). Obwohl die D-Charakteristik für Wechselspannungen inzwischen international genormt ist, wird – wie dem nationalen Vorwort von DIN VDE 0641-11 zu entnehmen ist – ihr Einsatz von der Mehrheit der deutschen Normenfachleute abgelehnt. Das nationale Fachgremium hält die Prüf- und Anwendungsvorgaben für die D-Charakteristik für nicht ausreichend. Dennoch sei in diesem Zusammenhang angemerkt, daß der Leitungsschutzschalter mit D-Charakteristik in Deutschland produziert wird und, da er nach DIN VDE 0641-11 gebaut wird, das VDE-Zeichen tragen kann. Eingesetzt werden darf bzw. kann er für stark impulserzeugende Betriebsmittel, wie Transformatoren oder Magnetventile.

Der selektive Haupt-Leitungsschutzschalter mit E-Charakteristik nach Entwurf DIN VDE 0645 ist primär für den Einsatz im Hauptstromversorgungssystem konzipiert. Leitungsschutzschalter mit A-Charakteristik, die in Anlehnung an DIN VDE 0641-11 gebaut werden, eignen sich für einen begrenzten Halbleiterschutz und für den Einsatz in Meßkreisen mit Wandlern.

Wenig gebräuchlich im Bereich von Wohngebäuden ist die Z-Charakteristik (siehe Bild 6.13), die durch niedrige Ansprechwerte des magnetischen und thermischen Auslösers gekennzeichnet ist. Leitungsschutzschalter mit Z-Charakteristik werden zum Schutz von Halbleiterbauelementen und von Meßkreisen mit Spannungswandlern eingesetzt. Die Z-Charakteristik ist der A-Charakteristik sehr ähnlich (vergleiche Bild 6.13 mit Bild 6.14).

Der unverzögerte Elektromagnetauslöser der B-Charakteristik (siehe Bild 6.6) arbeitet ähnlich der L-Charakteristik (siehe Bild 6.8) im Toleranzband $(3 \ldots 5) \cdot I_n$, die C-Charakteristik (siehe Bild 6.7) hat ein Toleranzband von $(5 \ldots 10) \cdot I_n$, die G-Charakteristik (siehe Bild 6.10) von $(2{,}5 \ldots 10) \cdot I_n$.

Die Toleranzbänder der verzögerten Thermo-Bimetallauslöser im Überlastbereich der A-, B-, C- und D-Charakteristik sind deckungsgleich (siehe Bild 6.14). Sie liegen gegenüber der früheren L-Charakteristik (siehe Bild 6.8) etwas näher am Nennstrom des Leitungsschutzschalters. Eine deutliche Näherung an den Nennstrom ergibt sich im Vergleich der C-Charakteristik mit der G-Charakteristik (siehe Bilder 6.7 und 6.10).

Die K-Charakteristik hat im Bereich des unverzögerten elektromagnetischen Auslösers ein Toleranzband von $(8 \ldots 14) \cdot I_n$. Im Überlastbereich liegt das Toleranzband des verzögerten Thermo-Bimetallauslösers – bezogen auf die anderen Charakteristiken – am nächsten beim Nennstrom des Leitungsschutzschalters (siehe Bild 6.11).

6.2.1.2.4 Schaltvermögen

Leitungsschutzschalter mit guten selektiven Eigenschaften (Energiebegrenzungsklasse 3, früher Selektivitätsklasse 3) erreichen auch ein hohes Schaltvermögen bei Kurzschluß. Je kleiner der Durchlaßstrom i_D und der $I^2 \cdot t$-Durchlaßwert sind, desto kleiner ist die Arbeit, die den Leitungsschutzschalter beansprucht (siehe Bild 6.5). Daher hat ein Leitungsschutzschalter mit hoher Kurzschlußstrombegrenzung auch ein hohes Kurzschlußschaltvermögen.

Nach dem Musterwortlaut der Technischen Anschlußbedingungen TAB der Elektrizitätsversorgungsunternehmen, Abschnitt 7.2, müssen Leitungsschutzschalter im Stromkreisverteiler ein Schaltvermögen von mindestens 6 kA haben. Der für die Kurzschlußfestigkeit von Hauptstromversorgungssystemen von der Übergabestelle des EVU bis einschließlich zur letzten Überstrom-Schutzeinrichtung bzw. Hauptleitungsabzweigklemme vor der Meßeinrichtung angesetzte Stoßkurzschlußstrom von 25 kA wurde wegen der vorhandenen Dämpfung für Betriebsmittel zwischen der letzten Überstrom-Schutzeinrichtung bzw. Hauptleitungsabzweigklemme vor der Meßeinrichtung und dem Stromkreisverteiler mit nur noch 10 kA festgelegt.
Durch die weitere Dämpfung des Kurzschlußstroms, z. B. bedingt durch die Verbindungsleitung zwischen Zählerplatz und Stromkreisverteiler, wird der Kurzschlußstrom abermals reduziert. Daraus resultiert die TAB-Anforderung, daß Leitungsschutzschalter im Stromkreisverteiler ein Schaltvermögen von mindestens 6 kA haben müssen.
In der Mehrzahl aller praktischen Anwendungsfälle wird ein Schaltvermögen von 6 kA für Leitungsschutzschalter ausreichen. Allerdings gibt es auch Fälle in der Praxis, in denen dieser Wert zu gering ist. Das trifft beispielsweise dann zu, wenn die Transformatorenstation ganz in der Nähe eines Gebäudes errichtet oder gar in das Gebäude integriert ist und die zu erwartende Kurzschlußleistung deshalb relativ groß sein wird. Derartige Anlagenkonzeptionen gibt es relativ häufig in größeren Städten mit stark vermaschten Netzen und in großen Wohngebäuden. In so konzipierten Anlagen kann das Schaltvermögen von 6 kA nicht mehr ausreichen, so daß Leitungsschutzschalter mit 10 kA Schaltvermögen im Stromkreisverteiler verwendet werden müssen.
Das Schaltvermögen von 6 kA resultiert auch daraus, daß der Stromkreisverteiler üblicherweise im Belastungsschwerpunkt der Wohnung angeordnet ist und über eine Verbindungsleitung zwischen Zählerplatz und Stromkreisverteiler (Dämpfung!) versorgt wird. Ist der Stromkreisverteiler aber in der gemeinsamen Umhüllung mit dem Zählerplatz angeordnet, zum Beispiel in einem Einfamilienhaus, fehlt die Dämpfung der Verbindungsleitung. In Abhängigkeit von der Konzeption des Verteilungsnetzes und der Hauptstromversorgung kann auch hier unter Umständen das Schaltvermögen von 6 kA nicht mehr ausreichen, so daß Leitungsschutzschalter mit 10 kA Schaltvermögen erforderlich werden. Insbesondere im Industriebereich ist oftmals der Einsatz von Leitungsschutzschaltern mit mehr als 6 kA Schaltvermögen erforderlich. Angeboten werden Leitungsschutzschalter-Baureihen mit 10 kA, 25 kA oder 30 kA Schaltvermögen.
Leitungsschutzschalter mit B- und mit C-Charakteristik gewährleisten, durch ein Bildzeichen (**Bild 6.15**) auf dem Typenschild dokumentiert, alle erforderlichen Anforderungen an die Selektivität (Angabe im Quadrat) und das Schaltvermögen (Angabe im Rechteck).
Leitungsschutzschalter mit K-Charakteristik können das Bildzeichen nicht führen, da es nur für Leitungsschutzschalter nach den Normen der Reihe DIN VDE 0641 gilt. Dennoch können sie – wie die Typen mit den Charakteristiken B und C – ein

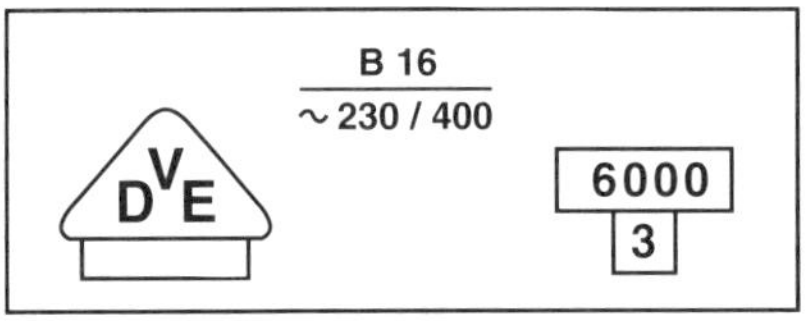

Bild 6.15 Aufschriften auf einem Leitungsschutzschalter

Schaltvermögen von beispielsweise 6 kA haben. Auch die Selektivitätsanforderungen der Energiebegrenzungsklasse 3 nach DIN VDE 0641 können sie erfüllen. Es erscheint sinnvoll, sich vom Hersteller dieser Leitungsschutzschalter schriftlich bestätigen zu lassen, daß die jeweils gewünschten und erforderlichen Eigenschaften erfüllt werden.

6.2.1.2.5 Back-up-Schutz

Übersteigt der Kurzschlußstrom das Schaltvermögen des Leitungsschutzschalters an seinem Einbauort, muß ihm durch eine vorgeschaltete (in Reihe liegende) Überstrom-Schutzeinrichtung (Schmelzsicherung, Leistungsschalter) Rückschutz (Back-up-Schutz) geboten werden.

In diesem Fall bewältigen beide Überstrom-Schutzeinrichtungen zusammen den größeren Kurzschlußstrom. Sie schalten gemeinsam ab, wobei der Leitungsschutzschalter nicht zerstört wird. Genaue Angaben über die für den Back-up-Schutz eines Leitungsschutzschalters erforderliche Überstrom-Schutzeinrichtung kann nur der Hersteller des Leitungsschutzschalters aufgrund von Untersuchungen machen.

6.2.1.3 Leistungsschalter

Leistungsschalter sind Schalter mit einem Schaltvermögen, das dem Ein- und Ausschalten von Betriebsmitteln in ungestörtem und gestörtem Zustand, insbesondere bei unter Kurzschlußbedingungen auftretenden Beanspruchungen, genügt. Ein Leistungsschalter – gelegentlich auch als Leistungsselbstschalter zur besseren Unterscheidung von Leistungstrennern bezeichnet – weist immer folgende Grundkomponenten auf:

- Schaltglieder mit Lichtbogenkammern
- Schaltschloß und Antrieb
- zeitlich verzögerter Thermo-Bimetallauslöser
- zeitlich unverzögerter Elektromagnetauslöser

Ergänzungsmöglichkeiten bestehen durch

- Unterspannungsauslöser
- Arbeitsstromauslöser
- Hilfsschalter

Der Vorteil von Leistungsschaltern besteht in der individuellen Einstellmöglichkeit der Auslöser, wodurch eine optimale Ausnutzung der Strombelastbarkeit I_Z von Kabeln und Leitungen möglich ist.

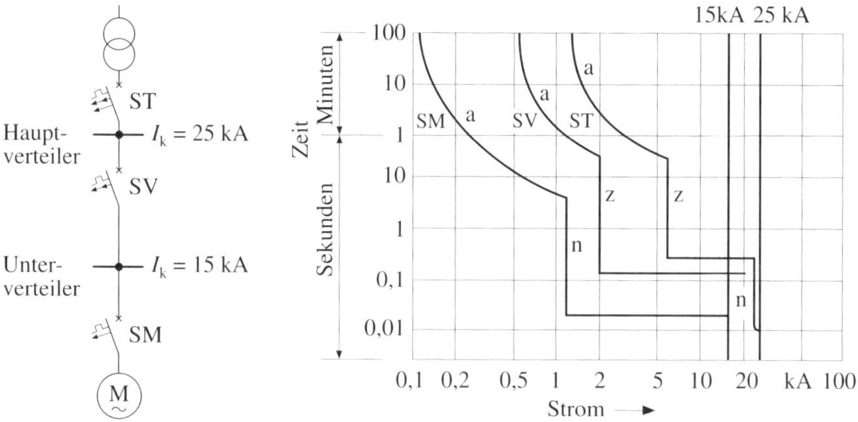

Bild 6.16 Auslösekennlinien von drei zueinander selektiv eingestellten Leistungsschaltern

Die Auslösekennlinie von Leistungsschaltern (**Bild 6.16**) kann aus bis zu drei einstellbaren Kennlinienbereichen bestehen:

- thermisch verzögert (a)
- elektromagnetisch zeitverzögert (z)
- elektromagnetisch unverzögert (n)

Während bei einer elektromagnetisch unverzögerten Kennlinie nur der senkrechte Bereich einstellbar ist, läßt eine elektromagnetisch zeitverzögerte Kennlinie eine unabhängige Einstellung des waagrechten und senkrechten Bereichs zu.

Der große Prüfstrom von Leistungsschaltern nach DIN EN 60947-2 (**VDE 0660 Teil 101**) liegt bei 1,3. Moderne Leistungsschalter beherrschen durch ihr hohes Schaltvermögen Kurzschlußströme bis 100 kA.

6.2.2 Überstrom-Schutzeinrichtungen, die nur den Schutz bei Überlast übernehmen (DIN VDE 0100-430, Abschnitt 4.2)

Überstrom-Schutzeinrichtungen, die nur den Schutz bei Überlast übernehmen, sind üblicherweise stromabhängig verzögerte Überstrom-Schutzeinrichtungen, bei denen das Ausschaltvermögen kleiner ist als der Strom bei vollkommenem Kurzschluß an ihrer Einbaustelle.

Ein typisches Beispiel für einen solchen Anwendungsfall ist ein nur mit einem Überlastauslöser versehenes Schütz nach DIN VDE 0660-102. Der thermische Überstromauslöser des Schützes (**Bild 6.17**) ist dabei so einzustellen, daß der gewählte Strom den in DIN VDE 0298-4 aufgeführten Strombelastbarkeitswerten I_z (siehe Abschnitt 5.4 dieses Buchs) entspricht.

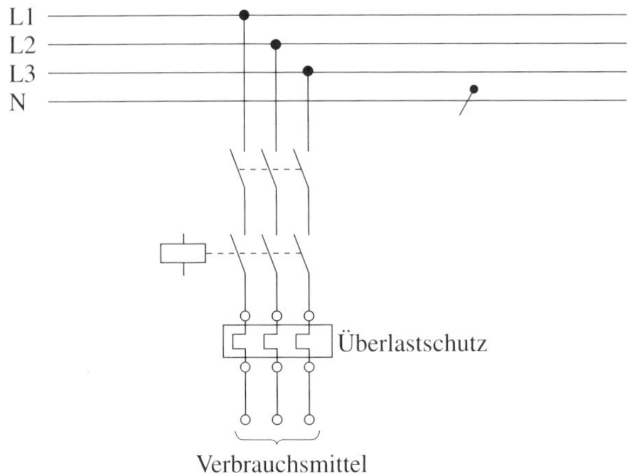

Bild 6.17 Schutz bei Überlast durch Schütz mit Überstromauslöser

6.2.3 Überstrom-Schutzeinrichtungen, die nur den Schutz bei Kurzschluß übernehmen (DIN VDE 0100-430, Abschnitt 4.3)

Überstrom-Schutzeinrichtungen, die nur den Schutz bei Kurzschluß übernehmen, müssen Kurzschlußströme bis zum größten Strom bei vollkommenem Kurzschluß an ihrer Einbaustelle unterbrechen können.Typische Beispiele dafür sind:

- Teilbereichssicherungen für den Geräteschutz nach DIN VDE 0636
- Leistungsschalter, die nur mit Schnellauslösern nach DIN EN 60947-2 (**VDE 0660 Teil 101**) versehen sind

Selbstverständlich können an Stellen, an denen nur Schutz bei Kurzschluß und kein Schutz bei Überlast erforderlich ist, auch Überstrom-Schutzeinrichtungen nach DIN VDE 0100-430, Abschnitt 4.1 (siehe Abschnitt 6.2.1 dieses Buchs) eingesetzt werden, die beides übernehmen können, nämlich sowohl den Schutz bei Kurzschluß als auch den Schutz bei Überlast.

Schmelzsicherungen als Teilbereichssicherung (Funktionsklasse a) für den Geräteschutz gibt es nur in den Ausführungen aM „Teilbereichs-Schaltgeräteschutz" und aR „Teilbereichs-Halbleiterschutz".

Sicherungen dieser Betriebsklassen können im Prinzip auch für den Schutz von Kabeln und Leitungen bei Kurzschluß verwendet werden, wofür allerdings in der Praxis nur selten Bedarf besteht. Bei Anwendung der genannten Betriebsklassen muß der Errichter anhand von DIN VDE 0100-430, Abschnitt 6.3.2 (siehe Abschnitt 6.4.3 dieses Buchs), und mit den Kennlinien der Schmelzsicherungen (Zeit/Strom-Bereiche) aus den Normen der Reihe DIN VDE 0636 besondere Berechnungen durchführen.

6.3 Schutz bei Überlast (DIN VDE 0100-430, Hauptabschnitt 5)

6.3.1 Allgemeines (DIN VDE 0100-430, Abschnitt 5.1)

Ganz allgemein besteht der Schutz bei Überlast darin, mit Überstrom-Schutzeinrichtungen Überlastströme in den Leitern eines Stromkreises zu unterbrechen. Die Unterbrechung muß eintreten, bevor durch den Überlaststrom eine für die Leiterisolierung, die Anschluß- und Verbindungsstellen sowie die Umgebung der Kabel, Leitungen und auch Stromschienen schädliche Erwärmung hervorgerufen wird.
Beispiele für Gefährdungen durch schädliche Erwärmung zeigt **Bild 6.18**.

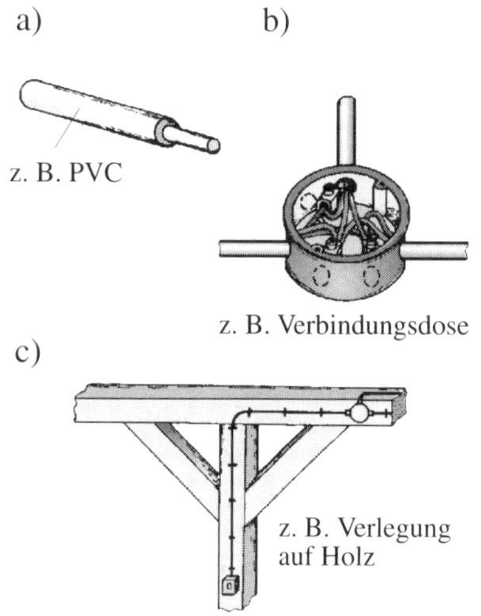

Bild 6.18
Beispiele für Gefährdung durch schädliche Erwärmung
a) Leiterisolierung
b) Anschluß- und Verbindungsstellen
c) Umgebung von Leitungen oder Kabeln

6.3.2 Zuordnung der Überstrom-Schutzeinrichtungen (DIN VDE 0100-430, Abschnitt 5.2)

6.3.2.1 Zuordnungsbedingungen

Bei der Zuordnung der Überstrom-Schutzeinrichtungen zum Schutz von Kabeln, Leitungen und Stromschienen bei Überlast sind zwei Bedingungen zu erfüllen:

$I_b \leq I_n \leq I_z$ Bedingung (1) und

$I_2 \leq 1{,}45\ I_z$ Bedingung (2)

mit

I_b Betriebsstrom des Stromkreises (bei ungestörtem Betrieb)

I_n Nennstrom der Schutzeinrichtung (bei einstellbaren Überstrom-Schutzeinrichtungen ist I_n der eingestellte Wert)

I_z zulässige Strombelastbarkeit des Kabels (siehe DIN VDE 0276-1000) oder der Leitung (siehe DIN VDE 0298-4)

I_2 Strom, der eine Auslösung der Schutzeinrichtung unter den in den Gerätebestimmungen (DIN VDE 0636, DIN VDE 0641 und DIN VDE 0660) festgelegten Bedingungen bewirkt (Auslösestrom)

Vor der Erläuterung der beiden Zuordnungsbedingungen einige Erläuterungen und Erklärungen zu den Kenngrößen I_z und I_2.

Für die zulässige Strombelastbarkeit I_z in den beiden vorgenannten Bedingungen dürfen für Leitungen und für Kabel, die wie Leitungen verlegt sind (nicht im Erdreich), bei fester Verlegung die Strombelastbarkeitswerte für eine Umgebungstemperatur von 25 °C angewendet werden. Die Werte können den Tabellen 3 und 4 aus DIN VDE 0298-4 (siehe Tabellen 5.15 und 5.16 dieses Buchs) entnommen und durch Umrechnung mit dem Faktor 1,06 der Tabelle 15 aus DIN VDE 0298-4 (siehe Tabelle 5.9 dieses Buchs) ermittelt werden. Die Strombelastbarkeitswerte für eine Umgebungstemperatur von 25 °C sind aber auch den Tabellen A.1 und A.2 des normativen Anhangs A der DIN VDE 0298-4 zu entnehmen (siehe Tabellen 5.21 und 5.22, Abschnitte 5.3.4.2 und 5.4.4.2 dieses Buchs).

Voraussetzung für diese Vorgehensweise ist aber, daß die angegebenen Betriebsbedingungen auch zu erwarten sind. Trifft das nicht zu, sind in allen anderen Fällen die ausführlichen Angaben in DIN VDE 0276-603 und DIN VDE 0298-4 zu berücksichtigen. Siehe hierzu die Ausführungen in Abschnitt 5.3 dieses Buchs.

Der Auslösestrom, der die Auslösung der Überstrom-Schutzeinrichtung unter den in den Gerätebestimmungen aufgestellten Bedingungen hervorruft und in DIN VDE 0100-430 die Bezeichnung I_2 trägt, hat in den Gerätebestimmungen für die Überstrom-Schutzeinrichtungen teilweise andere Bezeichnungen. Mitunter werden diese auch in Fachveröffentlichungen benutzt. Die insbesondere aus der internationalen Erarbeitung (Harmonisierung) stammende unterschiedliche Bezeichnung ist für den Praktiker nicht gerade hilfreich für das Verständnis der Zuordnungsbedingungen. Zwischenzeitlich hat das für DIN VDE 0100-430 zuständige Unterkomitee erfreulicherweise eine Angleichung beantragt.

Andere Bezeichnungen für den Auslösestrom I_2 in den Gerätebestimmungen für Leitungsschutzschalter und Niederspannungssicherungen sind

- großer Prüfstrom I_f DIN VDE 0636-10
- festgelegter Auslösestrom I_t DIN VDE 0641-11

Das deutsche Komitee schlägt für das CENELEC-Harmonisierungsdokument 384.4.43 S1 vor, in Angleichung an die Gerätenormen für Leitungsschutzschalter den Auslösestrom mit dem Index t zu versehen, also I_t (conventional tripping current).

In diesem Buch wird der Strom, der die Auslösung der Überstrom-Schutzeinrichtung innerhalb der konventionellen Prüfzeit bewirkt, wie in DIN VDE 0100-430 mit I_2 bezeichnet (großer Prüfstrom, Auslösestrom).

Nach Klärung der bei den Zuordnungsbedingungen verwendeten Bezeichnungen nun die Erläuterung der beiden Zuordnungsbedingungen

$I_b \leq I_n \leq I_z$ Bedingung (1) und

$I_2 \leq 1{,}45\ I_z$ Bedingung (2)

Hierauf beruht der Schutz von Kabeln und Leitungen bei Überlast. Bedingung (1) sagt aus, daß die Strombelastbarkeit I_z der Kabel und Leitungen ein oberer Grenzwert ist, der nicht überschritten werden darf (**Bild 6.19**). Dieser wichtige Wert ist die Basis aller weiteren Überlegungen. Ausführliche Angaben zu den Strombelastbarkeitswerten I_z macht DIN VDE 0298-4 für Leitungen und DIN VDE 0276-603 für Kabel. Siehe hierzu Abschnitt 5.4 dieses Buchs.

Kleiner als die Strombelastbarkeit I_z oder maximal gleich groß muß der Nennstrom I_n der Schutzeinrichtung zum Schutz bei Überlast sein.

Kleiner als der Nennstrom I_n der Schutzeinrichtung zum Schutz bei Überlast oder maximal gleich groß muß dann der Betriebsstrom I_b des Stromkreises sein. In Bedingung (2) ist die Strombelastbarkeit I_z der Kabel und Leitungen ebenfalls das entscheidende Kriterium. Ihr 1,45facher Wert ist die Obergrenze für den großen Prüfstrom I_2. Der Faktor 1,45 ist ein international akzeptierter Kompromiß zwischen Nutzungs- und Schutzgrad (siehe Abschnitte 6.3.3.2 und 6.3.3.3 dieses Buchs) unter Berücksichtigung der zur Anwendung kommenden verschiedenen Überstrom-Schutzeinrichtungen (siehe Abschnitte 6.3.3.4, 6.3.3.5 und 6.3.3.6 dieses Buchs).

Zunächst einmal die einfachste Anwendung der Bedingung (2):

Werden Überlast-Schutzeinrichtungen verwendet mit einem großen Prüfstrom $I_2 \leq 1{,}45\ I_z$, z. B. Leitungsschutzschalter der Charakteristiken B und C, darf der Nennstrom I_n der Schutzeinrichtung gleich der zulässigen Strombelastbarkeit I_z des Kabels oder der Leitung sein.

Die Bedingung (2) lautet dann

$I_n \leq I_z$

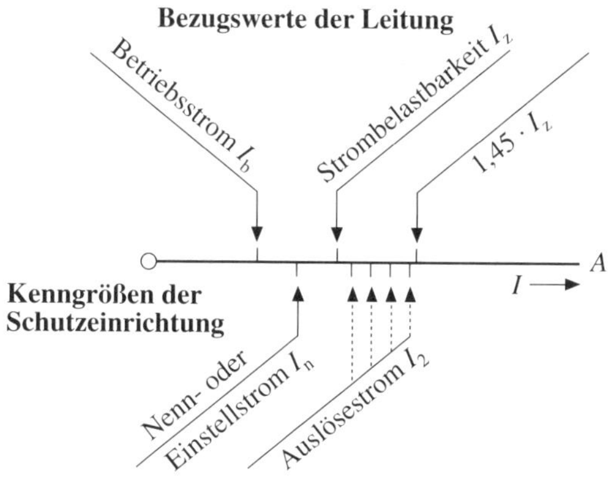

Bild 6.19
Koordinierung der Kenngrößen
(1) $I_b \leq I_n \leq I_z$
(2) $I_2 \leq 1{,}45 I_z$
mit
I_b zu erwartender Betriebsstrom des Stromkreises
I_z Strombelastbarkeit der Leitung oder des Kabels (siehe DIN VDE 0298-4 (**VDE 0298 Teil 4**) und DIN VDE 0276-603 (**VDE 0276 Teil 603**))

Sie ist deshalb so einfach geworden, weil die Gerätebestimmungen DIN VDE 0636 für Schmelzsicherungen und DIN VDE 0641 für Leitungsschutzschalter an Bedingung (2) angepaßt wurden. Leistungsschalter nach DIN EN 60947-2 (**VDE 0660 Teil 101**) und Motorstarter nach DIN VDE 0660-102 erfüllten schon bisher die Bedingung (2).

Voraussetzung hierfür ist also, daß der große Prüfstrom I_2 der für den Überlastschutz verwendeten Überstrom-Schutzeinrichtung $\leq 1{,}45\ I_n$ ist.

Beispiele für Überstrom-Schutzeinrichtungen mit einem großen Prüfstrom $I_2 \leq 1{,}45\ I_n$ sind:

- Leitungsschutzschalter nach
  - DIN VDE 0641/A4 (**VDE 0641/A4**):1988-11 (zwischenzeitlich zurückgezogen)
  - DIN VDE 0641-11 (**VDE 0641 Teil 11**):1992-08
- Leitungsschutzsicherungen nach
  - DIN VDE 0636-21/A4 (**VDE 0636 Teil 21/A4**) (Entwurf) (zwischenzeitlich zurückgezogen)
  - DIN VDE 0636-201 (**VDE 0636 Teil 201**):1998-06
  - DIN VDE 0636-31/A3 (**VDE 0636 Teil 31/A3**) (Entwurf) (zwischenzeitlich zurückgezogen)
  - DIN VDE 0636-41/A3 (**VDE 0636 Teil 41/A3**) (Entwurf) (zwischenzeitlich zurückgezogen)
  - DIN VDE 0636-301 (**VDE 0636 Teil 301**):1998-01
- Leistungsschalter nach DIN EN 60947-2 (**VDE 0660 Teil 101**):1997-02
- Motorstarter nach
  - DIN VDE 0660-104 (**VDE 0660 Teil 104**):1982-09 (zwischenzeitlich zurückgezogen),
  - DIN VDE 0660-102 (**VDE 0660 Teil 102**):1992-07.

Die Zuordnungen, die in der diesem Buch beigelegten Tabelle aufgeführt sind, setzen voraus, daß der große Prüfstrom I_2 der Überstrom-Schutzeinrichtungen $\leq 1{,}45\ I_n$ ist.

Auf einen wichtigen Aspekt muß unbedingt hingewiesen werden. Nicht in allen Fällen garantiert die Einhaltung der Bedingungen

$I_b \leq I_n \leq I_z$ und

$I_2 \leq 1{,}45\ I_z$

den vollständigen Schutz der Kabel und Leitungen. In einzelnen Fällen, z. B. bei länger anstehenden Überströmen, die kleiner als der große Prüfstrom I_2 sind, ist ein vollständiger Schutz nicht gegeben (siehe hierzu Abschnitt 6.3.3.3 dieses Buchs). Die Anwendung der Bedingungen setzt die Gestaltung des Stromkreises in der Form voraus, daß kleine Überlastungen von langer Dauer nicht regelmäßig auftreten werden.

Die Einhaltung der vorgenannten Bedingungen führt auch nicht zwangsläufig zur wirtschaftlichsten Lösung (siehe hierzu auch Abschnitt 6.3.3.2 dieses Buchs).

6.3.2.2 Zuordnungstabelle (Beiblatt 1 zu DIN VDE 0100-430)

Historie

In der Vergangenheit war die Zuordnung von Überstrom-Schutzeinrichtungen zu den Leiterquerschnitten immer in als VDE-Bestimmungen gekennzeichneten Normen direkt angegeben, z. B. in § 41 von DIN VDE 0100/05.73, DIN VDE 0100-430 (**VDE 0100 Teil 430**):1989-06.

Seit Erscheinen der Ausgabe November 1991 von DIN VDE 0100-430 (**VDE 0100 Teil 430**) werden erstmalig im Bestimmungstext keine direkten Zuordnungen von Überstrom-Schutzeinrichtungen zu den Leiterquerschnitten mehr aufgeführt. Es werden ausschließlich die Zuordnungsbedingungen (siehe Abschnitt 6.3.2.1 dieses Buchs) genannt, nicht aber die sich daraus ergebenden Zuordnungen.

Die Begründung für den Fortfall einer Zuordnungstabelle ist darin zu sehen, daß im Bestimmungstext von DIN VDE 0100-430 ausschließlich Anforderungen aufgeführt werden dürfen.

Die Zuordnung von Überstrom-Schutzeinrichtungen zu den Leiterquerschnitten stellt aber keine weitere Anforderung dar. Bei einer Zuordnung werden lediglich die Zuordnungsbedingungen, die ja aufgeführt sind, angewendet und in für die Praxis praktikable Aussagen umgesetzt.

Um aber dem Planer und Errichter elektrischer Anlagen die Arbeit der Ermittlung des Nennstroms der dem jeweiligen Leiterquerschnitt zuzuordnenden Überstrom-Schutzeinrichtung weiterhin zu ersparen, wurde im November 1991 Beiblatt 1 zu DIN VDE 0100-430 mit einer solchen Zuordnungstabelle herausgegeben. Wie alle Beiblätter zu Normen, enthielt also auch dieses nur Informationen zu DIN VDE 0100-430, jedoch keine zusätzlichen genormten Festlegungen.

Beiblatt 1 umfaßte zunächst empfohlene Strombelastbarkeitswerte von Kabeln und Leitungen für feste Verlegung für die in der Installationspraxis wichtigsten Verlegearten. Für Kabel waren die Strombelastbarkeitswerte aus DIN VDE 0298-2 (**VDE 0298 Teil 2**):1979-11 und für Leitungen aus DIN VDE 0298-4 (**VDE 0298 Teil 4**):1988-02 mit den Änderungen des Entwurfs DIN VDE 0298-4/A1 (**VDE 0298 Teil 4/A1**):1991-01 abgeleitet.

Um die wichtigsten Fälle der Installationspraxis abzudecken, waren im Beiblatt 1 die nachfolgenden Betriebsbedingungen für Kabel und Leitungen für feste Verlegung zugrunde gelegt:

- Betriebsart
  Dauerbetrieb
- Verlegebedingungen
  Verlegearten A, B1, B2, C und E
- Umgebungsbedingungen
  Umgebungstemperatur 25 °C.

Um dem Planer und Errichter elektrischer Anlagen das Umrechnen von Strombelastbarkeitswerten auf Basis der international festgelegten Umgebungstemperatur

1	2	3	4	5	6	7	8	9	10	11
Isolierwerkstoff	PVC									
Bauart-Kurzzeichen[1)]	NYM, NYBUY, NHYRUZY, NYIF, H07V-U, H07V-R, H07V-K, NYIFY								NYY, NYCWY, NYKY, NYM, NYMZ, NYMT, NYBUY, NHYRUZY	
zulässige Betriebstemperatur	70 °C									
Umgebungstemperatur	25 °C									
Anzahl der belasteten Adern	2	3	2	3	2	3	2	3	2	3
Verlegeart	A		B1		B2		C		E	
	in wärmedämmenden Wänden		auf oder in Wänden oder unter Putz in Elektroinstallationsrohren oder -kanälen				direkt verlegt		frei in Luft unter Einhaltung der angegebenen Abstände verlegt	
	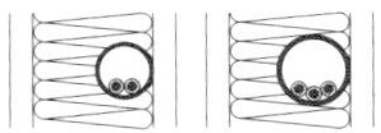 Aderleitungen im Elektroinstallationsrohr[2) 5)]		 Aderleitungen im Elektroinstallationsrohr auf der Wand[3)]		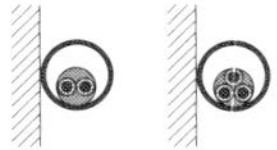 mehradrige Leitung im Elektroinstallationsrohr auf der Wand oder auf dem Fußboden		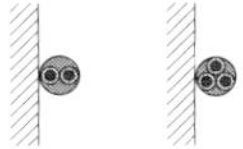 mehradrige Leitung auf der Wand oder auf dem Fußboden[4)]			
	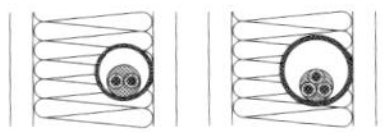 mehradrige Leitung im Elektroinstallationsrohr[5)]		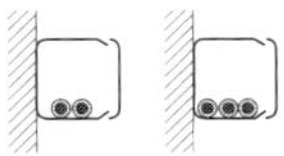 Aderleitungen im Elektroinstallationskanal auf der Wand		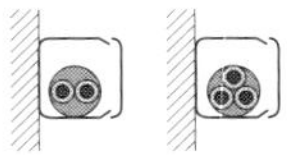 mehradrige Leitung im Elektroinstallationskanal auf der Wand oder auf dem Fußboden		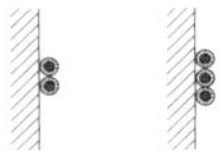 einadrige Mantelleitungen auf der Wand oder auf dem Fußboden			
	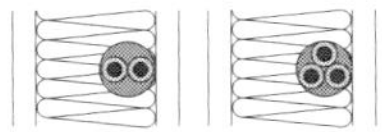 mehradrige Leitung in der Wand		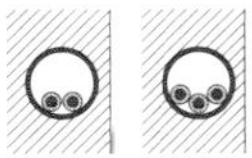 Aderleitungen, einadrige Mantelleitung, mehradrige Leitungen im Elektroinstallationsrohr im Mauerwerk[6)]				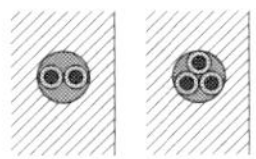 mehradrige Leitung, Stegleitung in der Wand oder unter Putz		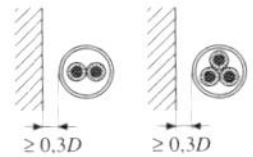 	

Tabelle 6.2 (Teil 1) Strombelastbarkeit, Kabel oder Leitungen für feste Verlegung, Verlegearten A, B1, B2 und C wie die Verlegeart E, frei in Luft und Zuordnung von Überstrom-Schutzeinrichtungen zum Schutz bei Überlast (Tabellen 3 und 4 aus DIN VDE 0298-4 (**VDE 0298 Teil 4**):1988-02 mit der Änderung aus Entwurf DIN VDE 0298-4/A1 (**VDE 0298 Teil 4/A1**):1991-01 (Quelle: Beiblatt 1 zu DIN VDE 0100-430 (**VDE 0100 Teil 430**):1991-11, Tabelle 2 (zwischenzeitlich zurückgezogen)); Fußnoten siehe Teil 2

1	2		3		4		5		6		7		8		9		10		11	
Nennquerschnitt des Kupferleiters in mm²	Strombelastbarkeit I_z in A und Nennstrom I_n der Überstrom-Schutzeinrichtung, deren großer Prüfstrom $I_2 \leq 1{,}45\ I_n$ sein muß																			
	I_z	I_n	I_z	I_n	I_z	I_n	I_z	I_n	I_z	I_n	I_z	I_n	I_z	I_n	I_z	I_n	I_z	I_n	I_z	I_n
1,5	16,5[8]	16	14	13[9]	18,5	16	16,5	16	16,5	16	15	13[9]	21	20	18,5	16	21	20	19,5	16
2,5	21	20	19	16	25	25	22	20	22	20	20	20	28	25	25	25	29	25	27	25
4	28	25	25	25	34	32[10]	30	25	30	25	28	25	37	35[11]	35[8]	35[11]	39	35[11]	36	35[11]
6	36	35[11]	33	32[10]	43	40[12]	38	35[11]	39	35[11]	35	35[11]	49	40[12]	43	40[12]	51	50	46	40[12]
10	49	40[12]	45	40[12]	60	50	53	50	53	50	50[8]	50	67	63	63[8]	63	70	63	64	63
16	65	63	59	50	81	80	72	63	72	63	65	63	90	80	81	80	94	80	85	80
25	85	80	77	63	107	100	94	80	95	80	82	80	119	100	102	100	125	125	107	100
35	105	100	94	80	133	125[13]	118	100	117	100	101	100	146	125[13]	126	125[13]	154	125[13]	134	125[13]
50	126	125[13]	114	100	160	160[14]	142	125[13]	–	–	–	–	–	–	–	–	–	–	–	–
70	160	160[14]	144	125[13]	204	200[14]	181	160[14]	–	–	–	–	–	–	–	–	–	–	–	–
95	193	160[14]	174	160[14]	246	200[14]	219	200[14]	–	–	–	–	–	–	–	–	–	–	–	–
120	223	200[14]	199	160[14]	285	250[14]	253	250[14]	–	–	–	–	–	–	–	–	–	–	–	–

Fußnoten zu Teil 1 und Teil 2:

1) Auflistung der Bauart-Kurzzeichen mit Angaben, welchen Normen die Kabel und Leitungen entsprechen (siehe DIN VDE 0298 Teil 1 und 3)
2) Gilt auch für Aderleitungen im Elektroinstallationsrohr in geschlossenen Fußbodenkanälen
3) Gilt auch für Aderleitungen im Elektroinstallationsrohr in belüfteten Fußbodenkanälen
4) Gilt auch für mehradrige Leitung in offenen und belüfteten Kanälen
5) Gilt auch für Aderleitungen, einadrige Mantelleitungen, mehradrige Leitung in Elektroinstallationskanal
6) Gilt auch für Aderleitungen im Elektroinstallationsrohr in der Decke
7) Gilt auch für mehradrige Leitung in der Decke
8) Siehe Erläuterungen in Beiblatt 1 zu DIN VDE 0100-430 (**VDE 0100 Teil 430**)
9) I_n = 10 A bei Sicherungen, die es z. Z. mit dem Nennstrom I_n = 13 A nicht gibt
10) I_n = 25 A bei D- und D0-Sicherungen, die es z. Z. mit dem Nennstrom I_n = 32 A nicht gibt
11) I_n = 32 A bei Leitungsschutzschaltern, die es z. Z. mit dem Nennstrom I_n = 35 A nicht gibt
12) I_n = 35 A bei D- und D0-Sicherungen, die es z. Z. mit dem Nennstrom I_n = 40 A nicht gibt
13) D- und D0-Sicherungen, gibt es z. Z. bis zum maximalen Nennstrom I_n = 100 A
14) Leitungsschutzschalter gibt es z. Z. bis zum maximalen Nennstrom I_n = 125 A; siehe auch Fußnote 13)

Tabelle 6.2 (Teil 2) Strombelastbarkeit, Kabel oder Leitungen für feste Verlegung, Verlegearten A, B1, B2 und C wie die Verlegeart E, frei in Luft und Zuordnung von Überstrom-Schutzeinrichtungen zum Schutz bei Überlast (Tabellen 3 und 4 aus DIN VDE 0298-4 (**VDE 0298 Teil 4**):1988-02 mit der Änderung aus Entwurf DIN VDE 0298-4/A1 (**VDE 0298 Teil 4/A1**):1991-01 (Quelle: Beiblatt 1 zu DIN VDE 0100-430 (**VDE 0100 Teil 430**):1991-11, Tabelle 2 (zwischenzeitlich zurückgezogen));

von 30 °C auf Werte für 25 °C Umgebungstemperatur zu ersparen, wurden von vornherein die Strombelastbarkeitswerte für eine Umgebungstemperatur von 25 °C angegeben (siehe hierzu auch Abschnitte 5.3.4.2 und 5.4.4.2 dieses Buchs).
Die in der Zuordnungstabelle aufgeführten Strombelastbarkeitswerte galten nur für die angegebenen Betriebsbedingungen und durften nur bei der Bemessung des ausreichenden Schutzes von Kabeln und Leitungen gegen zu hohe Erwärmung nach DIN VDE 0100-430 angewendet werden.
Tabelle 2 des Beiblatts 1 wies darüber hinaus zusätzlich die maximal zulässigen Nennströme der Überstrom-Schutzeinrichtungen aus.
Erstmalig waren somit in einer Tabelle sowohl die Strombelastbarkeitswerte I_z als auch die zugehörigen maximal zulässigen Nennströme I_n der Überstrom-Schutzeinrichtungen in Abhängigkeit von den jeweiligen Leiterquerschnitten enthalten.
Die Zuordnungen galten nur für Überstrom-Schutzeinrichtungen, deren großer Prüfstrom $I_2 \leq 1{,}45\ I_n$ beträgt. Siehe hierzu auch die Ausführungen in den Abschnitten 6.3.3.4 bis 6.3.3.6 dieses Buchs.
Die Aussagen von Tabelle 2 aus Beiblatt 1 zu DIN VDE 0100-430 sind in der vorstehenden **Tabelle 6.2** wiedergegeben.
Neu für den Anwender der Tabelle war das Aufführen des größtmöglichen zulässigen Nennstroms der Überstrom-Schutzeinrichtung. Die größtmögliche Absicherung eines Leiterquerschnitts wurde bewirkt

- durch Leitungsschutzsicherung *oder* Leitungsschutzschalter
  Beispiel: Verlegeart C, Nennquerschnitt 1,5 mm^2 Cu, drei belastete Adern, Nennstrom $I_n = 16$ A
- nur durch Leitungsschutzsicherung
  Beispiel: Verlegeart C, Nennquerschnitt 4 mm^2 Cu, drei belastete Adern, Nennstrom $I_n = 35$ A bei Leitungsschutzsicherung, jedoch nur $I_n = 32$ A bei Leitungsschutzschalter
- nur durch Leitungsschutzschalter
  Beispiel: Verlegeart C, Nennquerschnitt 6 mm^2 Cu, drei belastete Adern, Nennstrom $I_n = 40$ A bei Leitungsschutzschalter, jedoch nur $I_n = 35$ A bei Leitungsschutzsicherung

Die ggf. erforderliche niedrigere Absicherung wurde in Tabelle 2 aus Beiblatt 1 zu DIN VDE 0100-430 durch Fußnoten kenntlich gemacht.
Zur Verdeutlichung der Problematik sind in **Tabelle 6.3** die Nennströme von Leitungsschutzschaltern nach DIN VDE 0641 und Niederspannungssicherungen des D-, D0- und NH-Systems nach den Normen der Reihe DIN VDE 0636 für den Kabel- und Leitungsschutz aufgeführt. Deutlich zu sehen ist, daß bei einigen Werten keine Übereinstimmung in den Nennströmen vorliegt.
Durch das Erscheinen des Beiblatts 1 zu DIN VDE 0100-430 (**VDE 0100 Teil 430**):1991-11 mit der Zuordnungstabelle wurden die ein Jahrzehnt andauernden Unstimmigkeiten in der Fachwelt über die korrekte Zuordnung von Überstrom-Schutzeinrichtungen zu den Leiterquerschnitten beendet.

Leitungsschutzschalter nach DIN VDE 0641-11	D0-Sicherungen nach DIN VDE 0636-301	D-Sicherungen nach DIN VDE 0636-301	NH-Sicherungen nach DIN VDE 0636-201	
Nennstrom I_n A	Nennstrom I_n A	Nennstrom I_n A	Nennstrom I_n A	
6	2	2	6	
10	4	4	10	
13	6	6	16	
16	10	10	20	
20	13	13	25	
25	16	16	32	NH00 (6 bis 160)
32	20	20	40	
40	25	25	50	
50	35*)	35*)	63	
63	50	50	80	
80	63	63	100	
100	80	80	125	NH1 (80 bis 250)
125	100	100	160	
			200	NH2 (125 bis 400)
			250	
			315	
			400	

*) In einigen Ländern werden anstelle des Bemessungsstroms 35 A die Bemessungsströme 32 A und 40 A verwendet.

Tabelle 6.3 Nennströme von Leitungsschutzschaltern nach DIN VDE 0641 (**VDE 0641**) sowie Niederspannungssicherungen D-, D0- und NH-System nach DIN VDE 0636 (**VDE 0636**) für den Kabel- und Leitungsschutz

Zur Erinnerung:

Bis zum Erscheinen von DIN VDE 0100-430 (**VDE 0100 Teil 430**):1981-06 und DIN VDE 0100-523 (**VDE 0100 Teil 523**):1981-06, die die Aussagen des § 41 von DIN VDE 0100/5.73 ablösten, gab es mit der Zuordnung keine Probleme. Nach dem Erscheinen vorgenannter Ausgaben führte die Tatsache, daß nunmehr 30 °C Umgebungstemperatur als Basis zu berücksichtigen war, zu niedrigeren Strombelastbarkeitswerten und somit zu niedrigeren Absicherungen der Leiterquerschnitte bzw. bei vorgegebener Belastung zu höheren Leiterquerschnitten.

Eine Besserung brachte vorübergehend der Entwurf DIN VDE 0100-430/A1 (**VDE 0100 Teil 430/A1**):1983-06, der wieder eine Zuordnungstabelle enthielt, die für die wesentlichen Anwendungsfälle die alten Strombelastbarkeitswerte von DIN VDE 0100/05.73 aufwies. Allerdings wurde dort mit den Begriffen „Nichtdauerlast“ und „Umgebungstemperatur unter 30 °C“ operiert, was die Anwendung auch nicht gerade einfach machte. Zudem gab es in der Fachwelt eine geteilte Meinung zur Anwendung dieses Gelbdrucks, da ja auch der gültige Weißdruck DIN VDE 0100-430 (**VDE 0100 Teil 430**):1981-06 existierte.

Mit Erscheinen des Entwurfs DIN VDE 0100-430 (**VDE 0100 Teil 430**):1988-05, der den vorherigen Entwurf DIN VDE 0100-430/A1 (**VDE 0100 Teil 430/A1**):1983-06 ersetzte, ergab sich wiederum eine neue Situation hinsichtlich der Zuordnung von Überstrom-Schutzeinrichtungen zu Leiterquerschnitten beim Überlastschutz. Die dem Praktiker bisher geläufige Zuordnung der Überstrom-Schutzeinrichtungen in Verbindung mit den Verlegearten war in diesem neuen Entwurf nicht mehr Bestandteil des Bestimmungstextes. Da der Entwurf DIN VDE 0100-430/A1 (**VDE 0100 Teil 430/A1**):1983-06 mit der „Notlösung Nichtdauerlast" mit Erscheinen des Entwurfs DIN VDE 0100-430 (**VDE 0100 Teil 430**):1988-05 zurückgezogen wurde, gab es nun keine praktikable Lösung mehr. Planer und Errichter hätten zukünftig die Zuordnung der Überstrom-Schutzeinrichtung zu den Nennquerschnitten von Kabeln und Leitungen auswählen müssen entweder

- anhand einer Strombelastbarkeitstabelle im Entwurf des Beiblatts 1 zu DIN VDE 0100-430 (**VDE 0100 Teil 430**):1988-05 oder
- unter Zugrundelegung der Strombelastbarkeitswerte in DIN VDE 0298-2 (**VDE 0298 Teil 2**):1979-11 und DIN VDE 0298-4 (**VDE 0298 Teil 4**):1988-02, da DIN VDE 0298-4 (**VDE 0298 Teil 4**):1988-02 hinsichtlich der Strombelastbarkeitswerte DIN VDE 0100-523 (**VDE 0100 Teil 523**):1981-06 ersetzt hatte.

Bei beiden Möglichkeiten mußte aber die Zuordnung der Überstrom-Schutzeinrichtungen zu den Nennquerschnitten vom Praktiker selbst ermittelt werden.

Zudem war die Frage der Umgebungstemperatur nicht eindeutig geklärt. Im Entwurf des Beiblatts 1 zu DIN VDE 0100-430 (**VDE 0100 Teil 430**):1988-05 waren die Strombelastbarkeitswerte schon durch Umrechnung von der international vereinbarten Umgebungstemperatur 30 °C auf die für unsere Region angenommene Umgebungstemperatur 25 °C heraufgesetzt. In DIN VDE 0298-2 (**VDE 0298 Teil 2**):1979-11 und DIN VDE 0298-4 (**VDE 0298 Teil 4**):1988-02 wurden die Strombelastbarkeitswerte jedoch auf Basis der international vereinbarten Umgebungstemperatur von 30 °C veröffentlicht.

Schließlich ergaben sich für einige in der Praxis wichtige Anwendungsfälle geringere Strombelastbarkeitswerte, was letztlich einen größeren Leiterquerschnitt bedeutete (siehe hierzu Abschnitt 5.4.4.3 dieses Buchs).

In dieser Situation wurde auf Basis der Strombelastbarkeitswerte für eine Umgebungstemperatur von 25 °C für die übliche Elektro-Installation in Wohngebäuden und in anderen Gebäuden mit vergleichbaren Anforderungen eine Zuordnungstabelle der Überstrom-Schutzeinrichtungen in Abstimmung zwischen ZVEH und VDEW vereinbart und ihre Anwendung von beiden Verbänden empfohlen. Als VDEW/ZVEH-Empfehlung für die Zuordnung der Überstrom-Schutzeinrichtungen mit dem Titel „Schutz gegen zu hohe Erwärmung für Kabel und Leitungen in Wohngebäuden" erschien 1988 ein entsprechendes Faltblatt mit einer Zuordnungstabelle (**Tabelle 6.4**).

In dieser Tabelle wurden nun die zuvor genannten wichtigen Anwendungsfälle, bei denen der Leiterquerschnitt gegenüber jahrzehntelang geübter Praxis hätte größer gewählt werden müssen, berücksichtigt. Es lagen somit wenige Nennstromwerte der Überstrom-Schutzeinrichtungen geringfügig über den Werten der Strombelastbarkeit der Leitungen und Kabel gemäß der Tabelle mit den Strombelastbarkeitswerten im Entwurf von Beiblatt 1 zu DIN VDE 0100-430 (**VDE 0100 Teil 430**):1988-05. Aufgrund der langjährigen Erfahrungen der durch die „Empfehlung" angesprochenen Anwendungsfälle wurde dies als praxisgerecht angesehen, weil die auftretenden

Zuordnung von Leitungsschutzsicherungen gL nach DIN VDE 0636 und Leitungsschutzschaltern nach DIN VDE 0641, die der Bedingung $I_2 \leq 1{,}45 \cdot I_n$ entsprechen. Gilt für Dauerbetrieb bei Umgebungstemperatur 25 °C.

Kabel- und Leitungsbauart mit PVC-Isolierung[1]	Bauart-Kurzzeichen[2] NYY, NYCWY, NYKY, NYM, NYBUY, NHYRUZY, NYIF, NYIFY, H07V-U, H07V-R, H07V-K, NYMT, NYMZ									
Verlegeart	Gruppe A		Gruppe B1		Gruppe B2		Gruppe C		Gruppe E	
Anzahl der belasteten Adern	2	3	2	3	2	3	2	3	2	3
Nennquerschnitt mm² Cu	Nennstrom der Schutzeinrichtung in A									
1,5	16	10	16	16	16	10	16	16	20	20
2,5	20	16	25	20	20	20	25	25	25	25
4	25	25	25	25	25	25	35	35	35	35
6	35	25	40	35	35	35	40	40	50	40
10	40	40	50	50	50	50	63	63	63	63
16	63	50	80	63	63	63	80	80	80	80
25		63		80		80		100		100
35		80		100		100		125		125
50		100		125		125		160		160
70		125		160		160		200		200

Anmerkung 1:
Es wird vorausgesetzt, daß in den jeweiligen Stromkreisen kleine Überlastungen ($I_b > I_z$) von langer Dauer nicht auftreten.

Anmerkung 2:
Die Zuordnungen nach Gruppe C können zur Vereinfachung auch bei Verlegung im Erdreich, soweit sie im Zusammenhang mit Elektroinstallationen von Wohngebäuden und Gebäuden mit vergleichbaren Anforderungen stehen, angewendet werden, wenn eine Ermittlung der zulässigen Belastbarkeitswerte für Kabel im Erdreich nach DIN VDE 0298 Teil 2/11.79 nicht vorgenommen werden soll.

[1] Für flexible Leitungen nach DIN VDE 0298 Teil 3/08.83 mit den Isolierstoffen PVC oder Gummi bei fester Verlegung/Anschluß kann die Tabelle auch angewendet werden.

[2] Auflistung der Bauart-Kurzzeichen der Kabel und Leitungen mit Angaben über ihre Verwendung siehe DIN VDE 0298 Teil 1/11.82 und Teil 3/08.83.

Tabelle 6.4 VDEW/ZVEH-Empfehlungen 1988 (zwischenzeitlich zurückgezogen)

Betriebsströme I_b – auch bei Steckdosenstromkreisen – praktisch immer kleiner als die zulässige Belastbarkeit I_z sind bzw. kleine Überlastungen von langer Dauer nicht auftreten.

Im Weißdruck des Beiblatts 1 zu DIN VDE 0100-430 (**VDE 0100 Teil 430**):1991-11 wurden diese der Praxis angepaßten Nennstromwerte berücksichtigt (siehe hierzu auch Abschnitt 5.4.4.3 dieses Buchs).

Somit stand nach zehn Jahren mit unterschiedlichsten Meinungen und praktizierten Lösungen bei der Zuordnung von Überstrom-Schutzeinrichtungen zu den Nennquerschnitten mit Tabelle 2 aus Beiblatt 1 zu DIN VDE 0100-430 (**VDE 0100 Teil 430**):1991-11 wieder für alle Fachkreise eine einheitlich praktizierbare Lösung zur Verfügung.

Die VDEW/ZVEH-Empfehlung hatte ihren Zweck erfüllt und wurde Ende 1992 von den Verbänden VDEW und ZVEH zurückgezogen.

Aktuelle Situation:

Beiblatt 1 zu DIN VDE 0100-430 (**VDE 0100 Teil 430**):1991-11 enthielt empfohlene Strombelastbarkeitswerte von Kabeln und Leitungen für feste Verlegung aus DIN VDE 0298-4 (**VDE 0298 Teil 4**):1988-02 mit den Änderungen aus Entwurf DIN VDE 0298-4/A1 (**VDE 0298 Teil 4/A1**):1991-01. Bedingt durch das Erscheinen der neuen DIN VDE 0298-4 (**VDE 0298 Teil 4**):1998-11 wurde Beiblatt 1 zu DIN VDE 0100-430 zurückgezogen. Die Titelseite von DIN VDE 0298-4 (**VDE 0298 Teil 4**):1998-11 trägt diesbezüglich den Vermerk „Ersatz für DIN VDE 0298-4 (**VDE 0298 Teil 4**):1988-02 und Beiblatt 1 zu DIN VDE 0100-430 (**Beiblatt 1 zu VDE 0100 Teil 430**):1991-11".

Zur Zeit werden im gesamten Bestimmungswerk (DIN-VDE-Normen) keine direkten Zuordnungen von Überstrom-Schutzeinrichtungen zu den Leiterquerschnitten in Tabellenform mehr aufgeführt. Eine solche Zuordnungstabelle auf Basis der neuen DIN VDE 0298-4 (**VDE 0298 Teil 4**):1998-11 ist als Beilage in diesem Buch zu finden. Sie enthält zunächst die empfohlenen Strombelastbarkeitswerte von Kabeln und Leitungen für feste Verlegung für die in der Installationspraxis wichtigsten Referenzverlegearten.

Um die wesentlichsten Fälle der Installationspraxis abzudecken, sind folgende Betriebsbedingungen zugrunde gelegt:

- Betriebsart
  Dauerbetrieb
- Verlegebedingungen
  Referenzverlegearten A1, A2, B1, B2, C und E
- Umgebungstemperatur
  Umgebungstemperatur 25 °C

Um dem Planer und Errichter elektrischer Anlagen das Umrechnen von Strombelastbarkeitswerten auf Basis der international festgelegten Umgebungstemperatur von 30 °C auf Werte für 25 °C Umgebungstemperatur zu ersparen, wurden von vornherein die Strombelastbarkeitswerte für eine Umgebungstemperatur von 25 °C angegeben (siehe hierzu auch Abschnitte 5.3.4.2 und 5.4.4.2 dieses Buchs).

Die in der Zuordnungstabelle aufgeführten Strombelastbarkeitswerte gelten nur für die angegebenen Betriebsbedingungen und dürfen nur bei der Bemessung des ausreichenden Schutzes von Kabeln und Leitungen gegen zu hohe Erwärmung nach DIN VDE 0100-430 angewendet werden.

Berücksichtigung findet die zulässige Strombelastbarkeitserhöhung für wichtige Anwendungsfälle der Installationspraxis (Fußnote 9 der Tabelle). Es sind dies der Leiterquerschnitt 10 mm^2 Cu in der Referenzverlegeart B2 bei drei belasteten Adern und die Leiterquerschnitte 4 mm^2 Cu und 10 mm^2 Cu in der Referenzverlegeart C bei drei belasteten Adern (siehe hierzu auch die Ausführungen im Abschnitt 5.4.4.3 dieses Buchs).

Neben den Strombelastbarkeitswerten weist die Zuordnungstabelle auch die maximal zulässigen Nennströme der Überstrom-Schutzeinrichtungen zum Schutz bei Überlast in Abhängigkeit von den jeweiligen Leiterquerschnitten aus.
Die Zuordnungen gelten allerdings nur für Überstrom-Schutzeinrichtungen, deren großer Prüfstrom $I_2 \leq 1{,}45\ I_n$ beträgt (siehe hierzu auch die Ausführungen in den Abschnitten 6.3.3.4 bis 6.3.3.6 dieses Buchs). Wie auch schon in Tabelle 2 des zwischenzeitlich zurückgezogenen Beiblatts 1 zu DIN VDE 0100-430 wird in der Zuordnungstabelle der größtmögliche zulässige Nennstrom der Überstrom-Schutzeinrichtungen aufgeführt.
Die größtmögliche Absicherung eines Leiterquerschnittes ist zu erreichen

- durch Leitungsschutzsicherung oder Leitungsschutzschalter
  Beispiel: Referenzverlegeart C, Nennquerschnitt 1,5 mm^2 Cu, drei belastete Adern, Nennstrom I_n = 16 A sowohl bei Leitungsschutzsicherung als auch bei Leitungsschutzschalter
- nur durch Leitungsschutzsicherung
  Beispiel: Referenzverlegeart C, Nennquerschnitt 4 mm^2 Cu, drei belastete Adern, Nennstrom I_n = 35 A bei Leitungsschutzsicherung, jedoch nur I_n = 32 A bei Leitungsschutzschalter
- nur durch Leitungsschutzschalter
  Beispiel: Referenzverlegeart C, Nennquerschnitt 6 mm^2 Cu, drei belastete Adern, Nennstrom I_n = 40 A bei Leitungsschutzschalter, jedoch nur I_n = 35 A bei Leitungsschutzsicherung

Die ggf. erforderliche niedrigere Absicherung wird in der diesem Buch beigelegten Zuordnungstabelle durch die Fußnoten 4, 5 und 6 kenntlich gemacht.

6.3.2.3 Absicherung von Beleuchtungs- und Steckdosen-Stromkreisen

In der Ausgabe Juni 1981 von DIN VDE 0100-430 waren im Hauptabschnitt 10 noch Aussagen über die Absicherung von Beleuchtungs- und Steckdosen-Stromkreisen enthalten. Solche Aussagen enthält DIN VDE 0100-430 (**VDE 0100 Teil 430**):1991-11 nicht mehr, weil sie nicht in den Anwendungsbereich von DIN VDE 0100-430 fallen. Diese Norm macht Aussagen über die Bemessung des Schutzes von Kabeln und Leitungen gegen zu hohe Erwärmung. Die nun in der Ausgabe November 1991 nicht mehr aufgeführten Textpassagen über die Absicherung von Beleuchtungs- und Steckdosen-Stromkreisen haben in der Tat nichts mit der Bemessung des Schutzes von Kabeln und Leitungen zu tun. Ihr Wegfall ist also begründet. Dennoch soll an dieser Stelle auf die alten Aussagen zur Absicherung von Beleuchtungs- und Steckdosen-Stromkreisen eingegangen werden, weil der Praktiker solche Aussagen hier nach wie vor sucht.
Nach DIN VDE 0100-430 (**VDE 0100 Teil 430**):1981-06, Unterabschnitt 10.1.1, durften Beleuchtungs-Stromkreise nur bis 25 A gesichert werden. Leuchtstofflampen- und Leuchtstoffröhren-Stromkreise sowie Beleuchtungs-Stromkreise mit Lampenfassungen E 40 konnten mit höheren Überstrom-Schutzeinrichtungen gesi-

chert werden. Dabei mußte auf die zulässige Strombelastbarkeit der Leitungen und des Installationsmaterials geachtet werden. Der Überstromschutz von Stromkreisen mit zweipoligen Steckdosen mußte nicht nur auf die zulässige Belastbarkeit der Leitungen, sondern auch auf den Nennstrom der angeschlossenen Steckdosen abgestimmt werden, d. h. auf den niedrigsten der beiden Werte.

Selbstverständlich hat diese Aussage nach wie vor ihre Bedeutung. In keinem Fall darf der Nennstrom der Überstrom-Schutzeinrichtung größer sein als die zulässige Strombelastbarkeit der Leitungen und des Installationsmaterials, z. B. der Steckdosen und Schalter. Die Überstrom-Schutzeinrichtung muß immer auf den niedrigeren der beiden Werte abgestimmt werden. So ist z. B. ein mit einer Mantelleitung NYM $3 \times 1{,}5\ mm^2$ installierter Steckdosen-Stromkreis mit Steckdosen 16 A Nennstrom nur mit 16 A zu sichern, wenngleich bei Referenzverlegeart C nach Tabelle A.2 des normativen Anhangs A von DIN VDE 0298-4 (siehe Tabelle 5.22 aus Abschnitt 5.4.4.1 dieses Buchs) für die Absicherung der Mantelleitung NYM eine Überstrom-Schutzeinrichtung von 20 A zulässig wäre (siehe auch die diesem Buch beigelegte Zuordnungstabelle).

Auch bei dreipoligen Steckdosen-Stromkreisen muß der Nennstrom der vorgeschalteten Überstrom-Schutzeinrichtungen auf die zulässige Strombelastbarkeit der Leitung und den Nennstrom der angeschlossenen Steckdosen abgestimmt sein. Die Überstrom-Schutzeinrichtungen sind – wie bei zweipoligen Steckdosen-Stromkreisen – auf den niedrigeren der beiden Werte abzustimmen. Einen entsprechenden Hinweis für dreipolige Steckdosen-Stromkreise gab es in DIN VDE 0100-430 (**VDE 0100 Teil 430**):1981-06, Abschnitt 10.2.

Eine Ausnahme gilt nach wie vor für Industriesteckvorrichtungen mit der Nennstromstärke von 32 A. Nach DIN VDE 0623 a/03.77 dürfen Steckvorrichtungen mit einem Nennstrom von 32 A mit Sicherungen 35 A gesichert werden, wobei aber der Leiterquerschnitt für eine zulässige Strombelastbarkeit von mindestens 35 A ausgelegt sein muß.

DIN VDE 0623 a/03.77 ist zwar zwischenzeitlich durch DIN EN 60309-1 (**VDE 0623 Teil 1**):1993-06 ersetzt worden, doch gilt noch eine Übergangsfrist bis zum 31. 5. 2002. Zu berücksichtigen ist, daß die Übergangsfrist in der Norm fälschlicherweise mit 31. 5. 1995 angegeben wurde.

So darf z. B. eine dreipolige Steckvorrichtung mit einem Nennstrom von 32 A mit Sicherungen 35 A gesichert werden, wenn der Querschnitt der installierten Leitung bei Referenzverlegeart C nach Tabelle A.2 des normativen Anhangs A von DIN VDE 0298-4 (siehe Tabelle 5.22 aus Abschnitt 5.4.4.1 dieses Buchs) mindestens $4\ mm^2$ Cu beträgt (siehe auch die diesem Buch beigelegte Zuordnungstabelle).

Nicht mehr von Bedeutung ist die alte Festlegung aus Unterabschnitt 10.1.2 aus DIN VDE 0100-430 (**VDE 0100 Teil 430**):1981-06, wonach Beleuchtungs-Stromkreise in Hausinstallationen nur mit Überstrom-Schutzeinrichtungen bis 16 A gesichert werden durften. Diese bisherige Einschränkung ist somit aufgehoben.

6.3.3 Auswahl geeigneter Schutzeinrichtungen zum Schutz bei Überlast

6.3.3.1 Allgemeines

Bei der Auswahl geeigneter Schutzeinrichtungen für den Schutz bei Überlast werden ein hoher Nutzungsgrad der installierten Kabel und Leitungen sowie eine hohe Schutzwirkung im Fehlerfall angestrebt. Nutzungsgrad und Schutzgrad können als Maßstab bei der Bewertung von Überstrom-Schutzeinrichtungen zum Schutz bei Überlast herangezogen werden.

6.3.3.2 Nutzungsgrad *N*

Hoher Nutzungsgrad *N* heißt, daß die Strombelastbarkeit I_z der installierten Kabel und Leitungen möglichst vollständig ausgenutzt und betriebsmäßige, kurzzeitige Stromspitzen von der Überstrom-Schutzeinrichtung ungehindert durchgelassen werden.
Kabel und Leitungen werden um so besser ausgenutzt, je näher der zu erwartende Betriebsstrom I_b des Stromkreises und der Nennstrom I_n der Schutzeinrichtung zum Schutz bei Überlast bei der zulässigen Strombelastbarkeit I_z liegen.
Der Nutzungsgrad *N* in % ist das Verhältnis von Nennstrom I_n der Überstrom-Schutzeinrichtung zu Strombelastbarkeit I_z:

$$N = \frac{I_n}{I_z} \cdot 100 \text{ in } \%$$

Hierbei ist der Nennstrom I_n der Überstrom-Schutzeinrichtung gleich dem maximal zu erwartenden Betriebsstrom I_b des Stromkreises.
Die wirtschaftlichste Lösung ist die hundertprozentige Ausnutzung der verlegten Kabel und Leitungen, also Nennstrom I_n der Überstrom-Schutzeinrichtung gleich Strombelastbarkeit I_z der Leitung oder des Kabels.
Nur wenn der große Prüfstrom I_2 der ausgewählten Schutzeinrichtung zum Schutz bei Überlast $\leq 1{,}45\ I_n$ ist (siehe Abschnitt 6.3.2.1 dieses Buchs), ergibt sich aus der Zuordnungsbedingung (2), daß der Nennstrom I_n der Schutzeinrichtung zum Schutz bei Überlast kleiner oder gleich der Strombelastbarkeit I_z gewählt werden darf (hundertprozentige Nutzung der Leitungen und Kabel).

Beispiel 1

Wie groß ist der Nutzungsgrad *N* bei Leitungsschutzschaltern mit A-, B-, C- oder D-Charakteristik?

Ermittlungsgang:

Bei Leitungsschutzschaltern mit A-, B-, C- oder D-Charakteristik ist der große Prüfstrom $I_2 = 1{,}45\ I_n$, somit darf der Nennstrom I_n gleich der Strombelastbarkeit I_z der Leitungen und Kabel sein. Daraus folgt für den Nutzungsgrad *N*:

$$N = \frac{I_n}{I_z} \cdot 100 \text{ in } \%$$

$$N = 1 \cdot 100 = 100\ \%$$

$$\underline{\underline{N = 100\ \%}}$$

100 % Nutzungsgrad werden nur dann erreicht, wenn der Nennstrom der Überstrom-Schutzeinrichtung mit einem großen Prüfstrom $I_2 = 1{,}45\ I_n$ exakt der Strombelastbarkeit I_z entspricht (siehe Beispiele 3 und 4).
Beträgt der große Prüfstrom I_2 der Schutzeinrichtung zum Schutz bei Überlast jedoch mehr als 1,45 I_n, ist eine Schutzeinrichtung mit niedrigerem Nennstrom I_n zu verwenden.
Statt $I_n \leq I_z$ gilt dann

$$I_n \leq \frac{1{,}45}{I_2\text{-Faktor}} \cdot I_z$$

Die Leitung ist in diesem Fall jedoch weniger gut ausgenutzt.

Beispiel 2
Wie stark darf eine mit einer Überstrom-Schutzeinrichtung mit $I_2 = 1{,}75\ I_n$ (Leitungsschutzschalter der alten Charakteristik L) geschützte Leitung ausgenutzt werden?

Ermittlungsgang:

$$I_n \leq \frac{1{,}45}{I_2\text{-Faktor}} \cdot I_z$$

Mit I_2-Faktor 1,75 ergibt sich I_n zu

$$I_n \leq \frac{1{,}45}{1{,}75} \cdot I_z$$

$$I_n \leq 0{,}83\ I_z$$

$$N = \frac{I_n}{I_z} \cdot 100 \quad \text{in } \%$$

Bei $I_n = 0{,}83\ I_z$ ergibt sich

$$\underline{\underline{N = 83\ \%}}$$

Die Leitung darf somit nur zu 83 % ausgenutzt werden.
Bei nicht einstellbaren Überstrom-Schutzeinrichtungen (Leitungsschutzschalter, Leitungsschutzsicherungen) ergibt sich aber meistens ein noch niedrigerer Nutzungsgrad N, da ihr Nennstrom I_n nur in den seltensten Fällen gleich der Strombelastbarkeit I_z der Kabel und Leitungen sein wird und der nächstniedrigere Nennstrom I_n gewählt werden muß.

Beispiel 3
Bei einer zulässigen Strombelastbarkeit I_z von beispielsweise 21 A ergibt sich der Nennstrom der Schutzeinrichtung zum Schutz bei Überlast zu

$$I_n \leq \frac{1{,}45}{I_2\text{-Faktor}} \cdot I_z$$

$I_n \leq 0{,}83 \cdot 21$ A

$I_n \leq 17{,}43$ A

Daraus folgt ein Nennstrom von 16 A für den Leitungsschutzschalter der Charakteristik L.

Der Nutzungsgrad N beträgt dann nur

$$N = \frac{I_n}{I_z} \cdot 100 \text{ in } \%$$

$$N = \frac{16}{21} \cdot 100 = 76{,}2\ \%$$

$$\underline{\underline{N = 76{,}2\ \%}}$$

Beispiel 4

Welcher Nennstrom darf für einen Leitungsschutzschalter der Charakteristik B im vorangegangenen Beispiel (Strombelastbarkeit $I_z = 21$ A) gewählt werden und wie groß ist der Nutzungsgrad N?

Ermittlungsgang:

Da bei der B-Charakteristik der große Prüfstrom $I_2 = 1{,}45\ I_n$ ist, darf der Nennstrom I_n gleich der Strombelastbarkeit I_z sein. Die nächstniedrigere Nennstromstärke ist 20 A (im Gegensatz zur maximal möglichen Nennstromstärke von 16 A bei Charakteristik L des Beispiels 3).

Der Nutzungsgrad N beträgt

$$N = \frac{I_n}{I_z} \cdot 100 \text{ in } \%$$

$$N = \frac{20}{21} \cdot 100 = 95{,}2\ \%$$

$$\underline{\underline{N = 95{,}2\ \%}}$$

Bei einstellbaren Schutzeinrichtungen zum Schutz bei Überlast, z. B. bei Leistungsschaltern nach DIN VDE 0660 Teil 101, ergibt sich eine solche Minderung des Nutzungsgrads N nicht.

Bei ihrer Anwendung kann die zulässige Strombelastbarkeit I_z der Kabel und Leitungen exakt eingestellt werden (Einstellstrom). Da ihr großer Prüfstrom $< 1{,}45\ I_n$ (üblich $1{,}3\ I_n$) ist, kann mit ihnen somit immer ein Nutzungsgrad N von 100 % erreicht werden, d. h., das Leitermaterial wird vollständig ausgenutzt.

6.3.3.3 Schutzgrad *S*

Ein hoher Schutzgrad *S* bedeutet, daß eine den Überlastschutz übernehmende Überstrom-Schutzeinrichtung im Fehlerfall schnellstmöglich den Stromkreis öffnet. Die Schutzwirkung der verschiedenen Überstrom-Schutzeinrichtungen ist abhängig von der jeweiligen Auslöse-Charakteristik. Von Bedeutung ist dabei besonders der I_2-Faktor.
Der Schutzgrad *S* ist wie folgt definiert:

$$S = \frac{I_2}{I_z}$$

Mit

$$I_2 = I_2\text{-Faktor} \cdot I_n$$

ergibt sich

$$S = \frac{I_2\text{-Faktor} \cdot I_n}{I_z}$$

Werden Überlast-Schutzeinrichtungen mit einem großen Prüfstrom $I_2 = 1{,}45\, I_n$ verwendet, darf der Nennstrom I_n der Schutzeinrichtung gleich der zulässigen Strombelastbarkeit I_z des Kabels oder der Leitung sein (siehe Abschnitt 6.3.2.1 dieses Buchs). Der Schutzgrad *S* beträgt dann 1,45.
Bei Überlast-Schutzeinrichtungen mit großem Prüfstrom $I_2 < 1{,}45\, I_n$ wird – gleiche Strombelastbarkeit I_z der zu schützenden Leitung vorausgesetzt – der Schutzgrad *S* besser ($S < 1{,}45$).
Kommen nun Überlast-Schutzeinrichtungen mit großem Prüfstrom $I_2 > 1{,}45\, I_n$ zur Anwendung, z. B. mit dem 1,6-, 1,75-, 1,9- oder 2,1fachen des Nennstroms, ist die Schutzwirkung – wieder gleiche Strombelastbarkeit der zu schützenden Leitung vorausgesetzt – nicht mehr sichergestellt ($S > 1{,}45$).
Um die Schutzwirkung zu gewährleisten, muß in solch einem Fall der Nutzungsgrad *N* (siehe Abschnitt 6.3.3.2 dieses Buchs) herabgesetzt werden, also der Nennstrom der Überlast-Schutzeinrichtung bei gleicher Strombelastbarkeit I_z der zu schützenden Leitung niedriger gewählt werden.
Zwei Beispiele sollen die Aussagen verdeutlichen:

Beispiel 1

Geschützt werden soll eine Leitung mit einer Strombelastbarkeit I_z von 20 A mit einem Leitungsschutzschalter der B-Charakteristik mit einem Nennstrom I_n von 20 A. Wie groß ist der Schutzgrad *S*?

Ermittlungsgang:

$$I_2 \leq 1{,}45\, I_z$$

Mit

$$I_2 = 1{,}45\, I_n \text{ (Charakteristik B)}$$

ergibt sich

$I_n \leq I_z$

Der Nennstrom I_n der Überlast-Schutzeinrichtung darf gleich der zulässigen Strombelastbarkeit I_z der Leitung sein.

$$S = \frac{I_2\text{-Faktor} \cdot I_n}{I_z}$$

$$S = \frac{1{,}45 \cdot 20\ \text{A}}{20\ \text{A}}$$

$$\underline{\underline{S = 1{,}45}}$$

Die Forderung, daß der Schutzgrad S maximal 1,45 betragen darf, ist erfüllt.

Beispiel 2

Die Leitung des vorangegangenen Beispiels mit der Strombelastbarkeit I_z von 20 A soll mit einem Leitungsschutzschalter der L-Charakteristik mit einem Nennstrom I_n von 20 A geschützt werden (Altanlage). Ist der notwendige Schutzgrad S erreicht?

Ermittlungsgang:

$$S = \frac{I_2\text{-Faktor} \cdot I_n}{I_z}$$

$$S = \frac{1{,}75 \cdot 20\ \text{A}}{20\ \text{A}}$$

$$\underline{\underline{S = 1{,}75}}$$

Der notwendige Schutzgrad S von $\leq 1{,}45$ ist nicht erfüllt. Er kann nur erreicht werden, wenn eine kleinere Nennstromstärke des Leitungsschutzschalters verwendet wird. Mit einem Leitungsschutzschalter L 16 ergibt sich der Schutzgrad zu

$$S = \frac{I_2\text{-Faktor} \cdot I_n}{I_z}$$

$$S = \frac{1{,}75 \cdot 16\ \text{A}}{20\ \text{A}}$$

$$\underline{\underline{S = 1{,}4}}$$

Der Schutzgrad S ist $< 1{,}45$ und somit zulässig.

Allgemein kann also gesagt werden, daß Überlast-Schutzeinrichtungen mit großem Prüfstrom $I_2 = 1{,}45\, I_n$ den erforderlichen Schutzgrad S von $\leq 1{,}45$ erfüllen. Solche Überstrom-Schutzeinrichtungen sind insbesondere Leitungsschutzsicherungen nach den Normen der Reihe DIN VDE 0636 und Leitungsschutzschalter nach DIN

VDE 0641 mit den Charakteristiken B und C. Auch Leitungsschutzschalter mit den Charakteristiken A und D sowie selektive Haupt-Leitungsschutzschalter der Charakteristik E erfüllen die Anforderung $I_2 = 1{,}45\,I_n$ (siehe Abschnitt 6.2.1.2.3 dieses Buchs).

Der Schutzgrad *S* wird verbessert bei Verwendung von Schutzeinrichtungen zum Schutz bei Überlast mit einem großen Prüfstrom $I_2 < 1{,}45\,I_n$. Solche Überstrom-Schutzeinrichtungen sind z. B. Leistungsschalter nach DIN VDE 0660-101 und Leitungsschutzschalter der Charakteristik K.

Je besser der Schutzgrad ist, der große Prüfstrom I_2 der verwendeten Überstrom-Schutzeinrichtung also sich dem Nennstrom I_n nähert, um so besser bieten diese Überstrom-Schutzeinrichtungen den Schutz von Kabeln und Leitungen bei kleineren Überlastungen von langer Dauer, wie sie in der Anmerkung 5 zu den Zuordnungsbedingungen in Abschnitt 5.2 von DIN VDE 0100-430 erwähnt werden (siehe Abschnitt 6.3.2.1 dieses Buchs).

Ein guter Schutzgrad *S* bedeutet im Umkehrschluß allerdings, daß die Schutzeinrichtung zum Schutz bei Überlast bei kleineren Überlastungen anspricht. Diese Eigenschaft ist im praktischen Betrieb mitunter aber nicht erwünscht. Errichter und Planer der elektrischen Anlage haben im Einzelfall abzuwägen, welcher Vorteil greifen soll.

6.3.3.4 Wie erfüllen die verschiedenen Leitungsschutzschalter-Charakteristiken die Zuordnungsbedingungen?

A-Charakteristik

Bei der A Charakteristik erfüllt die Überlastauslösung die Bedingung $I_2 = 1{,}45\,I_n$. Somit ist die einfache Zuordnung mit $I_n \leq I_z$ erlaubt. Der Nennstrom I_n von Leitungsschutzschaltern der Charakteristik A darf höchstens gleich der zulässigen Strombelastbarkeit I_z der zu schützenden Leitung sein.

Für die in Anlehnung an DIN VDE 0641-11 gebaute A-Charakteristik kann kein VDE-Zeichen vergeben werden.

B- und C-Charakteristiken

Die B- und C-Charakteristiken wurden speziell entwickelt, um der internationalen Forderung $I_2 \leq 1{,}45\,I_n$ (Bedingung (2)) zu genügen.

Da bei beiden Charakteristiken die Überlastauslösung die Bedingung $I_2 = 1{,}45\,I_n$ erfüllt (siehe Abschnitt 6.2.1.2.3 dieses Buchs), ist die einfache Zuordnung mit $I_n \leq I_z$ zulässig. Der Nennstrom I_n von Leitungsschutzschaltern der Charakteristiken B und C darf höchtens gleich der zulässigen Strombelastbarkeit I_z der zu schützenden Leitung sein.

Die Auslösecharakteristiken B und C entsprechen den internationalen Festlegungen in IEC 898. Sie wurden als Änderungen zu DIN VDE 0641 (**VDE 0641**):1978-06 im November 1988 der Öffentlichkeit vorgestellt. Der Weißdruck DIN VDE 0641/A4 (**VDE 0641/A4**):1988-11 mit den Charakteristiken B und C wurde zwischenzeitlich durch die deutsche Fassung DIN VDE 0641-11 (**VDE 0641 Teil 11**):1992-08 der EN 60898:1991 ersetzt.

Für die Auslösecharakteristiken B und C darf seit dem 01. 11. 1988 das VDE-Zeichen vergeben werden.

D-Charakteristik

Bei der D-Charakteristik erfüllt die Überlastauslösung die Bedingung $I_2 = 1{,}45\,I_n$. Somit kann einfach mit $I_n \leq I_z$ zugeordnet werden. Der Nennstrom I_n von Leitungsschutzschaltern der Charakteristik D darf höchstens gleich der zulässigen Strombelastbarkeit I_z der zu schützenden Leitung sein.

Die D-Charakteristik entspricht EN 60898 und ist somit in der deutschen Fassung DIN VDE 0641-11 (**VDE 0641 Teil 11**):1992-08 von EN 60898:1991 enthalten. Sie wurde allerdings bei der Erarbeitung der EN 60898 von deutscher Seite abgelehnt. Jedoch wurde die deutsche Delegation überstimmt, somit mußte die D-Charakteristik auch in die deutsche Fassung DIN VDE 0641-11 (**VDE 0641 Teil 11**):1992-08 der EN 60898 übernommen werden.

Für die Auslösecharakteristik D darf seit August 1992 das VDE-Zeichen vergeben werden.

E-Charakteristik

Da der große Prüfstrom $I_2 = 1{,}2\,I_n$ beträgt, kann ebenfalls die einfache Zuordnung mit $I_n \leq I_z$ angewendet werden. Der Nennstrom I_n von selektiven Haupt-Leitungsschutzschaltern der Charakteristik E darf höchstens gleich der zulässigen Strombelastbarkeit I_z der zu schützenden Leitung sein.

Für die E-Charakteristik kann nach dem ermächtigten Entwurf DIN VDE 0645 (**VDE 0645**):1996-05 das VDE-Zeichen vergeben werden.

G-Charakteristik

Da der große Prüfstrom $I_2 = 1{,}35\,I_n$ beträgt (siehe Abschnitt 6.2.1.2.3 dieses Buchs), kann ebenfalls die einfache Zuordnung mit $I_n \leq I_z$ vorgenommen werden.

Für die nach CEE-Publikation 19, 1. Ausgabe April 1959, gebaute G-Charakteristik kann kein VDE-Zeichen vergeben werden.

K-Charakteristik

Da der große Prüfstrom $I_2 = 1{,}2\,I_n$ beträgt (siehe Abschnitt 6.2.1.2.3 dieses Buchs), kann ebenfalls die einfache Zuordnung mit $I_n \leq I_z$ benutzt werden.

Für die K-Charakteristik kann kein VDE-Zeichen vergeben werden, da für Geräte nach DIN VDE 0660-102 kein VDE-Zeichen vergeben wird.

L-Charakteristik

Die Zuordnung kann nicht nach der einfachen Zuordnungsbedingung $I_n \leq I_z$ vorgenommen werden, da der große Prüfstrom größer als $1{,}45\,I_n$ ist (siehe Abschnitt 6.2.1.2.3 dieses Buchs). Für den großen Prüfstrom ergeben sich in Abhängigkeit vom Nennstrom des Leitungsschutzschalters folgende Werte:

- Nennstrom bis 4 A großer Prüfstrom $I_2 = 2{,}1\ I_n$
- Nennstrom 6 A bis 10 A großer Prüfstrom $I_2 = 1{,}9\ I_n$
- Nennstrom 16 A bis 25 A großer Prüfstrom $I_2 = 1{,}75\ I_n$
- Nennstrom 32 A bis 63 A großer Prüfstrom $I_2 = 1{,}6\ I_n$

Die für die Leiterquerschnitte zulässigen Nennstromstärken werden nach

$$I_n \leq \frac{1{,}45}{I_2\text{-Faktor}} \cdot I_z$$

umgerechnet. Diese Umrechnung war bei der Zuordnung von Leitungsschutzschaltern der Charakteristik L zu den Leiterquerschnitten nach der alten DIN VDE 0100-430 (**VDE 0100 Teil 430**):1981-06 immer erforderlich. In Tabelle 1 dieser Norm, die die Zuordnung von Leitungsschutzsicherungen nach DIN VDE 0636 und Leitungsschutzschaltern nach DIN VDE 0641 enthielt, war die Umrechnung berücksichtigt. Der Praktiker brauchte also auch hier keine zusätzliche Rechenarbeit zu erledigen. Voraussetzung allerdings war, daß Leitungsschutzschalter der Charakteristik L benutzt wurden, denn nur diese Charakteristik war in DIN VDE 0641 zum damaligen Zeitpunkt verankert.

Beispiel

Eine Leitung mit dem Leiterquerschnitt 2,5 mm² Cu hat eine Strombelastbarkeit I_z von 26 A (Verlegeart der alten Gruppe 2 aus DIN VDE 0100/5.73) und soll mit einem Leitungsschutzschalter L 20 A bei Überlast geschützt werden. Ist diese Zuordnung zulässig?

Ermittlungsgang:

$I_2 \leq 1{,}45\, I_z$ (Bedingung (2))

Mit

$I_2 = 1{,}75\, I_n$ für L 20 A

ergibt sich

$1{,}75\, I_n \leq 1{,}45\, I_z$

$$I_n \leq \frac{1{,}45}{1{,}75} \cdot 26\ \text{A}$$

$$\underline{\underline{I_n \leq 21{,}5\ \text{A}}}$$

Der Nennstrom 20 A des Leitungsschutzschalters der Charakteristik L ist richtig gewählt. Ein Leitungsschutzschalter mit dem Nennstrom 25 A wäre unzulässig, wenngleich die Strombelastbarkeit I_z der Leitung 26 A beträgt (siehe Abschnitt 6.3.3.2 dieses Buchs).

Diese rechnerisch ermittelte Zuordnung konnte früher – wie schon angeführt – leichter der Tabelle 1 aus DIN VDE 0100-430 (**VDE 0100 Teil 430**):1981-06 entnommen werden, weil die Umrechnung

$$I_n \leq \frac{1{,}45}{I_2\text{-Faktor}} \cdot I_z$$

schon in der Tabelle berücksichtigt war.
Für die Leitungsschutzschalter der Charakteristik L nach DIN VDE 0641 (**VDE 0641**):1978-06 konnte bis zum Erscheinen von DIN VDE 0641/A4 (**VDE 0641/A4**) im November 1988 (B- und C-Charakteristik) das VDE-Zeichen vergeben werden.

U-Charakteristik
Die Auslösecharakteristik U kann nicht nach der einfachen Zuordnung $I_n \leq I_z$ vorgenommen werden, da der große Prüfstrom $1{,}9\,I_n$ beträgt (siehe Abschnitt 6.2.1.2.3 dieses Buchs). Bei der Charakteristik U ist somit, wie zuvor bei der Charakteristik L geschildert, eine Umrechnung vorzunehmen.
Für nach CEE-Publikation 19, 2. Ausgabe Mai 1976, gebaute Leitungsschutzschalter der Charakteristik U kann kein VDE-Zeichen vergeben werden.

6.3.3.5 Wie erfüllen Leitungsschutzsicherungen der Betriebsklasse gG die Zuordnungsbedingungen?

Um der Zuordnungsbedingung (2) $I_2 \leq 1{,}45\,I_z$ entgegenzukommen, wurde international in IEC 269-1 (EN 60269-1, Entwurf DIN VDE 0636-104 (**VDE 0636 Teil 104**):1987-12) für Sicherungseinsätze der Betriebsklasse gL (heute gG, siehe Abschnitt 6.2.1.1.3 dieses Buchs) der große Prüfstrom für Nennstromstärken größer 10 A bis 25 A von $1{,}75\,I_n$ auf $1{,}6\,I_n$ gesenkt. Der Wert $1{,}6\,I_n$ hatte für alle Nennstromstärken größer 25 A schon immer Gültigkeit. Mit einem großen Prüfstrom von $1{,}6\,I_n$ wird die Zuordnungsbedingung (2) $I_2 \leq 1{,}45\,I_z$ jedoch immer noch nicht vereinfacht. Die einfache Zuordnung $I_n \leq I_z$ ist damit nicht gegeben.
Da mit der Überarbeitung der IEC-Publikation für Niederspannungssicherungen früher als mit der für Leitungsschutzschalter begonnen wurde, konnte der Auslösestrom $1{,}45\,I_n$ in der neuen IEC 269-1 nicht mehr verankert werden; er fehlt deshalb auch in EN 60269-1-1989 und somit ebenfalls in DIN VDE 0636-10 (**VDE 0636 Teil 10**):1992-07.
Im Hinblick auf DIN VDE 0100-430 wurden deshalb im Mai 1989 national drei Entwürfe herausgegeben, und zwar die Änderungen Teil 21 A4, Teil 31 A3 und Teil 41 A3 zu DIN VDE 0636. Danach lösten in Deutschland genormte Sicherungen innerhalb der festgelegten Prüfdauer bei $1{,}45\,I_n$ aus.
Da die Messung mit dem großen Prüfstrom nach DIN VDE 0636-1 (**VDE 0636 Teil 1**):1983-12 und DIN VDE 0636-10 (**VDE 0636 Teil 10**):1992-07 am Sicherungseinsatz vorgenommen wurde, ergab sich keine direkte Aussage über das Verhalten der kompletten Überstrom-Schutzeinrichtung. Aus diesem Grund wurde in den Entwürfen Teil 21 A4, Teil 31 A3 und Teil 41 A3 von DIN VDE 0636 eine zusätzliche Prüfung aufgenommen. Durch sie wurde nachgewiesen, daß die komplette Sicherung bei $1{,}45\,I_n$ innerhalb der konventionellen Prüfdauer auslöst. Diese Prüfung war identisch mit der bei Leitungsschutzschaltern nach DIN VDE 0641/A4 (**VDE 0641/A4**):1989-11.

Weil wegen der bestehenden Stillstandsvereinbarungen und der fortgeschrittenen Arbeiten bei der IEC eine Veröffentlichung der vorgenannten Entwürfe als Weißdruck und auch eine Ermächtigung nicht möglich waren, konnte der Nachweis der Übereinstimmung der Sicherungseinsätze mit dem Inhalt der Entwürfe durch eine Konformitätsbescheinigung des Herstellers erbracht werden.
Erfreulicherweise ist auch diese Übergangslösung vorüber. Im Rahmen der fortschreitenden Harmonisierung liegt nun für die Niederspannungssicherungen des NH-Systems DIN VDE 0636-201 (**VDE 0636 Teil 201**):1998-06 und für die Niederspannungssicherungen des D-Systems (D und D0) DIN VDE 0636-301 (**VDE 0636 Teil 301**):1998-01 vor.
In beiden Normen wird der zuvor beschriebene Sachverhalt berücksichtigt. Jeweils im Unterabschnitt 8.4.3.5 wird in den Normen in einer Anmerkung darauf hingewiesen, daß von einigen Ländern eine zusätzliche spezielle Prüfung gefordert werden kann, um nachzuweisen, daß Sicherungen und Leitungsschutzschalter gleichwertige Schutzeinrichtungen sind. Jeweils im informativen Anhang A sind die Sonderprüfungen dann beschrieben. Sie werden im Gegensatz zu den allgemeinen Festlegungen in DIN VDE 0636-10, wonach die Prüfungen am Sicherungseinsatz vorgenommen werden, nunmehr mit der „kompletten" Überstrom-Schutzeinrichtung ausgeführt. Bei den D-Sicherungen wird z. B. am Sicherungseinsatz mit Sicherungssockel, Schraubkappe, Paßorgan und Abdeckung geprüft.
Bei der Prüfung fließt zunächst ein Prüfstrom von 1,13 I_n während der konventionellen Prüfdauer durch die Sicherung, wobei der Sicherungseinsatz nicht auslösen darf. Danach wird der Prüfstrom innerhalb von 5 s stetig auf 1,45 I_n gesteigert. Nun muß der Sicherungseinsatz innerhalb der konventionellen Prüfdauer ausschalten. Hiermit wird der Nachweis erbracht, daß Sicherungen und Leitungsschutzschalter gleichwertige Überstrom-Schutzeinrichtungen sind. Wie bei Leitungsschutzschaltern ist die Zuordnungsbedingung (2) (siehe Abschnitt 6.3.2.1 dieses Buchs) dadurch ganz einfach $I_n \leq I_z$, da nun für die Sicherung als großer Prüfstrom $I_2 = 1{,}45\, I_n$ eingesetzt werden kann.

6.3.3.6 Wie erfüllen Leistungsschalter die Zuordnungsbedingungen?

Der große Prüfstrom von Leistungsschaltern nach DIN VDE 0660-101 liegt bei 1,3 I_n (siehe Abschnitt 6.2.1.3 dieses Buchs). Somit ist die einfache Zuordnung mit $I_n \leq I_z$ möglich.
Für Leistungsschalter nach DIN VDE 0660-101 kann kein VDE-Zeichen vergeben werden.

6.3.4 Schutz von parallelgeschalteten Leitern (DIN VDE 0100-430, Abschnitt 5.3, und DIN VDE 0298-4, Unterabschnitt 4.3.3)

Sofern mehrere parallelgeschaltete Leiter an einer gemeinsamen Schutzeinrichtung zum Schutz bei Überlast liegen, gilt nach DIN VDE 0100-430, Abschnitt 5.3, die Summe der Strombelastbarkeitswerte der parallelgeschalteten Leiter als Strombelastbarkeit I_Z. Diese Vorgehensweise ist jedoch nur zulässig, wenn die parallelgeschalteten Leiter dieselben elektrischen Eigenschaften haben und auf ihrem Verlauf die gleichen Verlegebedingungen aufweisen und wenn keine Abzweige vorhanden sind.

Unter den elektrischen Eigenschaften sind dabei zu verstehen

- Leiterquerschnitte
- Leitermaterial (Werkstoff)

Unter gleichen Verlegebedingungen sind gemeint

- Länge (etwa gleiche Länge)
- Verlegeart
- Umgebungstemperatur

Die vorgenannten Bedingungen gewährleisten die gleichmäßige Aufteilung des Belastungsstroms auf die parallelgeschalteten Leiter.

In DIN VDE 0298-4 werden die bei der Parallelschaltung einzuhaltenden Anforderungen weiter konkretisiert. Zunächst gilt auch hier die Forderung, daß Maßnahmen zur gleichmäßigen Aufteilung des Belastungsstroms auf die Leiter getroffen werden müssen, sofern in einem Stromkreis zwei oder mehr Leiter mit demselben Außenleiter oder Pol eines Stromnetzes verbunden werden.

Die vorgenannte Anforderung gilt als erfüllt, wenn die Leiter

- aus demselben Werkstoff sind (Leitermaterial)
- denselben Nennquerschnitt aufweisen
- etwa die gleiche Länge haben
- auf der gesamten Stromkreislänge nicht verzweigen

Außerdem ist zu berücksichtigen, daß

- die parallelgeschalteten Leiter in mehradrigen oder verseilten einadrigen Kabeln oder Leitungen enthalten sind oder
- die parallelgeschalteten Leiter in einadrigen Kabeln oder Leitungen bei eng gebündelter oder ebener Anordnung einen Nennquerschnitt $\leq 50\ mm^2$ aufweisen oder
- die parallelgeschalteten Leiter in einadrigen Kabeln oder Leitungen bei eng gebündelter oder ebener Anordnung einen höheren Nennquerschnitt als $50\ mm^2$ aufweisen und gleichzeitig besondere Verlegemaßnahmen getroffen sind. Diese Verlegemaßnahmen bestehen aus einer geeigneten Phasenfolge und räumlichen Anordnung der unterschiedlichen Außenleiter oder Pole.

Parallelgeschaltete Kabel und Leitungen werden aus Gründen der Wirtschaftlichkeit oft nicht einzeln abgesichert, was immer zu einem ausreichenden Schutz bei Überlast führen würde. Eine gemeinsame Überstrom-Schutzeinrichtung hat den Nachteil, daß bei Überlast oder Kurzschluß die gesamte Versorgung bis zum Beheben des Fehlers abgeschaltet wird. Es muß daher sichergestellt sein, daß bei der Parallelschaltung gemeinsam geschützter Kabel oder Leitungen ein einzelnes Kabel oder eine einzelne Leitung (auch eine einzelne Ader) die Stromversorgung nicht allein übernimmt. Daher ist auf sichere Anschlüsse an den Anschlußstellen zu achten, damit sich während des Betriebs nichts lockern oder lösen kann.
Die Parallelschaltung von Kabeln und Leitungen zur Querschnittsverstärkung ist meist erst bei großen Querschnitten, etwa ab 95 mm², üblich. Das erleichtert Verlegungs- und Montagearbeiten. Solche Fälle können z. B. in Schalt- und Verteileranlagen vorkommen und bei Versorgung leistungsstarker Verbrauchsmittel in industriellen Anlagen. Auch in bestehenden Anlagen, in denen durch eine Leistungserhöhung in der Anlage eine Querschnittsverstärkung bereits verlegter Kabel und Leitungen erforderlich wird, kann die Parallelschaltung zweckmäßig sein, und zwar hier schon ab etwa 25 mm². Die Parallelschaltung noch kleinerer Querschnitte soll zwar grundsätzlich nicht ausgeschlossen werden, jedoch ist sie – vor allem im Bereich der Hausinstallation – wohl mehr eine Behelfslösung, unter der die Übersichtlichkeit leidet.
Die Parallelschaltung setzt außer den in DIN VDE 0100-430, Abschnitt 5.3, und DIN VDE 0298-4, Unterabschnitt 4.3.3, genannten Bedingungen voraus, daß die Kabel und Leitungen nicht einzeln betrieben werden können. Auch das Abklemmen einer einzelnen fehlerhaften Leitung (Kabel) führt zu einer Überlastung der verbleibenden Leitung (Kabel). Deshalb muß in solchen Fällen die Überstrom-Schutzeinrichtung in ihrem Nennstrom neu angepaßt werden.
Zwei Ausführungsvarianten sind möglich:

Variante 1
Die parallelgeschalteten Leiter sind in mehradrigen oder verseilten einadrigen Kabeln und Leitungen enthalten.

Lösung 1a
Jede Leitung enthält alle Außenleiter und ggf. Neutral-(N-), Schutz-(PE-) oder PEN-Leiter eines Systems (**Bild 6.20**). Der Schutzleiter (PE) könnte auch getrennt von den übrigen Leitungen verlegt werden. Geschieht das nicht, ist es besonders wichtig, daß jede Leitung einen Schutzleiter enthält, damit auch bei der Montage und Demontage einzelner Leitungen immer eine Schutzleiterverbindung verbleibt.

Lösung 1b
Die Adern einer Leitung werden zur Verstärkung derselben Strombahn parallelgeschaltet (**Bild 6.21**). Die grün-gelben Adern oder konzentrischen Leiter dürfen für die Querschnittsverstärkung der Außen- und Neutralleiter nicht verwendet werden. Diese Art der Parallelschaltung ist deshalb nur bei O-Leitungen sinnvoll. Der Schutzleiter bzw. PEN-Leiter muß bei dieser Lösung von den übrigen Leitern getrennt ver-

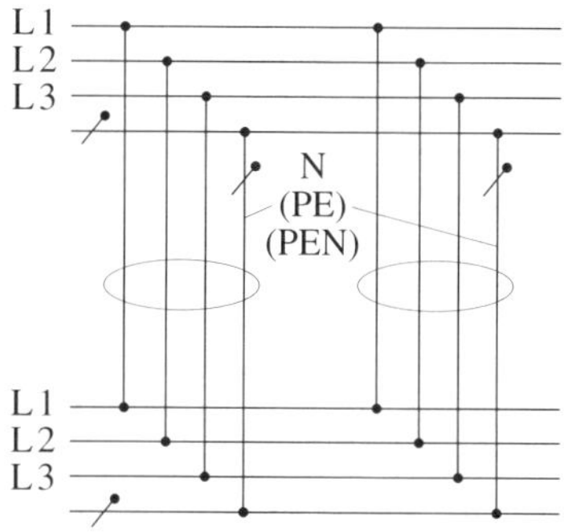

Bild 6.20 Beispiel für Parallelschaltung von zwei 4adrigen Leitungen mit je einem Neutral-, Schutz- oder PEN-Leiter

legt werden. Auch als alleinigen Schutzleiter oder zur Verstärkung des Schutzleiters darf man die grün-gelbe Ader oder den konzentrischen Leiter einer ggf. eingesetzten J-Leitung nicht verwenden. Das hat nicht nur Übersichtlichkeitsgründe, sondern durch die nur in einer Richtung stromführenden Leiter im Schutzleiter würde eine Spannung induziert, die zu einer Gefahr beim Berühren der Körper führen kann und auch Ausgleichsströme zwischen den Schutzleiterzweigen verursacht.

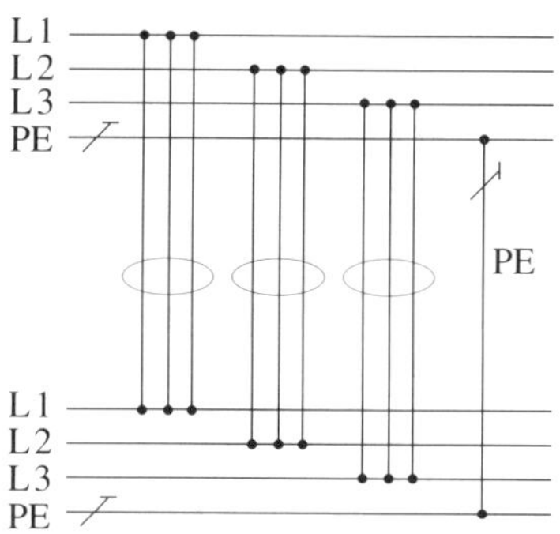

Bild 6.21 Beispiel für Parallelschaltung von drei Leitungen, deren Adern je Leitung parallelgeschaltet sind

Bei Leitungen mit Stahlbewehrung ist diese Schaltung ebenfalls nicht empfehlenswert. Durch Wirbelstrombildung treten dann Zusatzverluste und somit erhebliche Erwärmungen auf, die sowohl der Leitung als auch ihrer Umgebung schaden können.

Variante 2
Es werden die Leiter einadriger Kabel und Leitungen bei eng gebündelter oder ebener Anordnung parallelgeschaltet. Diese Art der Parallelschaltung ist bei Querschnitten unter 50 mm² zulässig. Bei Querschnitten über 50 mm² ist auf eine geeignete Phasenfolge und räumliche Anordnung der unterschiedlichen Außenleiter zu achten (siehe Lösung 1b der Variante 1).

Beispiel
Welche Nennstromstärke ist für die gemeinsamen Leitungsschutzsicherungen der Betriebsklasse gG zum Schutz bei Überlast zu wählen für zwei parallelgeschaltete Drehstromkabel gleicher Art (Leiterquerschnitt, Leitermaterial, Aufbau, Isolationsmaterial) mit einem Leiterquerschnitt von 35 mm² Cu, der Referenzverlegeart C und einer Umgebungstemperatur von 25 °C?

Ermittlungsgang:
Für das einzelne Kabel ist nach Tabelle A.2 des normativen Anhangs A von DIN VDE 0298-4 (siehe Tabelle 5.22 aus Abschnitt 5.4.4.1 dieses Buchs) eine zulässige Strombelastbarkeit I_z von 126 A gegeben. Da der große Prüfstrom I_2 einer Leitungsschutzsicherung der Betriebsklasse gG 1,45 I_n beträgt, ist die zweite Zuordnungsbedingung somit $I_n \leq I_z$. Der Nennstrom I_n der Leitungsschutzsicherung kann daher 125 A sein.
Die Addition der Nennstromstärken beider Kabel ergibt eine Nennstromstärke von 250 A für die gemeinsame Schutzeinrichtung zum Schutz bei Überlast (**Bild 6.22**). Mit dieser ganz einfachen Rechenmethode liegt man immer auf der sicheren Seite. Eine bessere Ausnutzung der Querschnitte kann sich ergeben, wenn man exakt nach dem Wortlaut von DIN VDE 0100-430, Abschnitt 5.3, vorgeht und als Strombelastbarkeit I_z die Summe der Strombelastbarkeitswerte der parallelgeschalteten Leiter berücksichtigt. Im Beispiel bringt diese Vorgehensweise allerdings keinen Vorteil.
Sind Art, Länge und Querschnitt der parallelgeschalteten Leiter unterschiedlich, sind auch ihre Impedanzen verschieden. Der Gesamtstrom wird sich im umgekehrten Verhältnis der Impedanzen auf die einzelnen Leiter aufteilen. Er muß dann so

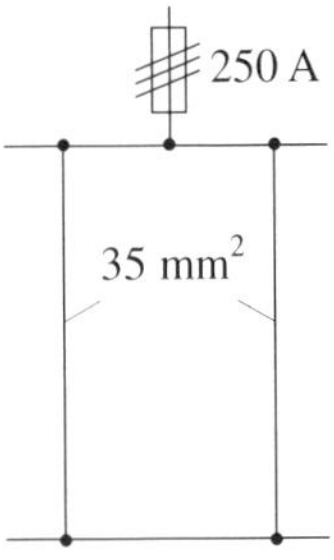

Bild 6.22 Schutz bei Überlast von parallelgeschalteten Kabeln durch eine gemeinsame Überstrom-Schutzeinrichtung

begrenzt werden, daß kein Leiter überlastet wird. Der zulässige Gesamtstrom kann mit Hilfe der Kirchhoffschen Regel anhand der zulässigen Strombelastbarkeit der einzelnen Leiter sowie den aus deren Art, Querschnitt und Länge zu ermittelnden ohmschen und induktiven Widerständen errechnet werden. Er ist dann als I_z in die Formel $I_2 \leq 1{,}45\, I_z$ zur Ermittlung der gemeinsamen Schutzeinrichtung zum Schutz bei Überlast einzusetzen.

Sind nur zwei Leiter parallel verlegt und ist nur der Querschnitt unterschiedlich, führt auch das folgende, einfache Verfahren zu einem auf der sicheren Seite liegenden Ergebnis.

Die Querschnitte der beiden Leiter werden addiert, und der unterhalb des ermittelten Summenquerschnitts liegende Normquerschnitt wird zur Bestimmung der gemeinsamen Schutzeinrichtung zum Schutz bei Überlast herangezogen.

Beispiel

Welche Nennstromstärke ist für die gemeinsamen Leitungsschutzsicherungen der Betriebsklasse gG zum Schutz bei Überlast zu wählen, wenn parallel zu einem existierenden Drehstromkabel von 95 mm² Cu ein Kabel mit 35 mm² Cu desselben Typs auf derselben Strecke (Referenzverlegeart C) zusätzlich neu verlegt wird? Die Umgebungstemperatur beträgt 25 °C.

Ermittlungsgang:

Die Summe beider Querschnitte beträgt 130 mm². Der nächstniedrigere Normquerschnitt ist 120 mm². Er darf nach DIN VDE 0298-4 bei 25 °C Umgebungstemperatur bei der Verlegeart C mit 275 A belastet werden. Da bei Leitungsschutzsicherungen der Betriebsklasse gG der große Prüfstrom $I_2 = 1{,}45\, I_n$ beträgt, darf der Nennstrom I_n der Sicherungen kleiner bis gleich I_z sein. Somit darf ein Nennstrom von 250 A als gemeinsame Schutzeinrichtung zum Schutz bei Überlast für die beiden parallel verlegten Kabel gewählt werden.

Sind nur die Querschnitte ungleich, wird die Leitung mit dem größten Querschnitt, d. h. die pro Quadratmillimeter am geringsten belastbare, bei steigendem Strom zuerst an die Grenze der zulässigen Strombelastbarkeit stoßen. Die kleineren Querschnitte sind nicht voll ausnutzbar (insgesamt also keine sehr wirtschaftliche Lösung). Der zulässige Gesamtstrom kann dann ausreichend genau errechnet werden nach

$$I_{z\,ges} = I_{S\,max}\left(1 + \frac{S_1}{S_{max}} + \frac{S_2}{S_{max}} + \ldots + \frac{S_n}{S_{max}}\right)$$

mit

$I_{S\,max}$ zulässige Strombelastbarkeit der Leitung mit dem größten Querschnitt

S_{max} größter Querschnitt

$S_1, S_2 \ldots S_n$ Querschnitte der übrigen Leitungen

Für das Beispiel ergibt sich somit ein zulässiger Gesamtstrom von

$$I_{z\,ges} = I_{S\,max}\left(1 + \frac{S_1}{S_{max}}\right)$$

$$I_{z\,ges} = 236\left(1 + \frac{35}{95}\right)$$

$$\underline{\underline{I_{z\,ges} = 323\text{ A}}}$$

Als gemeinsame Überstrom-Schutzeinrichtung zum Schutz bei Überlast für die beiden parallel verlegten Kabel kann nach der genaueren Methode eine Nennstromstärke von 315 A gewählt werden. Das Beispiel zeigt, daß bei der einfachen Berechnung eine um eine Stufe geringere Nennstromstärke (250 A) erreicht wird. Allerdings liegt das einfachere Verfahren auf der sicheren Seite.
Falls bei der Parallelschaltung von Leitern mit einer gemeinsamen Schutzeinrichtung zum Schutz bei Überlast keine *gemeinsame* Schutzeinrichtung für den Schutz bei Kurzschluß vorgesehen wird, können die in den einzelnen Leitern liegenden Schutzeinrichtungen für den Schutz bei Kurzschluß im Fehlerfall einzelne Leiter abschalten. Die in der Parallelschaltung verbleibenden Leiter wären nicht mehr ausreichend bei Überlast geschützt. Deshalb darf dann auch keine gemeinsame Schutzeinrichtung zum Schutz bei Überlast gewählt werden. Es müssen statt dessen in den einzelnen Leitern Schutzeinrichtungen zum Schutz bei Überlast angeordnet werden, und zwar am Anfang oder am Ende der Parallelschaltstrecken (siehe auch Abschnitt 6.4.4.5 dieses Buchs).

6.3.5 Anordnung der Schutzeinrichtungen zum Schutz bei Überlast (DIN VDE 0100-430, Abschnitt 5.4)

6.3.5.1 Allgemeines (DIN VDE 0100-430, Unterabschnitt 5.4.1)

An allen Stellen, an denen die Strombelastbarkeit gemindert wird, müssen immer dann Schutzeinrichtungen zum Schutz bei Überlast eingebaut werden, wenn eine vorgeschaltete Schutzeinrichtung den Überlastschutz nicht sicherstellen kann. Folgende Ausnahmen hiervon werden in DIN VDE 0100-430 ermöglicht:

- Versetzen der Schutzeinrichtungen zum Schutz von Kabeln und Leitungen (siehe Abschnitt 6.3.5.2 dieses Buchs)
- Fälle, in denen auf die Schutzeinrichtung zum Schutz bei Überlast verzichtet werden darf (siehe Abschnitt 6.3.6 dieses Buchs)
- Anordnung oder Wegfall der Schutzeinrichtungen zum Schutz bei Überlast in IT-Systemen (Netzen) (siehe Abschnitt 6.3.7 dieses Buchs)

Als Ursachen für eine Minderung der Strombelastbarkeit können auftreten (**Bild 6.23**):

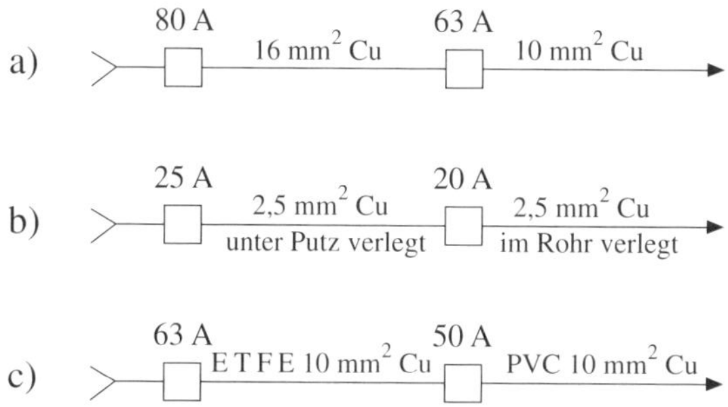

Bild 6.23 Minderung der Strombelastbarkeit
a) Verringerung des Leiterquerschnitts
b) andere Verlegeart
c) anderer Aufbau der Kabel und Leitungen (Leiterisolierung, Aderzahl)

- Verringerung des Leiterquerschnitts
- andere Art der Verlegung
- anderer Aufbau der Kabel und Leitungen (Leiterisolierung, Aderzahl)

Bei nur querschnittsgleicher Verzweigung, wenn also der Leiterquerschnitt der einzelnen Leitung nicht verringert wird, vermindert sich die Strombelastbarkeit nicht, wenn die Leiter im weiteren Verlauf parallel verlegt werden.
Ein Beispiel für einen nicht querschnittsgleichen Abzweig zeigt **Bild 6.24**. Die Überstrom-Schutzeinrichtung M schützt den Abzweig S_2 (Länge $\overline{OV}$) bei Kurzschluß und den Leitungsabschnitt S_1 bei Kurzschluß und Überlast. Für den Schutz bei Überlast des Abzweigs S_2 braucht die Schutzeinrichtung V zum Schutz bei Überlast nicht mehr am Anfang der Leitung (O) zu sein.

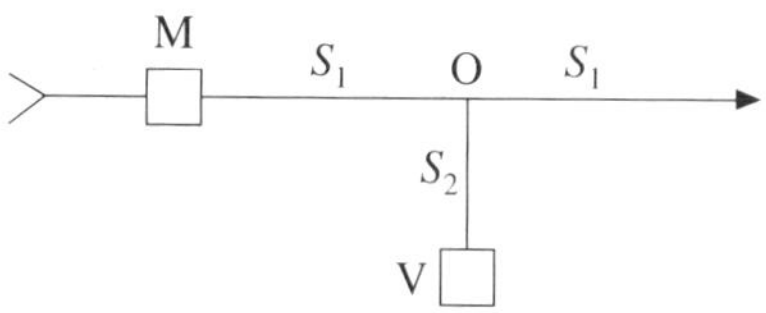

Bild 6.24 Zulässige Anordnung der Schutzeinrichtung V zum Schutz bei Überlast

6.3.5.2 Versetzen der Schutzeinrichtungen zum Schutz von Kabeln und Leitungen (DIN VDE 0100-430, Unterabschnitt 5.4.2)

Schutzeinrichtungen zum Schutz bei Überlast dürfen im Zuge der zu schützenden Leitung angeordnet werden, wenn der Leitungsabschnitt zwischen der Änderung
- des Leitungsquerschnitts oder
- der Verlegeart oder
- des Aufbaus der Leitung (Leiterisolierung, Aderzahl)

und der Schutzeinrichtung weder Abzweige noch Steckvorrichtungen enthält. Dabei muß *zusätzlich* eine der beiden folgenden Bedingungen erfüllt sein:

- Der besagte Leitungsabschnitt muß bei Kurzschluß geschützt sein (siehe Abschnitt 6.4 dieses Buchs).
- Der besagte Leitungsabschnitt darf nicht mehr als 3 m lang sein und muß so ausgeführt werden, daß die Kurzschlußgefahr auf ein Minimum herabgesetzt ist. Außerdem darf der Leitungsabschnitt nicht in der Nähe brennbarer Stoffe verlegt sein (siehe auch Abschnitt 6.4.4.2 dieses Buchs).

Ein Beispiel für das zulässige Versetzen der Schutzeinrichtung zum Schutz bei Überlast zeigt **Bild 6.25**. Die Überstrom-Schutzeinrichtung M_1 schützt den Leitungsabschnitt S_1 bei Kurzschluß. Die Überstrom-Schutzeinrichtung M_2 schützt den gesamten Leitungsabschnitt S_1 bei Überlast und den Abzweig S_2 bei Kurzschluß. Für den Schutz bei Überlast des Abzweigs S_2 braucht die Schutzeinrichtung V für den Schutz bei Überlast dann nicht mehr am Anfang der Leitung S_2 zu sein.

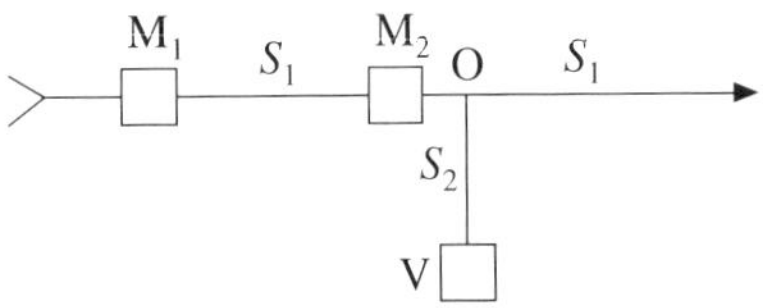

Bild 6.25 Zulässiges Versetzen der Schutzeinrichtung V zum Schutz bei Überlast

Nicht statthaft ist die Anordnung der Schutzeinrichtung V zum Schutz bei Überlast nach **Bild 6.26**. Der Abzweig S_2 wird zwar durch die Überstrom-Schutzeinrichtung M bei Kurzschluß geschützt, aber vor der Schutzeinrichtung zum Schutz bei Überlast ist ein Abzweig vorhanden.

Ebenfalls *nicht statthaft* ist die Anordnung der Schutzeinrichtung V zum Schutz bei Überlast nach **Bild 6.27**. Der Abzweig S_2 wird zwar durch die Überstrom-Schutzeinrichtung M bei Kurzschluß geschützt, aber nicht bei Überlast, da vor der Schutzeinrichtung V zum Schutz bei Überlast eine Steckvorrichtung vorhanden ist.

Statthaft dagegen ist das Versetzen der Schutzeinrichtung V zum Schutz bei Überlast nach **Bild 6.28**. Die Überstrom-Schutzeinrichtung M braucht den Abzweig S_2 nicht bei Kurzschluß zu schützen, wenn S_2 so ausgeführt ist, daß die Kurzschlußgefahr

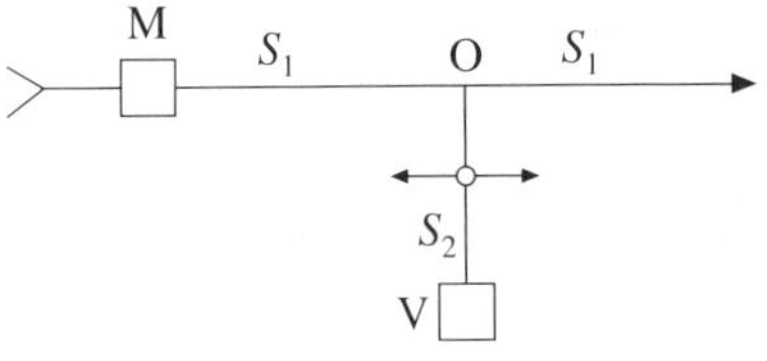

Bild 6.26 Unzulässiges Versetzen der Schutzeinrichtung V zum Schutz bei Überlast

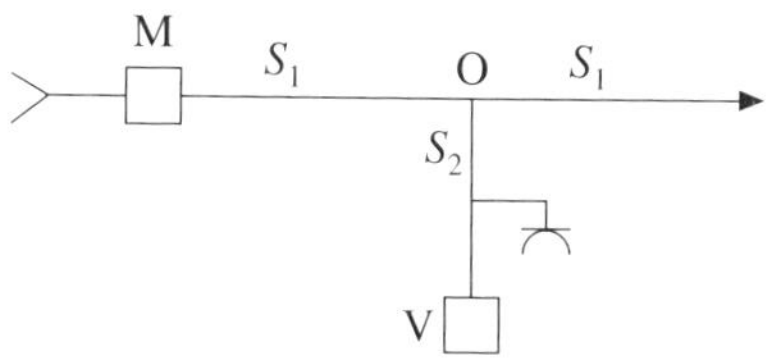

Bild 6.27 Unzulässiges Versetzen der Schutzeinrichtung V zum Schutz bei Überlast

auf ein Minimum herabgesetzt ist. Nur der Leitungsabschnitt S_1 ist durch die Überstrom-Schutzeinrichtung M bei Kurzschluß und Überlast geschützt.
In der alten Ausgabe Juni 1981 von DIN VDE 0100-430 (**VDE 0100 Teil 430**) wurde noch der bekannte Begriff „kurzschluß- und erdschlußsicher" verwendet. In der neuen Ausgabe November 1991 von DIN VDE 0100-430 (**VDE 0100 Teil 430**) ist die bei CENELEC gebräuchliche Formulierung verwendet worden, wonach die Verlegungsweise von Kabeln und Leitungen so auszuführen ist, daß die bei Kurzschluß mögliche Gefahr für Personen und Sachen auf ein Minimum herabgesetzt wird.

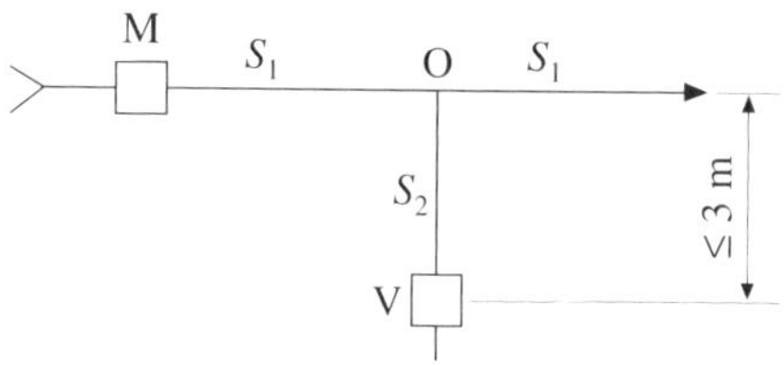

Bild 6.28 Zulässiges Versetzen der Schutzeinrichtung V zum Schutz bei Überlast

Bei kurzschluß- und erdschlußsicherer Verlegung gemäß der alten DIN VDE 0100-520 (**VDE 0100 Teil 520**):1985-11 ist die Forderung, daß die Kurzschlußgefahr auf ein Minimum herabgesetzt ist, erfüllt. Leider sind in der neuen Ausgabe Januar 1996 von DIN VDE 0100-520 (**VDE 0100 Teil 520**) keine Angaben über das kurzschluß- und erdschlußsichere Verlegen mehr zu finden.
Kurzschluß- und erdschlußsicher sind nach DIN VDE 0100 Teil 200 Betriebsmittel oder Strombahnen, bei denen durch Anwenden geeigneter Maßnahmen oder Mittel unter bestimmungsgemäßen Betriebsbedingungen weder ein Kurzschluß noch ein Erdschluß zu erwarten ist.
Die alte DIN VDE 0100-520 (**VDE 0100 Teil 520**):1985-11 konkretisierte die geeigneten Maßnahmen und Mittel. Sie können in Ermangelung konkreter Ausführungen in DIN VDE 0100-520 (**VDE 0100 Teil 520**):1996-01 weiterhin zur Anwendung kommen.
Folgende Verlegearten galten nach DIN VDE 0100-520 (**VDE 0100 Teil 520**):1985-11 als kurzschluß- und erdschlußsicher:

- Anordnungen aus starren Leitern, bei denen die gegenseitige Berührung (Kurzschluß) und die Berührung mit geerdeten Teilen (Erdschluß) verhindert ist, z. B. durch Abstandshalter oder ausreichende Abstände
- Leiteranordnungen aus Aderleitungen, bei denen die gegenseitige Berührung und die Berührung mit geerdeten Teilen verhindert ist, z. B. durch Abstandshalter gehaltene ausreichende Abstände oder durch Führen in getrennten Elektro-Installationsrohren bzw. -kanälen oder deren getrennten Zügen
- Leiteranordnungen aus Aderleitungen geeigneter Bauart; häufig verwendete Leitung ist die Sonder-Gummiaderleitung NSGAFÖU mit mindestens 3 kV Nennspannung
- Anordnungen aus einadrigen Kabeln, einadrigen Mantelleitungen oder einadrigen Gummischlauchleitungen mindestens der Bauart H07RN-F
- Mantelleitungen und Kabel, die zugänglich und nicht in der Nähe brennbarer Stoffe verlegt sind und bei denen die Gefahr einer mechanischen Beschädigung durch geeignete Maßnahmen verhindert ist; hierunter fällt beispielsweise die Verlegung in abgeschlossenen elektrischen Betriebsstätten
- Anordnungen von Leitungen und Kabeln, die ohne Gefahr für die Umgebung ausbrennen können, gelten im Hinblick auf die erreichte Sicherheit als gleichwertig zum kurzschluß- und erdschlußsicheren Verlegen

Aus Gründen des erhöhten Montage- und damit Kostenaufwands sind starre Leiter, z. B. Schienen, in den meisten Fällen ungeeignet. Bei Aderleitungen muß durch geeignete Leitungshalter ein gegenseitiges Berühren und ein Berühren mit geerdeten Bauteilen verhindert werden. Werden diese Leitungen in Kanälen geführt, sind getrennte Isolierstoffkanäle erforderlich.

Als wirtschaftliche Lösung bietet sich meist die Sonder-Gummiaderleitung NSGAFÖU für eine Nennspannung von 3 kV an. Bei dieser Leitung ist ein gegenseitiges Berühren oder Berühren geerdeter Metallteile erlaubt. Sie kann deshalb auch als ungesicherte Leitung in Leitungskanälen gemeinsam mit anderen Leitungen verlegt werden.

Diese Leitungsbauart war ursprünglich für die Anwendung in Schienenfahrzeugen und Oberleitungs-Bussen konzipiert. Die hohen Beanspruchungen, denen die Leitungen hier ausgesetzt werden, und die daraus resultierenden Sicherheitsanforderungen befähigen sie ganz besonders für den Einsatz als ungesicherte und kurzschlußsichere Leitung.

Wo in besonderen Fällen aufgrund der Verlegeart nicht mit einer mechanischen Beschädigung der Leitung zu rechnen ist, können auch schutzisolierte Mehraderleitungen ausreichen.

6.3.6 Fälle, in denen auf die Schutzeinrichtung zum Schutz bei Überlast verzichtet werden darf (DIN VDE 0100-430, Abschnitt 5.5)

Nach DIN VDE 0100-430 gibt es in der Praxis vier Fälle, in denen auf die Schutzeinrichtungen zum Schutz bei Überlast verzichtet werden darf.

Fall 1

Schutzeinrichtungen zum Schutz bei Überlast dürfen in Kabeln und Leitungen entfallen, die hinter einer Änderung

- des Leiterquerschnitts oder
- der Verlegeart oder
- des Aufbaus (Leiterisolierung, Aderzahl)

von Kabeln und Leitungen liegen und wenn diese durch eine vorgeschaltete Überstrom-Schutzeinrichtung wirksam bei Überlast geschützt sind.

Ein Beispiel zeigt **Bild 6.29**. Die Überstrom-Schutzeinrichtung M schützt den verringerten Leiterquerschnitt des Abzweigs S_2 bei Überlast. Auf eine eigene Schutzeinrichtung zum Schutz bei Überlast für S_2 darf verzichtet werden.

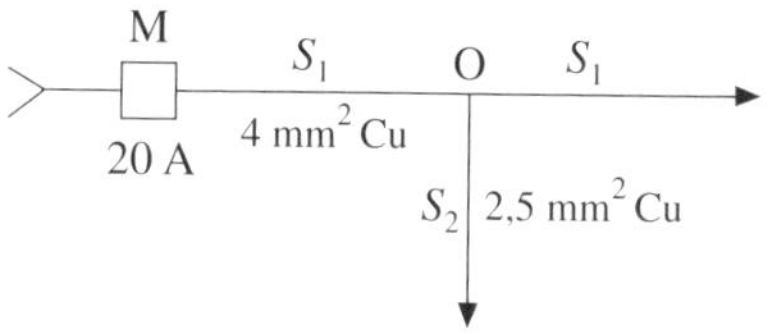

Bild 6.29 Schutzeinrichtung zum Schutz bei Überlast nicht erforderlich – zulässiger Verzicht

Fall 2

Schutzeinrichtungen zum Schutz bei Überlast dürfen in Kabeln und Leitungen entfallen, in denen nicht mit dem Auftreten von Überlastströmen gerechnet werden muß. Hierbei gibt es allerdings eine wichtige Voraussetzung zu erfüllen:

Die Kabel dürfen weder Abzweige noch Steckvorrichtungen aufweisen.

Von dieser Ausnahme wird in folgenden Beispielen Gebrauch gemacht. Im Beispiel gemäß **Bild 6.30** ist das Verbrauchsmittel A mit einer eigenen Schutzeinrichtung zum Schutz bei Überlast ausgerüstet und fest angeschlossen. Diese Schutzeinrichtung muß den Abzweig S_2 bei Überlast schützen können.

Im Beispiel gemäß **Bild 6.31** ist bei den fest angeschlossenen Verbrauchsmitteln A nicht mit Überlast zu rechnen. Da der Betriebsstrom der Verbrauchsmittel nicht den Wert der Strombelastbarkeit der Leitung überschreitet, brauchen die Leitungen $\overline{OP}$ nicht durch Schutzeinrichtungen zum Schutz bei Überlast geschützt zu werden. Beispiele für solche Verbrauchsmittel, die immer fest angeschlossen sein müssen, sind:

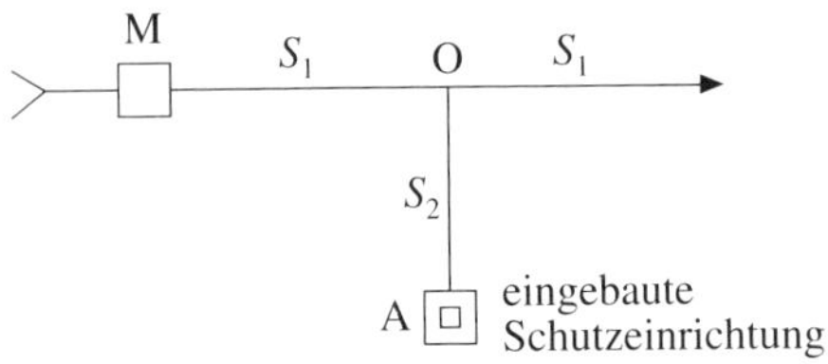

Bild 6.30 Schutzeinrichtung zum Schutz bei Überlast nicht erforderlich – zulässiger Verzicht

- Elektrowärmegeräte wie Heißwasserbereiter, Raumheizgeräte usw.
- Motoren, deren Strom bei blockiertem Läufer die Strombelastbarkeit der Leitung nicht überschreitet, z. B. Motoren für Kabeltrommeln auf Kränen
- Anlagen mit aussetzendem oder kurzzeitigem Betrieb und Dauerbetrieb mit aussetzender oder kurzzeitiger Belastung, z. B. Krananlagen und ähnliche Betriebe, bei denen die Leitungen besonders bemessen sind (siehe Abschnitt 5.4.11.2 dieses Buchs)

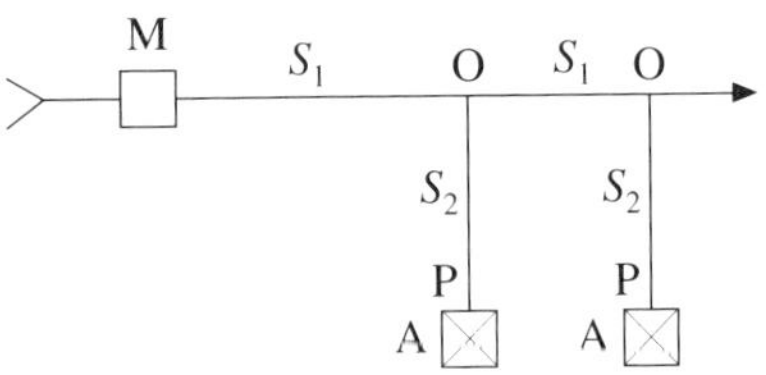

Bild 6.31 Schutzeinrichtung zum Schutz bei Überlast nicht erforderlich –zulässiger Verzicht

Im Beispiel gemäß **Bild 6.32** kann in den Leitungen $\overline{OP}$ kein Überstrom auftreten, da der Abzweig S_2 für die Summe der Nennströme der Schutzeinrichtungen der in P abzweigenden Unterstromkreise ausgelegt ist. Das kann z. B. bei Unterverteilungen gegeben sein (ist aber nicht zweckmäßig).
Im Beispiel gemäß **Bild 6.33** wird eine Leitung von einer Stromquelle gespeist, die keinen höheren Strom als die Strombelastbarkeit der Leitung S_2 liefern kann (z. B.

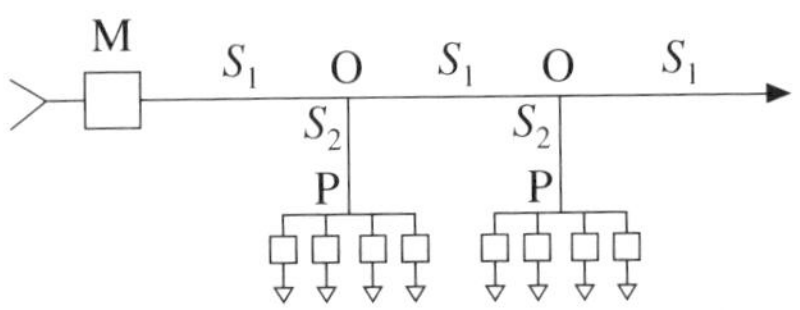

Bild 6.32 Schutzeinrichtung zum Schutz bei Überlast nicht erforderlich – zulässiger Verzicht

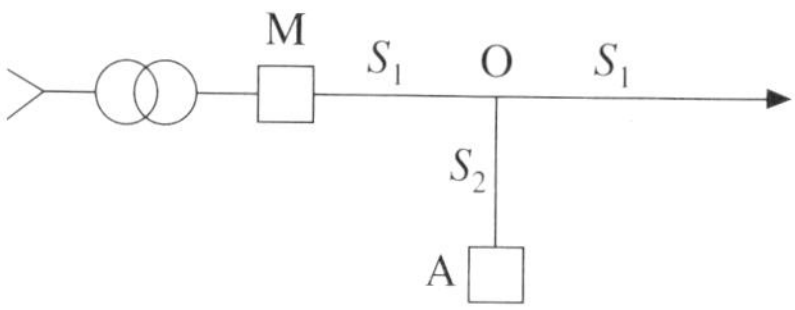

Bild 6.33 Schutzeinrichtung zum Schutz bei Überlast nicht erforderlich – zulässiger Verzicht

Transformator, Generator). In diesem Fall darf die Schutzeinrichtung zum Schutz bei Überlast entfallen (siehe hierzu auch DIN VDE 0100-430, Hauptabschnitt 8 (Abschnitt 6.6 dieses Buchs)) .

Unter den Fall, bei dem mit dem Auftreten von Überlastströmen nicht gerechnet werden muß, fallen auch Verbindungsleitungen zwischen Stromquellen und ihren Schaltanlagen. Als Stromquellen sind dabei zu verstehen:

- Akkumulatoren
- Anlasser
- Gleichrichter
- Generatoren
- Transformatoren

Unter Schaltanlagen versteht man nur Anlagen größeren Ausmaßes. Zählerschränke in der Hausinstallation gehören nicht dazu. Bei den Verbindungsleitungen zwischen den aufgeführten Betriebsmitteln ist meist nur an größere Querschnitte für eine Leistung von mehreren 100 kW und an kürzere Strecken gedacht. Bei kleineren Leistungen wird von dieser Ausnahme vor allem für die Verbindungsleitung zwischen einem Motor und seinem Anlasser Gebrauch gemacht.

Fall 3

Schutzeinrichtungen zum Schutz bei Überlast dürfen in Hilfsstromkreisen entfallen, weil mit dem Auftreten von Überlastströmen dort nicht gerechnet werden muß. Hilfsstromkreise sind Stromkreise für zusätzliche Funktionen, z. B. Steuerstromkreise zur Befehlsgabe und Verriegelung, Melde- und Meßstromkreise. Eine Überlastung der Leitung ist meist nicht zu erwarten, da die Leiterquerschnitte häufig schon aus Gründen der mechanischen Beanspruchung und des Spannungsfalls (oft lange Leitungen) stärker gewählt werden, als es aus Gründen der thermischen Belastbarkeit erforderlich ist.

Fall 4

Schutzeinrichtungen zum Schutz bei Überlast dürfen in öffentlichen Verteilungsnetzen entfallen, wenn diese als im Erdreich verlegte Kabel oder als Freileitung ausgeführt sind.

Überlastete Freileitungen und im Erdreich verlegte Kabel können aufgrund ihrer Verlegeweise kaum eine Gefahr für Sachen oder Personen herbeiführen. Bei diesen besonders in Verteilungsnetzen üblichen Verlegearten läßt sich aber auch ein Schutz

bei Überlast oft nur mit hohem technischem Aufwand verwirklichen. So kann man z. B. in eine Abzweigmuffe praktisch keine Sicherung einbauen und müßte statt der Abzweigmuffe immer einen Verteilerschrank errichten. Der Schutz bei Überlast darf deshalb bei den genannten Verlegearten in Verteilungsnetzen eher nach technisch-wirtschaftlichen Gesichtspunkten gestaltet werden.
Allerdings müssen Leitungen von öffentlichen Verteilungsnetzen, die in Gebäude hineinführen, z. B. Hausanschlußkabel, wegen der dort gegebenen Brandgefahr wieder bei Überlast geschützt sein (siehe DIN VDE 0100-732 [Kabelnetz] und DIN VDE 0211 [Freileitungsnetz]).
Zu berücksichtigen ist somit, daß die Aussage zum Verzicht auf die Überstrom-Schutzeinrichtungen gemäß DIN VDE 0100-430, Abschnitt 5.5d), durch die Aussage in DIN VDE 0100-732, Abschnitt 4.1, wieder eingeschränkt wird. Allgemein heißt es dort zunächst, daß der Querschnitt des Hausanschlußkabels und die Überstrom-Schutzeinrichtungen unter Beachtung von DIN VDE 0298-2 (zwischenzeitlich abgelöst durch DIN VDE 0276-1000) und DIN VDE 0100-430 aufeinander abzustimmen sind. Als Hilfe für die Praxis werden in Tabelle 1 aus DIN VDE 0100-732 (**Tabelle 6.5** dieses Buchs) empfohlene Nennströme von Überstrom-Schutzeinrichtungen zum Schutz bei Überlast bei Verlegung der Kabel in Erde bei üblichen Betriebs- und Verlegebedingungen angegeben. Voraussetzung für die Anwendung der Tabelle ist, daß das Hausanschlußkabel innerhalb von Gebäuden möglichst kurz ist. Möglichst kurz bedeutet dabei eine Kabelverlegung in Luft (Verlegung im Keller mit einer Umgebungstemperatur von maximal 15 °C) auf einer Länge von bis zu 6 m mit Befestigung auf der Wand.
Erfüllen die vorgeschalteten Überstrom-Schutzeinrichtungen auch den Schutz bei Kurzschluß, kann das Hausanschlußkabel auch länger sein. Sollen die im Verteilungsnetz vorgeschalteten Überstrom-Schutzeinrichtungen den Schutz bei Kurzschluß gewährleisten, müssen sie die zulässige Ausschaltzeit für Kurzschlüsse bis 5 s (siehe Abschnitt 6.4.3 dieses Buchs) oder die Bedingungen für die Koordinierung des Schutzes bei Überlast und Kurzschluß (siehe Abschnitt 6.5 dieses Buchs) einhalten.
Bei von Tabelle 1 aus DIN VDE 0100-732 (siehe Tabelle 6.5 dieses Buchs) abweichenden Betriebs- und Verlegebedingungen, z. B. Verlegung der Hausanschlußkabel in Rohr oder Luft auf einer Länge von mehr als 6 m, ist die zulässige Belastbarkeit der Hausanschlußkabel entsprechend zu ermitteln und danach der Nennstrom der Überstrom-Schutzeinrichtungen zum Schutz bei Überlast festzulegen.
In einer Anmerkung wird in DIN VDE 0100-732 darauf hingewiesen, daß es bei abweichenden Betriebs- und Verlegebedingungen in der Regel genügt, den Nennstrom der Überstrom-Schutzeinrichtungen gegenüber den empfohlenen Werten der Tabelle 1 aus DIN VDE 0100-732 um eine Stufe zu reduzieren.
Bei Anschluß mehrerer Hauptleitungen in einem Hausanschlußkasten gilt das Hausanschlußkabel bei Überlast als geschützt, wenn die Summe der Nennströme der Überstrom-Schutzeinrichtungen bei Überlast aller von diesem Hausanschluß abgehenden Hauptleitungen gleich oder kleiner ist als der Nennstrom der für das Hausan-

Nennquerschnitt mm²	Empfohlene Nennströme der Überstrom-Schutzeinrichtungen in A					
	Papier-Masse-Kabel[1]		PVC-Kabel[2]		VPE-Kabel[3]	
	Cu	Al	Cu	Al	Cu	Al
10	80	63	80	–	80	–
16	100	80	100	–	100	–
25	125	80	125	100	125	100
35	160	100	160	100	160	125
50	160	125	160	125	200	160
70	224	160	224	160	224	200
95	250	200	250	200	250	224
120	315	250	315	250	315	250
150	315	250	315	250	315	250

[1] NKBA, NKA, NKLEY bzw. NAKBA, NAKA, NAKLEY nach DIN VDE 0255 (**VDE 0255**)
[2] NYY, NYCWY bzw. NAYY, NAYCWY nach DIN VDE 0271 (**VDE 0271**); NYKY nach DIN VDE 0265 (**VDE 0265**)
[3] NA2XY nach E DIN VDE 0272 (**VDE 0272**); 2XY (nicht genormt)

Die Tabelle gilt für
- Kabelverlegung in Erde
- Kabelverlegung in Luft auf einer Länge bis zu 6 m mit Befestigung auf der Wand, Umgebungstemperatur 15 °C
- Kabel, die nicht auf brennbaren Baustoffen verlegt sind

Tabelle 6.5 Empfohlene Nennströme der Überstrom-Schutzeinrichtungen für den Schutz bei Überlast für Hausanschlußkabel (Quelle: DIN VDE 0100-732 (**VDE 100 Teil 732**):1995-07, Tabelle 1))

schlußkabel zulässigen Überstrom-Schutzeinrichtungen für den Schutz bei Überlast. Für Hausanschlüsse im öffentlichen Verteilungsnetz trifft dies in aller Regel nicht zu.

Überstrom-Schutzeinrichtungen zum Schutz bei Überlast des Hausanschlußkabels dürfen sogar entfallen, wenn aufgrund der Eigenschaften der nachgeschalteten elektrischen Verbrauchsmittel sichergestellt ist, daß das Hausanschlußkabel nicht über die Werte der Tabelle 1 aus DIN VDE 0100-732 (siehe Tabelle 6.5 dieses Buchs) hinaus belastet werden kann. Ein solcher Anwendungsfall kommt bei Wohn- und Zweckbauten im allgemeinen nicht vor.

In der Vorgängerausgabe der DIN VDE 0100-430 (**VDE 0100 Teil 430**) vom Juni 1981 galt diese Ausnahme auch für andere Verteilungsnetze, also nichtöffentliche Verteilungsnetze. Das als Basis für DIN VDE 0100-430 (**VDE 0100 Teil 430**):1991-11 benutzte internationale Schriftstück sieht diese Möglichkeit nicht mehr vor. Es bleibt dem Ermessen des Errichters von Hausanschlüssen in nichtöffentlichen Kabelnetzen überlassen, inwieweit er seine Hausanschlüsse an den Festlegungen von DIN VDE 0100-732 orientiert.

Alle vorgenannten vier Ausnahmefälle, in denen auf die Schutzeinrichtungen zum Schutz bei Überlast verzichtet werden darf, gelten selbstverständlich nicht für solche Anlagen, für die in besonderen Normen abweichende Bedingungen festgelegt sind.

Beispielhaft sind hier die feuer- und explosionsgefährdeten Räume zu nennen. Beispiele für Anlagen, für die abweichende Bedingungen gelten, sind auch solche nach den Normen der Reihe DIN VDE 0108, wie Versammlungsstätten, Geschäftshäuser und Ausstellungsstätten, Gaststätten.

6.3.7 Anordnung oder Wegfall der Schutzeinrichtungen zum Schutz bei Überlast in IT-Systemen (DIN VDE 0100-430, Abschnitt 5.6)

Für IT-Systeme gelten die vorerwähnten Möglichkeiten, Schutzeinrichtungen zum Schutz bei Überlast zu versetzen (siehe Abschnitt 6.3.5.2 dieses Buchs) oder gar ganz auf sie zu verzichten (siehe Abschnitt 6.3.6 dieses Buchs), nicht.
Aber auch hierzu gibt es eine Ausnahme. Die genannten Möglichkeiten in den Abschnitten 6.3.5.2 und 6.3.6 dieses Buchs können doch angewendet werden, wenn

- jeder nicht bei Überlast geschützte Stromkreis durch eine Fehlerstrom-Schutzeinrichtung (RCD) geschützt ist oder
- *alle* von einem solchen Stromkreis gespeisten Betriebsmittel – einschließlich Kabel und Leitungen – der Schutzisolierung gemäß DIN VDE 0100-410 (**VDE 0100 Teil 410**):1997-01, Abschnitt 413.2, genügen.

Das Deutsche Nationale Komitee schlägt hierzu jedoch folgende Änderung des CENELEC-Harmonisierungstexts vor, die zu einer differenzierten Betrachtung führt: Bei versetzter Anordnung der Schutzeinrichtung zum Schutz bei Überlast (siehe Abschnitt 6.3.5.2 dieses Buchs) und bei Wegfall (siehe Abschnitt 6.3.6 dieses Buchs) muß sichergestellt sein, daß in IT-Systemen bei je einem Körperschluß in zwei verschiedenen Betriebsmitteln keine Gefahr durch zu hohe Erwärmung der Kabel und Leitungen auftritt. Ein solcher Schutz ist nach deutscher Meinung gegeben, wenn das Versetzen der Schutzeinrichtung zum Schutz bei Überlast nach Unterabschnitt 5.4.2 b) von DIN VDE 0100-430 vorgenommen wird, der Leitungsabschnitt also zwischen der Änderung des Leiterquerschnitts, der Verlegeart oder des Aufbaus der Leitung (Leiterisolierung, Aderzahl) und der Schutzeinrichtung weder Abzweige noch Steckvorrichtungen enthält *und* seine Länge nicht mehr als 3 m beträgt. Daher ist der Leitungsabschnitt so auszuführen, daß die Kurzschlußgefahr auf ein Minimum herabgesetzt und er nicht in der Nähe brennbarer Stoffe verlegt ist (siehe Abschnitt 6.3.5.2 dieses Buchs).
Ein solcher Schutz ist auch gegeben, wenn der Wegfall der Schutzeinrichtung zum Schutz bei Überlast nach Abschnitt 5.5 a) von DIN VDE 0100-430 erfolgt, also auf die Schutzeinrichtung zum Schutz bei Überlast von Kabeln und Leitungen verzichtet wird, wenn diese hinter einer Änderung

- des Leiterquerschnitts oder
- der Verlegeart oder
- des Aufbaus (Leiterisolierung, Aderzahl)

liegen und durch eine vorgeschaltete Schutzeinrichtung wirksam bei Überlast geschützt sind (siehe Abschnitt 6.3.6 dieses Buchs).
Das Versetzen der Schutzeinrichtung zum Schutz bei Überlast nach Unterabschnitt 5.4.2 a) von DIN VDE 0100-430 – der Leitungsabschnitt zwischen der Änderung des Leiterquerschnitts, der Verlegeart oder des Aufbaus der Leitung (Leiterisolierung, Aderzahl) und der Schutzeinrichtung enthält weder Abzweige noch Steckvorrichtungen und ist gemäß Hauptabschnitt 6 von DIN VDE 0100-430 bei Kurzschluß

geschützt (siehe Abschnitt 6.3.5.2 dieses Buchs) – ist nur zulässig, wenn im Stromkreis

- Fehlerstrom-Schutzeinrichtungen (RCD) oder
- schutzisolierte Betriebsmittel (einschließlich Kabel und Leitungen) verwendet werden oder
- im IT-System eine Isolationsüberwachung zum Einsatz kommt, die beim ersten Fehler abschaltet oder ein akustisches Signal gibt und der Fehler entsprechend den betrieblichen Möglichkeiten unverzüglich beseitigt wird.

Bei Anwendung einer der drei vorgenannten Maßnahmen ist auch der Wegfall der Schutzeinrichtung zum Schutz bei Überlast nach Abschnitt 5.5 b) von DIN VDE 0100-430 – Wegfall der Schutzeinrichtung zum Schutz bei Überlast in Kabeln und Leitungen, in denen mit dem Auftreten von Überlastströmen nicht gerechnet werden muß, vorausgesetzt, daß sie weder Abzweige noch Steckvorrichtungen aufweisen (siehe Abschnitt 6.3.6 dieses Buchs) – zulässig.

6.3.8 Fälle, bei denen der Wegfall von Schutzeinrichtungen zum Schutz bei Überlast aus Sicherheitsgründen empfohlen wird (DIN VDE 0100-430, Abschnitt 5.7)

Wenn die Unterbrechung eines Stromkreises eine Gefahr darstellen kann, sollten Schutzeinrichtungen zum Schutz bei Überlast nicht eingebaut werden. Gegenüber der Vorgängerausgabe Juni 1981 von DIN VDE 0100-430 (**VDE 0100 Teil 430**) wird der Wegfall von Schutzeinrichtungen zum Schutz bei Überlast aus Sicherheitsgründen nur noch empfohlen, nicht mehr gefordert.
In einer Anmerkung 1 wird ebenfalls empfohlen, die Stromkreise beim Wegfall der Schutzeinrichtung zum Schutz bei Überlast so auszulegen, daß mit dem Auftreten von Überlastströmen nicht gerechnet werden muß.
Beispiele für Stromkreise, bei denen die Unterbrechung eine Gefahr darstellen kann, sind

- Sekundärstromkreise von Stromwandlern
- Erregerstromkreise von umlaufenden Maschinen
- Stromkreise, die der Sicherheit dienen
- Speisestromkreise von Hubmagneten

Zu „Sekundärstromkreise von Stromwandlern" (**Bild 6.34**)
Auf die Schutzeinrichtung zum Schutz bei Überlast soll verzichtet werden, da beim Ansprechen der Schutzeinrichtung und primär eingeschaltetem Wandler an dessen Klemmen eine gefährlich hohe Berührungsspannung auftreten kann und der Wandler sich unzulässig erwärmt (Personen- und Brandgefahr).

Zu „Erregerstromkreise von umlaufenden Maschinen" (**Bild 6.35**)
Ein typisches Beispiel ist der Gleichstrom-Nebenschlußmotor.
Die Drehzahl des Ankers ist von der Stärke des magnetischen Felds abhängig. Da dieses sich nicht ändert – die Magnetwicklung liegt dauernd am Netz – bleibt auch die

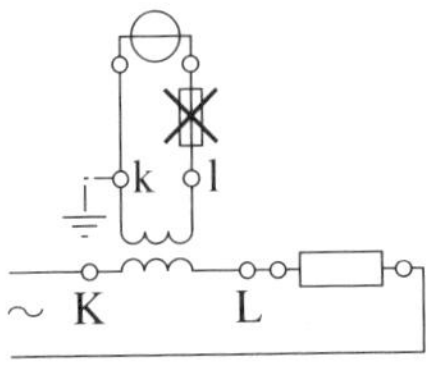

Bild 6.34 Sekundärstromkreis eines Stromwandlers
– empfohlener Verzicht auf eine Schutzeinrichtung aus Sicherheitsgründen

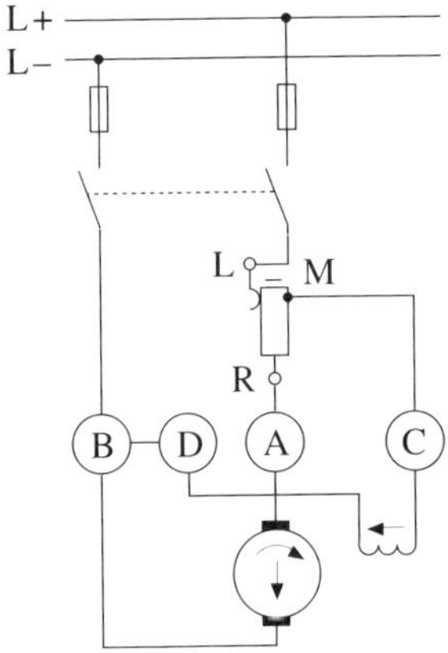

Bild 6.35 Erregerstromkreis von umlaufenden Maschinen
Beispiel: Gleichstrom-Nebenschlußmotor
– empfohlener Verzicht auf eine Schutzeinrichtung aus Sicherheitsgründen

Drehzahl bei allen Belastungen praktisch gleich, auch bei Leerlauf. Sobald aber der Magnetwicklungskreis unterbrochen wird, z. B. durch Ansprechen einer fälschlicherweise hier angeordneten Schutzeinrichtung zum Schutz bei Überlast, geht der Motor wegen der extremen Feldschwächung durch. Auf die Schutzeinrichtung zum Schutz bei Überlast soll daher aus Sicherheitsgründen verzichtet werden.

Zu „Stromkreise, die der Sicherheit dienen"

- Stromkreise für die Spannungsregelung

  Für spannungsempfindliche Betriebsmittel wird vielfach eine Spannungsregelung eingesetzt. Ihr Ausfall bedeutet unter Umständen eine Gefahr für Personen und Sachen.

- Signalstromkreise

  Der Ausfall von bestimmten Signalstromkreisen, z. B. Haltesignale bei Verkehrssignalanlagen, kann eine große Gefahr für Personen und Sachen darstellen.

Daher soll auch hier auf eine Schutzeinrichtung zum Schutz bei Überlast aus Sicherheitsgründen verzichtet werden.

- Stromkreise für Feuerlöscheinrichtungen

Zu „Speisestromkreise von Hubmagneten“

Die Unfallgefahr bei Ausfall eines Speisestromkreises für Hub- und Fördermagnete infolge des Ansprechens von Schutzeinrichtungen zum Schutz bei Überlast ist groß, daher soll auf sie aus Sicherheitsgründen verzichtet werden. Beispiele sind:

- Aufspannmagnete bei Werkzeugmaschinen, Drehbänken, Hobelmaschinen usw.
- Lastenmagnete

Außerdem wären noch Ankerstromkreise von Wechselstrommaschinen zu nennen (**Bild 6.36**). Ein typisches Beispiel ist der Schleifringläufer.

Beim Ansprechen von fälschlicherweise im Ankerstromkreis angeordneten Überstrom-Schutzeinrichtungen besteht die Möglichkeit, den Motor allein hierdurch auszuschalten. Die Ständerwicklung bliebe aber eingeschaltet und würde wegen mangelnder Kühlung verbrennen.

In allen aufgezählten Fällen sind die Anschlußleitungen der Verbrauchsmittel so auszulegen, daß der Betriebsstrom der Verbrauchsmittel den Wert der Strombelastbarkeit der Leitung nicht überschreitet und somit nicht mit einer Überlast zu rechnen ist.

Es kann statt dessen auch zweckmäßig sein, eine Überlastmeldeeinrichtung in Betracht zu ziehen. Hierauf wird in DIN VDE 0100-430, Abschnitt 5.7, in einer Anmerkung 2 hingewiesen.

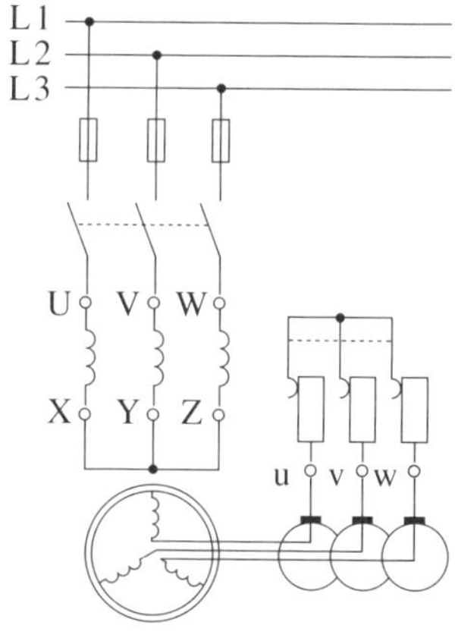

Bild 6.36 Ankerstromkreis von Wechselstrommaschinen
Beispiel: Schleifringläufer
– empfohlener Verzicht auf eine Schutzeinrichtung aus Sicherheitsgründen

VDE-Vorschriftenwerk

Benutzerhinweise

Das VDE-Vorschriftenwerk umfaßt Satzungen und sonstige Grundsatzschriftstücke des VDE, DIN-VDE-Normen (VDE-Bestimmungen), VDE-Leitlinien und Beiblätter zu den vorgenannten Schriftstücken und ist in die folgenden Gruppen eingeteilt:

- Gruppe 0: Allgemeine Grundsätze
- Gruppe 1: Energieanlagen
- Gruppe 2: Energieleiter
- Gruppe 3: Isolierstoffe
- Gruppe 4: Messen, Steuern, Prüfen
- Gruppe 5: Maschinen, Umformer
- Gruppe 6: Installationsmaterial, Schaltgeräte
- Gruppe 7: Gebrauchgeräte, Arbeitsgeräte
- Gruppe 8: Informationstechnik

Die DIN-VDE-Normen sind die Sicherheitsnormen für das Gebiet der Elektrotechnik. Sie stehen jedermann zur Anwendung frei. Eine Anwendungspflicht kann sich aus Rechts- und Verwaltungsvorschriften, Verträgen oder aus sonstigen Rechtsgrundlagen ergeben.
Normen sind als Ergebnisse ehrenamtlicher technisch-wissenschaftlicher Gemeinschaftsarbeit auf Grund ihres Zustandekommens nach hierfür geltenden Grundsätzen und Regeln fachgerecht. Sie sind eine wichtige Erkenntnisquelle für fachgerechtes Verhalten im Normalfall. Sie können nicht alle möglichen Sonderfälle erfassen, in denen weitergehende oder einschränkende Maßnahmen geboten sein können. Dennoch bilden sie einen Maßstab für einwandfreies technisches Verhalten. Dieser Maßstab ist auch im Rahmen der Rechtsordnung von Bedeutung. Bei sicherheitstechnischen Festlegungen in Normen besteht eine tatsächliche Vermutung dafür, daß sie anerkannte „Regeln der Technik" sind.
Durch das Anwenden von Normen entzieht sich niemand der Verantwortung für eigenes Handeln. Jeder handelt insoweit auf eigene Gefahr. Jeder, der in einer Norm, die in diesem Katalog enthalten ist, einen Fehler oder die Möglichkeit einer Mißdeutung entdeckt, die zu einer falschen Anwendung führen kann, wird gebeten, dies der Deutschen Elektrotechnischen Kommission im DIN und VDE (DKE) unverzüglich mitzuteilen, damit etwaige Mängel beseitigt werden können. Neben den in diesem Verzeichnis aufgeführten, jeweils neuesten Fassungen der DIN-VDE-Normen können, soweit dafür Übergangsfristen vorgesehen wurden, auch noch ältere Fassungen gelten.

Ergänzungsabonnements

VDE-Bestimmungen (mit oder ohne Kommentare der VDE-Schriftenreihe) **und Entwürfe** kann man abonnieren.
Abonnements sind möglich je Gruppe oder für die einzelnen Auswahlen. Die Grundwerke der einzelnen Gruppen und jede Auswahl mit den gültigen Schlußfassungen nach dem aktuellen Stand sind jederzeit lieferbar. Sie sind Grundlage der jeweiligen Ergänzungsabonnements. Abonnements auf einzelne Schlußfassungen und Entwürfe können nicht in Auftrag genommen werden.

Hinweise der DKE

Hinweise zur Benummerung

Nach der Gründung der DKE im Jahre 1970 wurde der Nummer von neu erarbeiteten VDE-Bestimmungen eine DIN-Nummer, beginnend mit 57..., vorangestellt. Ausnahmsweise erschienen jedoch noch bis 1978 einige wenige VDE-Bestimmungen ohne zusätzliche DIN-Nummer.
1985 wurde eine vereinfachte einheitliche Benummerung eingeführt, bei der die DIN-Nummer entfällt und der VDE-Nummer nur das Zeichen DIN vorangestellt wird. Außerdem wurde in diesem Zusammenhang der Begriff der „DIN-VDE-Norm" eingeführt.
Seit 1993 werden Internationale und Regionale Normen und Norm-Entwürfe, die sicherheitstechnische Festlegungen enthalten, grundsätzlich mit ihrer originalen Schriftstück-Nummer und einer zusätzlichen VDE-Klassifikations-Nummer in das Deutsche Normen- und VDE-Vorschriftenwerk übernommen.

Beispiele:

IEC 871-1	wird DIN IEC 871-1 (VDE 0560 Teil 410)
EN 60825	wird DIN EN 60825 (VDE 0837)
prEN 60215	wird E DIN EN 60215 (VDE 0866)

6.4 Schutz bei Kurzschluß (DIN VDE 0100-430 (VDE 0100 Teil 430), Hauptabschnitt 6)

6.4.1 Allgemeines (DIN VDE 0100-430, Abschnitt 6.1)

Kurzschlüsse können – anders als gelegentliche Überlastungen – Ströme verursachen, die die Dauerstrombelastbarkeit von Leitungen um Zehnerpotenzen überschreiten. Schon heute werden in Wohn- und Bürogebäuden Kurzschlußströme bis zu 25 kA registriert; in industriellen Anlagen werden im Extremfall sogar Werte von mehr als 100 kA erreicht. Durch den Bau immer leistungsstärkerer Verteilungsnetze und die zunehmende Vermaschung der Netze ist zukünftig mit noch größeren Kurzschlußströmen zu rechnen.

In Freileitungsnetzen sind Kurzschlußströme in der Regel niedriger als in Kabelnetzen. Ein Grund hierfür ist der größere Leiterabstand bei Freileitungen. Die hieraus resultierenden zusätzlichen induktiven Widerstände können die Gesamtimpedanz im kurzgeschlossenen Stromkreis erheblich vergrößern und damit den Kurzschlußstrom begrenzen.

Selbst ein kurzfristiges Überschreiten der maximal zulässigen Grenztemperatur der Leiterisolation kann bereits eine Schädigung der Isolation bewirken. Dabei werden Spannungs- und Zugfestigkeit wie auch Flexibilität und chemische Beständigkeit der Leitung gemindert. Bei erheblichem Überschreiten der Grenztemperatur muß davon ausgegangen werden, daß die Isolation unmittelbar und gänzlich zerstört wird. Wärme ist also ein sehr wesentlicher Faktor für die Lebensdauer der Leiterisolierung; er kann sie sehr maßgeblich beeinflussen.

Schon bei einem kurzfristigen Stromstoß nimmt die Isolierhülle des Leiters, primär die den Leiter unmittelbar umgebende sogenannte Aderisolierung, an der Berührungsstelle mit dem Leiter annähernd die Temperatur des Leiters an. Die direkt am Leiter anliegende Schicht der Isolierung wird elastisch, unter Umständen sogar zähflüssig. Bei gleichzeitiger mechanischer Beanspruchung (Stromkräfte, Biegespannungen, Druck von außen durch Schellen oder unmittelbar benachbarte Leiter) ist nicht auszuschließen, daß sich der Leiter innerhalb der Isolierung verlagert. Das wiederum kann zu einer Schwächung der Wandstärke der Isolierung führen (**Bild 6.37** und **Bild 6.38**). An der Kurzschlußstelle kommt es in vielen Fällen zur Ausbildung eines Lichtbogens, der – wenn er nicht rechtzeitig abgeschaltet wird – auch bei kleinen Strömen einen Brand verursachen kann.

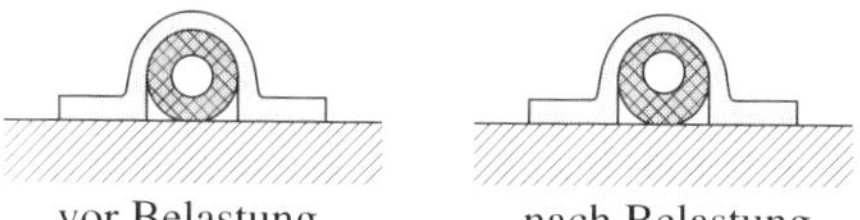

Bild 6.37 Auswirkung des Kurzschlußstroms bei gleichzeitiger mechanischer Belastung durch Schelle

Probe unbelastet

Probe belastet mit
rund 21 kA, 1,1 s
Endtemperatur 174 °C

Bild 6.38 Auswirkung der Kurzzeitbelastung auf Kabel NYY 4 × 185 mm²

Im Gegensatz zur Überlastung wird im Kurzschlußfall die Wärme sehr schnell zugeführt, im allgemeinen in Bruchteilen von Sekunden, so daß die Wärmeabfuhr nach außen zu vernachlässigen ist. Es werden keine nennenswerten Wärmemengen an die Isolierung abgegeben. Für die Temperaturerhöhung der Isolierung ist deshalb so gut wie ausschließlich das Wärmespeichervermögen der Leiter maßgebend. Geht man davon aus, daß die gesamte Stromwärme im Leiter selbst gespeichert wird, errechnet sich die Zeit, in der bei einem bestimmten Kurzschlußstrom die zulässige Kurzschlußtemperatur der Isolierung erreicht wird und innerhalb der die Schutzeinrichtung den Kurzschlußstrom unterbrechen muß, nach

$$t = \frac{Q_c \cdot (B + 20\,°\mathrm{C})}{\rho_{20}} \cdot \ln\left(1 + \frac{\vartheta_e - \vartheta_i}{B + \vartheta_i}\right) \cdot \frac{S^2}{I^2}$$

mit

t	zulässige Ausschaltzeit im Kurzschlußfall in s
Q_c	volumetrische Wärmekapazität des Leiterwerkstoffs in J/(°C mm³)
B	Reziprokwert des Temperaturkoeffizienten des spezifischen Widerstands bei 0 °C für den Leiterwerkstoff in °C
ρ_{20}	spezifischer Widerstand des Leiterwerkstoffs bei 20 °C in Ω mm
ϑ_e	Endtemperatur des Leiters in °C (zulässige Grenztemperatur)
ϑ_i	Anfangstemperatur des Leiters in °C
S	Leiterquerschnitt in mm²
I	Effektivwert des Stroms bei vollkommenem Kurzschluß in A

Für die Berechnung der Schutzeinrichtungen bei Kurzschluß ist als Anfangstemperatur die zulässige Betriebstemperatur (siehe Tabellen 5.1 und 5.2) und als Endtemperatur die zulässige Kurzschlußtemperatur der Leiterisolierung (**Tabelle 6.6**) in die Formel einzusetzen.

In DIN VDE 0100-430, Unterabschnitt 6.3.2.1 (siehe Abschnitt 6.4.3 dieses Buchs), wird die zuvor beschriebene Gleichung wie folgt vereinfacht als Näherungsgleichung wiedergegeben:

$$t = \left(k \cdot \frac{S}{I}\right)^2$$

1	2	3	4	5	6	7	8	9	10	11	12	13	14	15	16
Isolierwerkstoff	zulässige Betriebstemperatur am Leiter	zulässige Kurzschlußtemperatur ϑ_e	Leitertemperatur zu Beginn des Kurzschlusses ϑ_a in °C												
			180	165	150	135	110	90	85	80	70	60	50	40	30
	°C	°C	Bemessungs-Kurzzeitstromdichte J_{thr} für 1 s A/mm²												
NR, SR	60	200[1)]	–	–	–	–	–	–	–	–	–	141	147	153	159
EPR	60	250[2)]	–	–	–	–	–	–	–	–	–	159	165	170	176
PVC – flexible Leitungen bis 300 mm²	70	150	–	–	–	–	–	–	–	–	109	117	124	131	138
– Kabel und Leitungen für feste Verlegung bis 300 mm²	70	160	–	–	–	–	–	–	–	–	115	122	129	136	143
über 300 mm²	70	140	–	–	–	–	–	–	–	–	103	111	118	126	133
CR	85	250[2)]	–	–	–	–	–	–	146	149	154	159	165	170	176
PVC, wärmebeständig	90	150	–	–	–	–	–	93	97	101	109	117	124	131	138
halogenfreie Polymermischung	90	250[2)]	–	–	–	–	–	143	146	149	154	159	165	170	176
VPE	90	250[2)]	–	–	–	–	–	143	146	149	154	159	165	170	176
EPR	90	250[2)]	–	–	–	–	–	143	146	149	154	159	165	170	176
EVA	110	250[2)]	–	–	–	–	132	143	146	149	154	159	165	170	176
ETFE	135	250[2)]	–	–	–	118	132	143	146	149	154	159	165	170	176
SIR	180	350[2)]	132	139	146	153	164	173	176	178	182	187	192	196	201
verzinnte Leiter	–	200[1)]	49	65	79	91	109	122	125	128	135	141	147	153	159
Weichlotverbindungen	–	160	–	–	36	58	83	100	104	108	115	122	129	136	143

[1)] Bei Weichlotverbindungen ist die Temperatur auf 160 °C begrenzt.
[2)] Bei verzinnten Leitern ist die Temperatur auf 200 °C und bei Weichlotverbindungen auf 160 °C begrenzt.

Anmerkung:

NR	Naturkautschuk
SR	synthetischer Kautschuk
EPR	Ethylen-Propylen-Kautschuk (EPM) oder Ethylen-Propylen-Dien-Kautschuk (EPDM)
PVC	Polyvinylchlorid
CR	Chloropren-Kautschuk
VPE	vernetztes Polyethylen
EVA	Ethylen-Vinylacetat-Copolymer
ETFE	Ethylen-Tetrafluorethylen
SIR	Silikon-Kautschuk

Tabelle 6.6 Bemessungs-Kurzzeitstromdichten für Kabel und Leitungen mit Kupferleiter (Quelle: DIN VDE 0298-4(**VDE 0298 Teil 4**):1998-11, Tabelle 22)

Der Materialkoeffizient k (auch als Materialbeiwert k bezeichnet) errechnet sich nach

$$k = \sqrt{\frac{Q_c \cdot (B + 20\,°\mathrm{C})}{\rho_{20}} \cdot \ln\left(1 + \frac{\vartheta_e - \vartheta_i}{B + \vartheta_i}\right)}$$

Die Höhe der zulässigen Kurzschlußtemperatur (Endtemperatur ϑ_e des Leiters) und auch die des Materialkoeffizienten k für das jeweils zur Anwendung kommende Isoliermaterial ist abhängig von der Zeit, in der die zulässige Betriebstemperatur überschritten wird.

Für Kurzschlüsse bis zu 5 s Dauer gelten folgende zulässige Kurzschlußtemperaturen (Endtemperatur ϑ_e des Leiters, siehe auch Tabelle 6.6):

- 160 °C bei einer Isolierung aus Polyvinylchlorid (PVC)
- 200 °C bei einer Isolierung aus Gummi (NR, SR)
- 220 °C bei einer Isolierung aus Butyl-Kautschuk (IIK)
- 250 °C bei einer Isolierung aus vernetztem Polyethylen (VPE)
- 250 °C bei einer Isolierung aus Ethylen-Propylen-Kautschuk (EPR)

Bei den zuvor angeführten Temperaturen ist davon auszugehen, daß die Isolierung nicht wesentlich altert, wenn die Kurzschlußzeit 5 s nicht überschreitet.

Für die Alterung ist neben der Zeit der Erwärmung auch die Zeit für die Abkühlung auf die Betriebstemperatur maßgebend. Kleinere Querschnitte kühlen wegen ihrer geringen Wärmekapazität schneller ab als größere. Außerdem macht sich bei kleinen Querschnitten der Skineffekt und die damit verbundene stärkere Wärmeentwicklung an der Leiteroberfläche weniger bemerkbar. Andererseits ist das Isoliermaterial bei kleinen Leiterquerschnitten weniger dick. Unter Umständen könnten – theoretisch betrachtet – für kleinere Querschnitte geringfügig höhere Kurzschlußtemperaturen zugelassen werden. Allerdings ist bei kleineren Querschnitten die Wärmekapazität der Leiter so gering, daß die während der Kurzschlußdauer von der Isolierung aufgenommene Wärmemenge schon erheblich ins Gewicht fällt. Eine entsprechende Berücksichtigung in der Formel für den *k*-Faktor würde bei kleineren Querschnitten zu größeren *k*-Faktoren führen.

Für ein vorgegebenes Leitermaterial, z. B. Kupfer, läßt sich für verschiedene Leiterquerschnitte auf der Basis der Näherungsgleichung

$$t = \left(k \cdot \frac{S}{I}\right)^2$$

eine Kurvenschar im Zeit/Strom-Diagramm für eine vorgegebene Endtemperatur (z. B. 160 °C für PVC) und Anfangstemperatur (z. B. 70 °C für PVC) ermitteln. Mit Hilfe dieser vielfach in der Literatur zu findenden Kurven kann man die maximal zulässige Ausschaltzeit bei gegebenem Kurzschlußstrom und Leiterquerschnitt direkt ablesen (**Bild 6.39**). Die Kurven ersparen dem Planer und Errichter elektrischer Anlagen den zuvor gezeigten, nicht ganz unkomplizierten Rechengang.

In vielen Fällen der Praxis wird man aber die maximal zulässige Ausschaltzeit weder nach der zuvor beschriebenen, längeren Formel noch nach den Kurven im Bild 6.39 ermitteln, sondern vielmehr mit der soeben vorgestellten kurzen, vorausgesetzt, die Werte für die *k*-Faktoren der verschiedenen Leiter und Leiterisolationen sind bekannt. Für die Mehrzahl aller Fälle der Praxis reichen die im folgenden aufgeführten *k*-Werte sicherlich aus:

- 115 $A\sqrt{s}/mm^2$ für PVC-isolierte Kupferleiter
- 76 $A\sqrt{s}/mm^2$ für PVC-isolierte Aluminiumleiter
- 141 $A\sqrt{s}/mm^2$ für gummi-isolierte Kupferleiter
- 115 $A\sqrt{s}/mm^2$ für Weichlotverbindungen in Kupferleitern

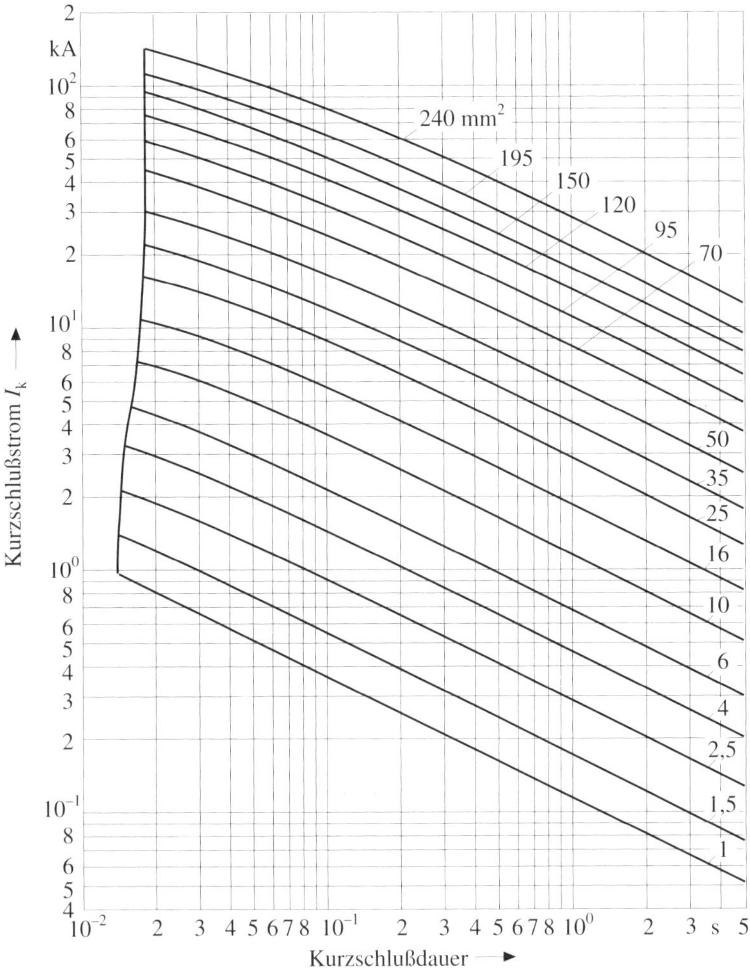

Bild 6.39 Maximaler Kurzschlußstrom und maximale Kurzschlußdauer von Kupferleitern mit PVC-Isolierung in Abhängigkeit vom Leiterquerschnitt

Weitere *k*-Werte sind in DIN VDE 0100-540, Tabellen 2 bis 5, zu finden. Ist *k* nicht bekannt, muß auf die detaillierte Formel zurückgegriffen werden.

Im folgenden Rechenbeispiel wird der Materialkoeffizient *k* (oder auch Materialbeiwert *k*) für PVC-isolierte Kupferleiter ermittelt, wobei die Werte für B, Q_c und ρ_{20} **Tabelle 6.7** entnommen sind. Es gilt wieder

$$k = \sqrt{\frac{Q_c \cdot (B + 20\,°C)}{\rho_{20}} \cdot \ln\left(1 + \frac{\vartheta_e - \vartheta_i}{B + \vartheta_i}\right)}$$

Mit

$\vartheta_i = 70\,°C$

$\vartheta_e = 160\,°C$

$B = 234{,}5\,°C$

$Q_c = 3{,}45 \cdot 10^{-3}\ J/(°C\ mm^3)$

$\rho_{20} = 17{,}241 \cdot 10^{-6}$ in Ω mm

ergibt sich

$$k = \sqrt{\frac{3{,}45 \cdot 10^{-3} \cdot (234{,}5 + 20)}{17{,}241 \cdot 10^{-6}} \cdot \ln\left(1 + \frac{160 - 70}{234{,}5 + 70}\right)}$$

$$k = \sqrt{50{,}9 \cdot 10^3 \cdot \ln 1{,}296}$$

$$k = \sqrt{50{,}9 \cdot 10^3 \cdot 0{,}259}$$

$$k = 114{,}8\ A\sqrt{s}/mm^2$$

Leiterwerkstoff	***B* in °C**	**Q_c in J/°C mm³**	**ρ_{20} in Ωmm**
Kupfer	234,5	$3{,}45 \cdot 10^{-3}$	$17{,}241 \cdot 10^{-6}$
Aluminium	228	$2{,}5 \cdot 10^{-3}$	$28{,}264 \cdot 10^{-6}$
Blei	230	$1{,}45 \cdot 10^{-3}$	$214 \cdot 10^{-6}$
Stahl	202	$3{,}8 \cdot 10^{-3}$	$138 \cdot 10^{-6}$

Tabelle 6.7 Werte für Leiterwerkstoffe
(Werte entsprechen DIN VDE 0100-540 (**VDE 0100 Teil 540**):1991-11, Anhang A, Tabelle A.1)

Die Dimensionierung der Schutzeinrichtungen für den Schutz bei Kurzschluß erfolgt durch Vergleich ihrer Zeit/Strom-Kennlinien mit den Kennlinien für die zulässige thermische Beanspruchung der Leitungen. Das heißt, die Überstrom-Schutzeinrichtungen sind so auszuwählen, daß durch die Lage ihrer jeweiligen Zeit/Strom-Kenn-

Bild 6.40 Bestimmen des Überstromschutzes von Leitungen durch Vergleich der Zeit/Strom-Kennlinien

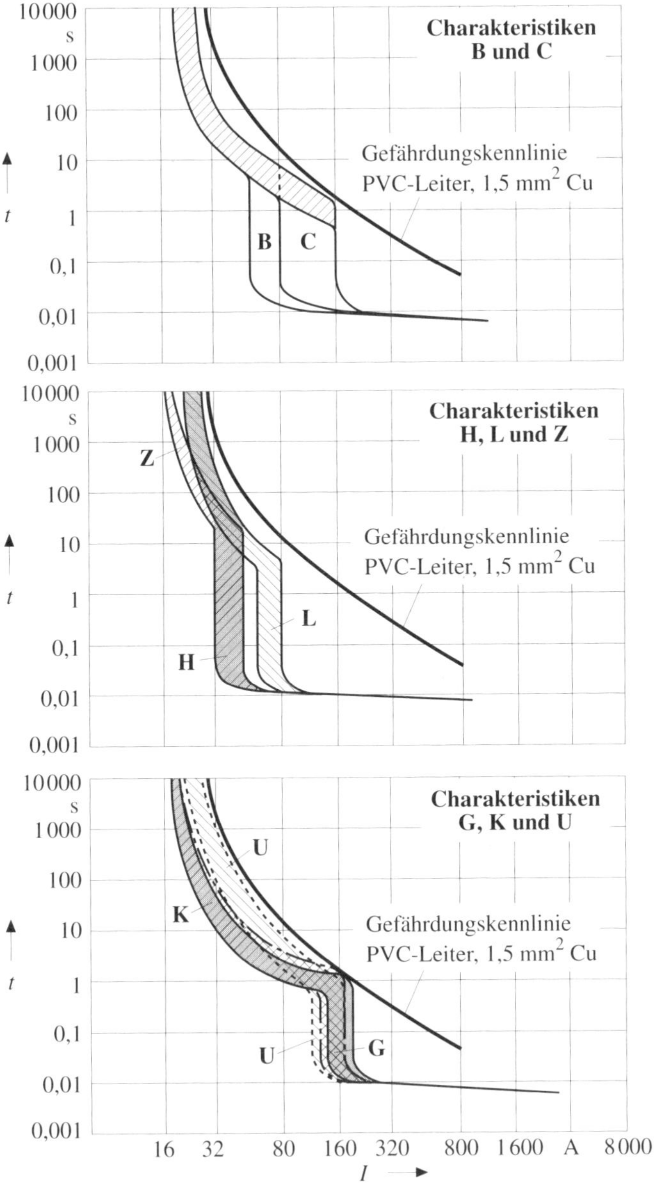

Bild 6.41 Auslöse-Charakteristiken von LS-Schaltern mit 16 A Nennstrom

linie eine zu hohe Beanspruchung der zu schützenden Leitung ausgeschlossen wird. Mit anderen Worten: Die Schutzeinrichtungen müssen abschalten, wenn bzw. bevor der Leiter seine Grenztemperatur (Endtemperatur) erreicht. In **Bild 6.40** sind die Kennlinien eines Leitungsschutzschalters, einer Schmelzsicherung und der zulässigen thermischen Belastbarkeit einer Leitung gegenübergestellt.
Beide Schutzeinrichtungen können in diesem Beispiel den Kurzschlußschutz sicherstellen, da ihre Zeit/Strom-Kennlinien – **Bild 6.41** zeigt solche von Leitungsschutzschaltern (LS) mit 16 A Nennstrom – innerhalb des Bereichs der zulässigen thermischen Belastbarkeit der Leitung verlaufen. Dies ist z. B. der Fall, wenn Leitungsschutzschalter oder Sicherungen zusätzlich zum Schutz bei Kurzschluß auch den Schutz der Leitung bei Überlast übernehmen können (siehe Abschnitt 6.5.1 dieses Buchs).
Falls Sicherungen oder Leitungsschutzschalter bzw. Leistungsschalter nur für den Schutz bei Kurzschluß vorgesehen werden, können sich die Kennlinien der Schutzeinrichtung und der Leitung auch schneiden. Bei Sicherungen darf dann aber der kleinste unbeeinflußte Kurzschlußstrom den Wert I_a nicht unterschreiten (**Bild 6.42**). Kleinere Kurzschlußströme würden zu längeren Abschaltzeiten führen, d. h., die Isolation würde unzulässig hoch erwärmt und dadurch geschädigt. Da aber auch widerstandsbehaftete Kurzschlüsse, die kleiner als I_a sind (siehe Bild 6.42), nicht generell ausgeschlossen werden können, ist es zweckmäßig, entweder eine gemeinsame Schutzeinrichtung zum Schutz bei Kurzschluß und Überlast zu wählen, oder die zusätzlich eingesetzte Schutzeinrichtung zum Schutz bei Überlast muß den Schutz der Leitung bei Überströmen bis zur Größe I_a übernehmen.
Bei Leitungsschutzschaltern und Leistungsschaltern gilt vom Grundsatz her die gleiche Bedingung für I_a wie bei Sicherungen. **Bild 6.43** zeigt jedoch, daß die Kennlinie eines Leitungsschutz- oder Leistungsschalters im Bereich sehr hoher Kurzschlußströme nahezu waagerecht verläuft. Das bedeutet, daß von einem bestimmten

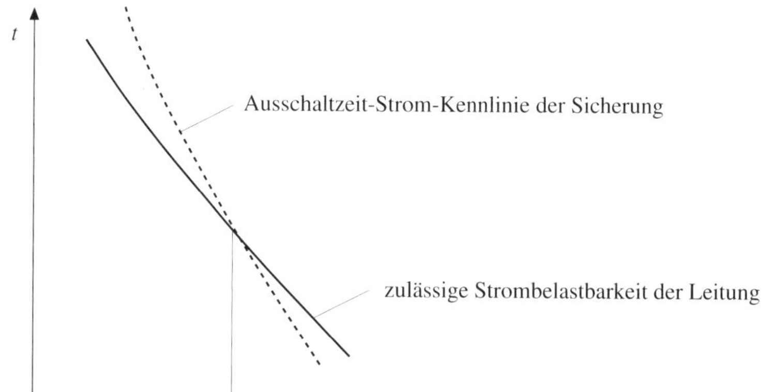

Bild 6.42 Schutz der Leitung bei Kurzschluß durch Sicherung

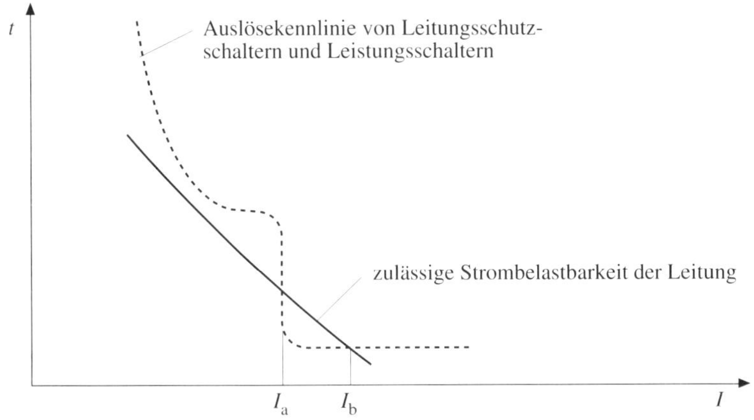

Bild 6.43 Schutz der Leitung bei Kurzschluß durch LS-Schalter oder Leistungsschalter

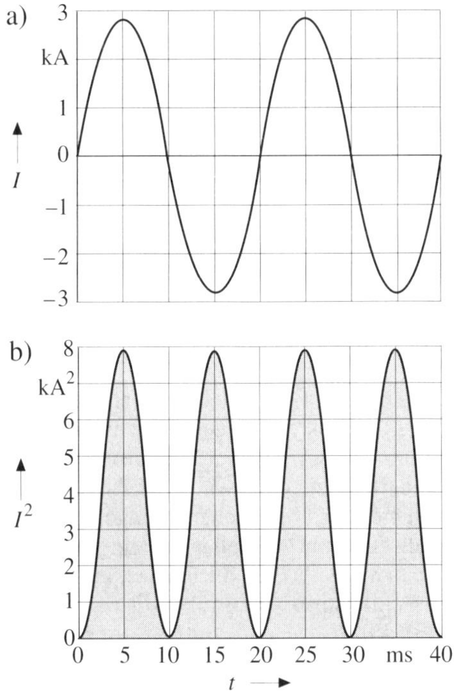

Bild 6.44
Quadrat des Stromwerts am Beispiel von $I_{eff} = 2$ kA
a) Stromverlauf
b) Verlauf der quadrierten Stromwerte; graue Fläche entspricht dem $I^2 \cdot t$-Wert

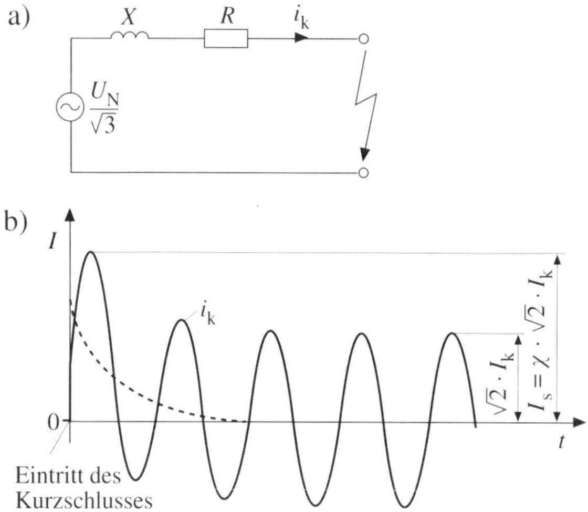

Bild 6.45
Verlauf von Kurzschlußströmen bei ohmsch- induktiver Kurzschlußimpedanz
a) einphasiges Ersatzschaltbild des Kurzschlußstromkreises
b) Verlauf des Kurzschlußstroms bei Kurzschlußbeginn im Augenblick des Spannungsnulldurchgangs

Punkt ab ein noch höherer Strom nicht mehr zu noch kürzeren Ausschaltzeiten führt. Beim Kurzschlußstrom I_b (siehe Bild 6.43) ergibt sich ein zweiter Schnittpunkt mit der Kennlinie der Leitung, ab dem die Leitung durch einen Leitungsschutz- oder Leistungsschalter nicht mehr geschützt ist. Die vom Schalter durchgelassene und somit die Leitung erwärmende Energie errechnet sich aus dem Produkt von Leitungswiderstand, Quadrat des Kurzschlußstroms und der Zeit ($R \cdot I^2 \cdot t$). Da der Widerstand der jeweils betrachteten Leitung nahezu konstant ist, reicht es für die Praxis aus, ausschließlich mit dem $I^2 \cdot t$-Wert zu rechnen.

Bei Kurzschlußströmen, die über mehrere Perioden fließen, ist die vom Schalter durchgelassene Energie $I^2 \cdot t$ aus dem Produkt des Quadrats des Strom-Effektivwerts und der Ausschaltzeit des Schalters zu ermitteln (**Bild 6.44**).

Bei Ausschaltzeiten von weniger als fünf Perioden (< 0,1 s) kann hierzu nicht mehr der Effektivwert des Stroms herangezogen werden, da die Sinusform der Stromkurve nicht mehr gegeben ist.

Dafür gibt es zwei Gründe: Bedingt durch den induktiven Anteil der Netzimpedanz, ist einerseits der Anfangskurzschlußstrom höher als der Dauerkurzschlußstrom I_k (**Bild 6.45**).Andererseits sind moderne Leitungsschutzschalter konstruktiv so konzipiert, daß sie den Strom begrenzen (**Bild 6.46**). Bei den zuvor angeführten kurzen Ausschaltzeiten kann der Planer oder Errichter der elektrischen Anlage also nicht mehr so wie sonst üblich rechnen; er muß die vom Hersteller für die jeweiligen Schutzschalter veröffentlichten $I^2 \cdot t$-Angaben mit der Kennlinie der Leitung vergleichen. Dabei muß der unbeeinflußte Kurzschlußstrom am Einbauort des Schutzschalters kleiner sein als I_b entsprechend **Bild 6.47** (siehe auch Abschnitt 6.4.3 dieses Buchs). Sind die $I^2 \cdot t$-Werte für die verwendeten Leitungsschutzschalter nicht bekannt, sollten sie beim Hersteller erfragt werden.

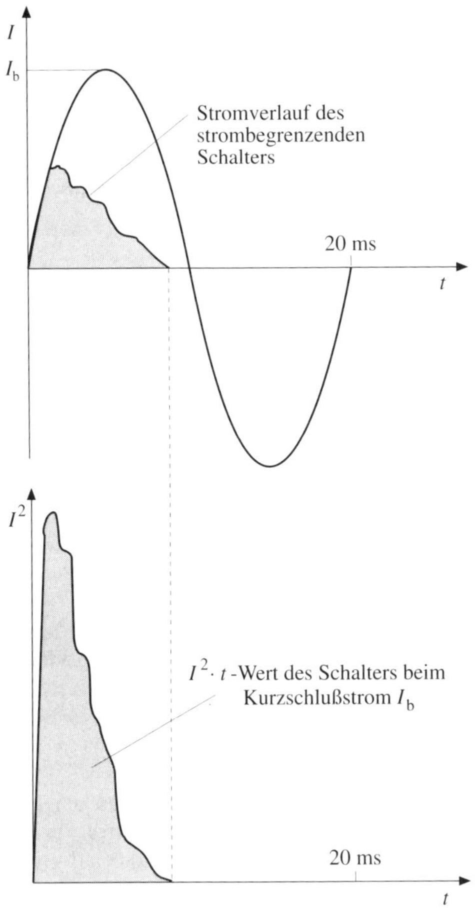

Bild 6.46 Beeinflussen des Stroms durch strombegrenzenden Schalter

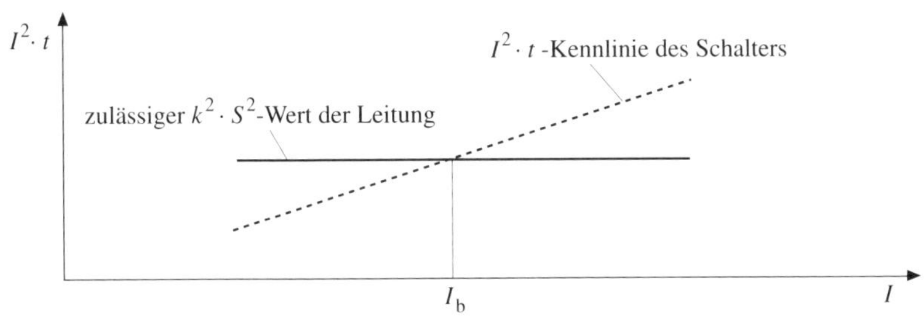

Bild 6.47 Schutz der Leitung bei Kurzschluß durch LS-Schalter oder Leistungsschalter

6.4.2 Bestimmung des Stroms bei vollkommenem Kurzschluß (DIN VDE 0100-430, Abschnitt 6.2)

Der kleinste unbeeinflußte Kurzschlußstrom entspricht im allgemeinen dem Strom, der bei einem vollkommenen Kurzschluß am entferntesten Punkt der geschützten Leitung auftritt. Er ist nach einer der im folgenden aufgeführten Methoden zu ermitteln:

- durch ein geeignetes Rechenverfahren, z. B. nach den Normen der Reihe DIN VDE 0102
- durch Untersuchungen an einer Netznachbildung (Netzmodell)
- durch Messungen in der Anlage
- anhand von Angaben der EVU

Zu „Rechenverfahren"

Rechenverfahren für die verschiedenen Kurzschlußarten werden sehr ausführlich in DIN VDE 0102 „Berechnung von Kurzschlußströmen in Drehstromnetzen" behandelt. Die Ergebnisse sind einerseits theoretisch sehr genau; andererseits stehen sie natürlich in einem unmittelbaren Zusammenhang mit der Genauigkeit der in den Formeln eingesetzten Werte. In bereits errichteten Anlagen ist es meist nicht ganz unproblematisch, die genauen Leitungslängen zu ermitteln, da die Leitungswege oftmals nicht mehr genau bekannt sind.

Zu „Untersuchungen an einer Netznachbildung"

Mit einem Netzmodell läßt sich der Kurzschlußstrom unter Berücksichtigung vieler variabler Größen relativ schnell und genau bestimmen. Dem Praktiker stehen meist aber keine geeigneten Netzmodelle zur Verfügung.

Zu „Messungen in der Anlage"

Es lassen sich verschiedene Meßmethoden anwenden. Bei einigen Typen der auf dem Markt angebotenen Meßgeräte (**Bild 6.48**) kann der Kurzschlußstrom I_k direkt abgelesen werden. Andere Geräte zeigen die Schleifenimpedanz Z_S oder lediglich den Spannungsfall ΔU_m an.

Mit dem gemessenen Wert des Spannungsfalls ΔU_m an der Leiterschleife und der Leerlaufspannung U_{m0} sowie der bekannten Größe des Prüfwiderstands R_p des Meßgeräts (siehe Bild 6.48) lassen sich Schleifenimpedanz und I_k errechnen:

$$\Delta U_m = U_{m0} - U_m$$

$$\Delta U_m = Z_S \cdot I_m$$

$$I_m = \frac{U_{m0}}{R_p + Z_S}$$

$$I_m \approx \frac{U_{m0}}{R_p} \quad \text{für} \quad Z_S << R_p$$

$$\Delta U_m \approx Z_S \frac{U_{m0}}{R_p}$$

$$Z_S \approx \frac{\Delta U_m}{U_{m0}} \cdot R_p \text{ in } \Omega$$

$$I_k = \frac{U_{m0}}{Z_S} \text{ in A}$$

mit

ΔU_m	gemessener Spannungsfall an der Schleifenimpedanz Z_S
U_{m0}	gemessene Leerlaufspannung des Netzes am Meßort
U_m	gemessener Spannungsfall am Prüfwiderstand R_p
Z_S	Schleifenimpedanz
I_m	Prüfstrom
R_p	Prüfwiderstand
I_k	Kurzschlußstrom

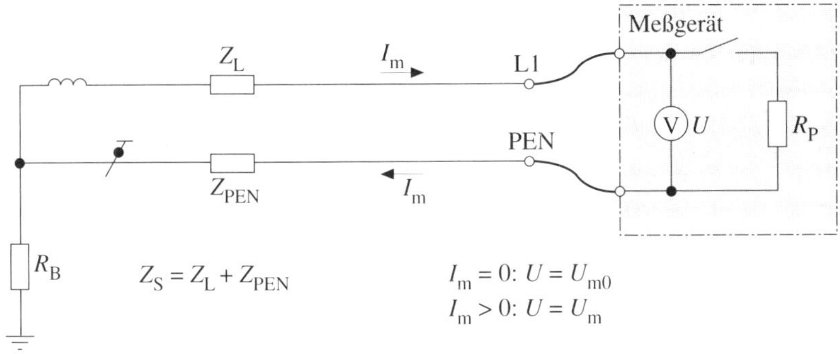

Bild 6.48 Messen des Kurzschlußstroms I_k (bzw. der Schleifenimpedanz) zwischen Außen- und PEN-Leiter

Meist werden bei derartigen Messungen umfangreiche Rechnungen nicht erforderlich, da es üblich ist, den Meßgeräten Tabellen beizufügen, die ein direktes Umsetzen des Meßwerts, z. B. des Werts der Schleifenimpedanz Z_S, in die Größe des möglicherweise auftretenden Kurzschlußstroms I_k und umgekehrt zulassen.
Das Messen in bereits erstellten Anlagen führt im Normalfall zum genauesten Ergebnis, da sich bei den Untersuchungen am Netzmodell und bei den Rechenverfahren die individuellen örtlichen Einflüsse – insbesondere in bestehenden Anlagen – oftmals nicht mehr exakt abschätzen lassen und sie deshalb nicht angemessen berücksichtigt werden können. Bei Projektierung und Errichtung umfangreicher Neuanlagen führen aber auch die Untersuchungen am Netzmodell und die Rechenverfahren zu sehr präzisen Ergebnissen.

Aber selbst das Messen in der Anlage liefert nur dann exakte Ergebnisse, wenn Meßgeräte mit hoher Meßgenauigkeit verwendet werden. Solche Geräte sind relativ teuer. Auch bei Geräten mit einem nach DIN EN 61557-3 zugelassenen Gebrauchsfehler von ± 30 % sind neben diesem gerätebedingten Fehler auch die systembedingten Fehler angemessen zu berücksichtigen.
Im Zusammenhang mit dem nach DIN EN 61557-3 zulässigen Gebrauchsfehler von ± 30 % sei darauf hingewiesen, daß viele in den letzten Jahren am Markt angebotenen Meßgeräte wesentlich geringere Gebrauchsfehler aufweisen. Deshalb wird empfohlen, sich an den entsprechenden Firmeninformationen zu orientieren, die üblicherweise den Meßgeräten beigefügt sind.

Zu „Angaben der EVU“

Auch die Angaben der EVU können selbstverständlich nur nach den zuvor beschriebenen Methoden ermittelt werden. Im übrigen gelten sie nur bis zum Hausanschlußkasten (HAK).

6.4.3 Kenngrößen der Schutzeinrichtungen zum Schutz bei Kurzschluß (DIN VDE 0100-430, Abschnitt 6.3)

Schutzeinrichtungen zum Schutz bei Kurzschluß müssen den beiden folgenden Anforderungen aus DIN VDE 0100-430, Abschnitte 6.3.1 und 6.3.2, genügen.
Das Ausschaltvermögen der Schutzeinrichtung muß mindestens dem größten Strom bei vollkommenem Kurzschluß am Einbauort entsprechen. Nur unter der Voraussetzung, daß eine andere geeignete Schutzeinrichtung vorgeschaltet ist, darf das Ausschaltvermögen geringer sein. In derartigen Fällen müssen die Eigenschaften der beiden Schutzeinrichtungen so aufeinander abgestimmt sein, daß die nachgeschaltete Schutzeinrichtung und die zu schützenden Kabel und Leitungen keinen Schaden nehmen. Das heißt, bei der Dimensionierung sind u. a. die Durchlaßenergie, die dynamische Festigkeit der Strombahnen und auch die Verschleißfestigkeit zu berücksichtigen. Angaben hierüber können üblicherweise den Herstellerunterlagen entnommen werden.
Nach DIN VDE 0100-430, Abschnitte 4.1 (siehe Abschnitt 6.2.1 dieses Buchs) und 4.3 (siehe Abschnitt 6.2.3 dieses Buchs), dürfen als Einrichtungen für den Kurzschlußschutz eingesetzt werden:

- Schmelzsicherungen:
  Niederspannungssicherungen nach den Normen der Reihe DIN VDE 0636, d. h. auch Teilbereichssicherungen zum Geräteschutz nach den Normen der Reihe DIN VDE 0636
- Überstrom-Schutzschalter:
  Leitungsschutzschalter nach den Normen der Reihe DIN VDE 0641, Leistungsschalter nach DIN EN 60947-2 (**VDE 0660 Teil 101**).

Sicherungen nach den Normen der Reihe DIN VDE 0636 können unabhängig von ihrem Nennstrom Kurzschlußströme von 50 kA schalten. Deshalb müssen die

Errichter „üblicher" Anlagen hinsichtlich des Ausschaltvermögens von Sicherungen keine besonderen Überlegungen anstellen; es reicht in aller Regel aus.

In den Normen der Reihe DIN VDE 0641 sind für Leitungsschutzschalter drei Werte für das Nennschaltvermögen vorgesehen, nämlich 3 kA, 6 kA und 10 kA. Die Technischen Anschlußbedingungen der EVU (TAB) lassen aber Schalter mit nur 3 kA Nennschaltvermögen wegen der steigenden Kurzschlußleistungen in den Niederspannungsnetzen nicht mehr zu. Unter anderem werden deshalb in der Praxis so gut wie nur noch Schalter mit mindestens 6 kA Nennschaltvermögen verwendet. Falls am Einbauort eines Leitungsschutzschalters mit einem Nennschaltvermögen von 6 kA ausnahmsweise einmal ein Kurzschlußstrom von mehr als 6 kA auftritt, kann der Leitungsschutzschalter (und auch die von ihm zu schützende Leitung bis herunter zu Querschnitten von 1,5 mm^2 Cu) dennoch keinen Schaden nehmen, wenn die dem Leitungsschutzschalter vorgeschaltete Leitungsschutzsicherung nicht größer als 63 A ist, siehe DIN VDE 0100-430, Abschnitt 6.3.2.2. Für Leitungsschutzschalter mit Vorsicherungen von mehr als 63 A Nennstrom und für Leistungsschalter sind zur Abstimmung der Kenngrößen der beiden Schutzeinrichtungen die Angaben der Hersteller maßgebend.

Bevor auf die nicht ganz unkomplizierten Auswahlkriterien für die Einrichtungen zum Schutz bei Kurzschluß eingegangen wird, sei angemerkt, daß der Errichter von Installationsanlagen meist ein und dieselbe Schutzeinrichtung (eine Sicherung oder einen Leitungsschutzschalter) sowohl für den Schutz bei Überlast als auch für den Schutz bei Kurzschluß einsetzt. Ist diese gemeinsame Schutzeinrichtung für den Schutz bei Überlast richtig bemessen, muß vom Hauptabschnitt 6 der DIN VDE 0100-430 „Schutz bei Kurzschluß" nur noch der Unterabschnitt 6.3.2.2 beachtet werden, und das auch nur dann, wenn der Nennstrom der Vorsicherung größer als 63 A ist.

Auf die Praxis bezogen, heißt das: Unter der Voraussetzung, daß der Schutz bei Überlast und Kurzschluß durch eine gemeinsame Überstrom-Schutzeinrichtung sichergestellt wird und die Vorsicherung nicht größer als 63 A ist, muß der Errichter den Schutz bei Kurzschluß und damit auch die folgenden Erläuterungen hierzu nicht gesondert berücksichtigen. Dies ist auch Abschnitt 7.1 „Schutz durch eine gemeinsame Überstrom-Schutzeinrichtung" von DIN VDE 0100-430 (siehe Abschnitt 6.5.1 dieses Buchs) zu entnehmen.

Um dem Errichter die Planungsarbeit für die Mehrzahl der praktischen Anwendungsfälle, in denen ausnahmsweise eine Schutzeinrichtung allein den Schutz bei Kurzschluß übernehmen soll, zu erleichtern, wurden im Beiblatt 5 zu DIN VDE 0100 Tabellen veröffentlicht, die maximal zulässige Kabel- und Leitungslängen – u. a. bezogen auf den Kurzschlußschutz – enthalten (siehe **Tabellen 6.8 bis 6.26** am Ende dieses Abschnitts). Sie entlasten den Errichter für die meisten Fälle der Praxis von der Anwendung der schon vorgestellten Näherungsgleichung

$$t = \left(k \cdot \frac{S}{I}\right)^2,$$

auf die im folgenden nochmals eingegangen wird. Auch die Arbeit des Vergleichens mit den Zeit/Strom-Kennlinien der Schutzeinrichtungen entfällt. Für die Beurteilung, welche Schutzeinrichtung für den Schutz bei Kurzschluß und auch für den Schutz durch automatische Abschaltung der Stromversorgung (Schutz gegen elektrischen Schlag) nach DIN VDE 0100-410 eingesetzt werden muß, müssen nur noch die vorgeschaltete Netzimpedanz, der Leiterquerschnitt und die verlegte bzw. die zu verlegende Leitungslänge bekannt sein. Umgekehrt können aus den Tabellen auf sehr einfache Weise auch die maximalen Längen von Leitungen ermittelt werden, die im Falle eines Kurzschlusses geschützt sind, bzw. die Leitungslängen, die bei Anwendung des Schutzes durch automatische Abschaltung der Stromversorgung (Schutz bei indirektem Berühren) verlegt werden dürfen. Allerdings müssen die hierzu erforderlichen anderen Nennwerte bekannt sein. Neben Sicherungen und Leitungsschutzschaltern wurden auch Leistungsschalter in das Tabellenwerk aufgenommen.

Falls nicht die Anforderungen nach DIN VDE 0100-430, Abschnitt 7.1 „Schutz durch eine gemeinsame Überstrom-Schutzeinrichtung" (siehe Abschnitt 6.5.1 dieses Buchs) anzuwenden sind, sollte der Errichter elektrischer Anlagen zunächst auf das unkomplizierte und rationelle Verfahren zur Auswahl der richtigen Schutzeinrichtung auf der Basis der vorgenannten Tabellen zurückgreifen.

Beispiel

Gesucht wird der zulässige Nennstrom der Sicherung für eine 20 m lange Drehstrom-Leitung NYM 6 mm^2 zu einem Durchlauferhitzer mit einer Leistung von 21 kW. Die Leitung soll mit Sicherungen bei Kurzschluß geschützt werden. Als ungünstigster Fall ist der einpolige Kurzschluß zu berücksichtigen. Als Schleifenimpedanz bis zum Einbauort der Sicherungen wurden Z_S = 300 mΩ ermittelt (**Bild 6.49**).

Bild 6.49 Beispiel für die Anwendung der Tabelle 6.8
Gesucht: Sicherungsnennstromstärke

Der Nennstrom des Durchlauferhitzers beträgt 32 A. DIN VDE 0100-430, Abschnitt 5.5 b), ist zu entnehmen, daß die Leitung nicht bei Überlast geschützt werden muß (siehe auch Abschnitt 6.3.6, Fall 2 dieses Buchs). Der zulässige Nennstrom der Sicherung zum Schutz bei Kurzschluß kann mit Tabelle 6.8 ermittelt werden.

Der Tabelle ist zu entnehmen, daß bei einem Leiterquerschnitt von 6 mm^2 Cu und einer Schleifenimpedanz Z_S = 300 mΩ vor der zu dimensionierenden Schutzeinrichtung eine Sicherung mit einem Nennstrom von 63 A den Kurzschlußschutz für eine 57 m lange Leitung sicherstellt. Demnach darf für den Kurzschlußschutz der

20 m langen Zuleitung zum Durchlauferhitzer eine Sicherung mit einem Nennstrom von 63 A eingesetzt werden.

Beispiel
Gesucht wird die zulässige Länge einer Drehstrom-Leitung NYM 2,5 mm^2 Cu vom Stromkreisverteiler zu einem Fördergebläse mit 10 kVA Leistung. Unter Berücksichtigung des Motoranlaufstroms soll die Leitung mit einer Sicherung von 25 A bei Auftreten eines Kurzschlusses geschützt werden. Als Schleifenimpedanz bis zum Hausanschluß wurde vom EVU ein Wert von Z_S = 300 mΩ angegeben. Zwischen dem Hauptverteiler (einschließlich Zählerplatz) und dem Stromkreisverteiler wird eine 50 m lange Mantelleitung NYM 5 × 6 mm^2 verlegt. Die Schleifenimpedanz Z_S der 2 m langen Hauptleitung NYM 4 × 25 mm^2 ist vernachlässigbar klein (**Bild 6.50**). Der Nennstrom des Gebläses beträgt 15 A. Nach DIN VDE 0100-430, Abschnitt 5.4.2a) (siehe Abschnitt 6.3.5.2 dieses Buchs), wird die Leitung durch einen Motorschutzschalter bei Überlast geschützt.

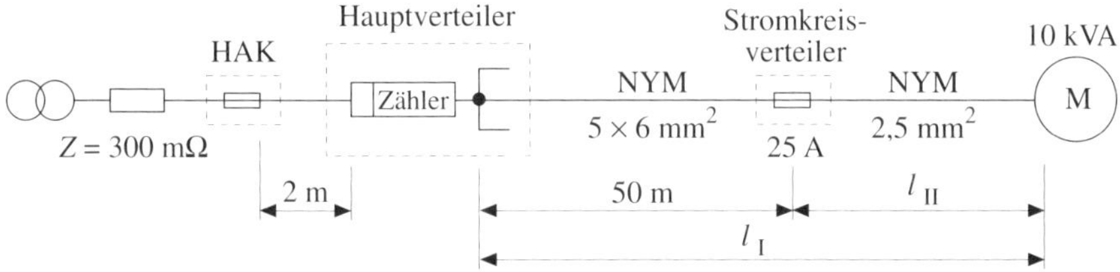

Bild 6.50 Beispiel für die Anwendung der Tabelle 6.8
Gesucht: Höchstzulässige Leitungslänge

Es sind drei unterschiedliche Ermittlungsgänge möglich.

Ermittlungsgang 1:
Es wird so verfahren, als ob die Motor-Zuleitung NYM 2,5 mm^2 bereits am Hausanschlußkasten beginnt. Wie im vorausgegangenen Beispiel, kann auch die hier gestellte Frage mit Tabelle 6.8 gelöst werden: Bei einem Leiterquerschnitt von 2,5 mm^2 Cu und einer Schleifenimpedanz Z_S = 300 mΩ vor dem Hausanschlußkasten bietet die eingesetzte Sicherung mit einem Nennstrom von 25 A noch einen ausreichenden Kurzschlußschutz bei einer maximalen Leitungslänge l_I von 93 m, d. h., die Strecke l_I dürfte für den angenommenen Fall 93 m lang sein.
Von diesem Wert sind die 50 m für die Verbindungsleitung zwischen Hauptverteiler und Stromkreisverteiler abzuziehen, so daß eine maximal zulässige Länge l_{II} = 43 m für die Zuleitung vom Stromkreisverteiler zum Motor verbleibt.

Ermittlungsgang 2:
Im vorausgegangenen, vereinfachten Ermittlungsverfahren wurde ein zu hoher Widerstand für die Verbindungsleitung zwischen Hauptverteiler und Stromkreisverteiler einkalkuliert. Das Ergebnis liegt damit deutlich auf der sicheren Seite. In die-

sem zweiten Ermittlungsgang wird auf die im Abschnitt 6.4.4.2 dieses Buchs ausführlich dargestellte Dreieckmethode zurückgegriffen (**Bild 6.51**).

Für die Länge MC lieferte das vorausgegangene Ermittlungsverfahren bereits einen Wert von 93 m. Auf gleiche Weise läßt sich nach Tabelle 6.8 mit dem Sicherungsnennstrom von 25 A und einer Schleifenimpedanz Z_S = 300 mΩ für den Querschnitt 6 mm^2 Cu eine Länge MB von 229 m ermitteln.

Die maximal zulässige Länge l_{II} für die Zuleitung NYM 2,5 mm^2 vom Stromkreisverteiler zum Motor entspricht im Dreieckdiagramm der Strecke $\overline{OV}$ und kann dort mit etwa 73 m abgegriffen werden. Es lohnt sich also für den Errichter, das – bezogen auf den Ermittlungsgang 1 – zwar etwas aufwendigere, dafür aber genauere Verfahren mit dem Dreieckdiagramm anzuwenden.

Ermittlungsgang 3:

Aus **Tabelle 6.27** am Ende dieses Abschnitts kann für die isolierte Kupferleitung von 6 mm^2 Cu unter Vernachlässigung der relativ unbedeutenden Reaktanz bei einer Temperatur von 80 °C für die Hin- und Rückleitung ein Widerstandsbelag von $2 \cdot 3{,}6687$ mΩ/m abgelesen werden.

Demnach beträgt die Schleifenimpedanz der 50 m langen Mantelleitung NYM 6 mm^2 zwischen Hausanschlußkasten und Stromkreisverteiler

$$Z_S = 50 \text{ m} \cdot 2 \cdot 3{,}6687 \text{ m}\Omega/\text{m} = 366{,}87 \text{ m}\Omega$$

Zusammen mit den 300 mΩ des EVU-Netzes ergibt sich bis zum Stromkreisverteiler eine Gesamt-Schleifenimpedanz

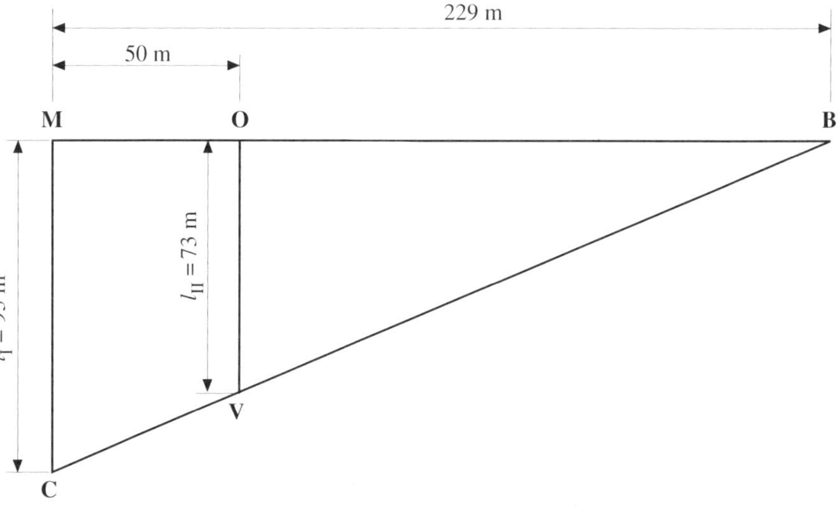

Bild 6.51 Beispiel für die Anwendung der Tabelle 6.8 und des Dreieckdiagramms

$Z_{S\,ges} = 300\ \text{m}\Omega + 366{,}87\ \text{m}\Omega \approx 366{,}87\ \text{m}\Omega.$

Mit diesem Wert und dem Sicherungsnennstrom von 25 A beim Leiterquerschnitt 2,5 mm^2 Cu kann aus Tabelle 6.8 unter der Schleifenimpedanz 700 mΩ die maximal zulässige Länge l_{II} für die Mantelleitung NYM 2,5 mm^2 vom Stromkreisverteiler zum Motor mit 73 m ermittelt werden. Dieses Ergebnis stimmt mit dem nach Ermittlungsgang 2 genau überein.

Beispiel

Im vorausgegangenen Beispiel soll die Zuleitung NYM 2,5 mm^2 zum Fördergebläse statt mit einer Sicherung von 25 A mit einem Leitungsschutzschalter 16 A der Charakteristik C zum Schutz bei Kurzschluß ausgerüstet werden. Wie lang darf die Leitung unter dieser Voraussetzung sein?

Ermittlungsgang:

Eine Lösung bietet auch hier Beiblatt 5 von DIN VDE 0100, und zwar Tabelle 6 (in diesem Buch als Tabelle 6.10 enthalten). Danach darf bei einem Leiterquerschnitt von 2,5 mm^2 Cu und einem Leitungsschutzschalter 16 A der Charakteristik C bei einer Schleifenimpedanz $Z_S = 667$ mΩ vor der Schutzeinrichtung (nach Tabelle 700 mΩ) die Leitungslänge 38 m betragen.

Beispiel

Anstelle des schweranlaufenden Fördergebläses im vorangegangenen Beispiel, in dem ein Leitungsschutzschalter mit C-Charakteristik eingesetzt wurde, wird ein Elektrogerät mit 15 A Nennstrom betrieben. Der Leitungsschutzschalter mit der C-Charakteristik wird gegen einen Leitungsschutzschalter 16 A der Charakteristik B ausgetauscht. Die Schleifenimpedanz bis zum Stromkreisverteiler bleibt wie zuvor $Z_S = 667$ mΩ.

Ermittlungsgang:

Leitungsschutzschalter der Charakteristik B schalten – bezogen auf die Kurzschlußauslösung (elektromagnetische Auslösung) – schneller als solche der Charakteristik C.

Für die Lösung bietet sich Tabelle 5 des Beiblatts 5 von DIN VDE 0100 an (Tabelle 6.9 dieses Buchs). Bei einem Leiterquerschnitt von 2,5 mm^2 Cu und einem Leitungsschutzschalter 16 A der Charakteristik B beträgt die zulässige Leitungslänge bei einer Schleifenimpedanz vor der Schutzeinrichtung von $Z_S = 667$ mΩ (nach Tabelle 700 mΩ) 114 m.

Beispiel

Gegeben ist eine PVC-isolierte Leitung, 1,5 mm^2 Cu, kleinster Kurzschlußstrom 200 A. Gesucht werden die zulässige Ausschaltzeit t und der maximal zulässige Nennstrom der Sicherung zum Schutz bei Kurzschluß.

Ermittlungsgang 1:

Für die Lösung wird die bereits im Abschnitt 6.4.1 dieses Buchs behandelte Näherungsgleichung nach DIN VDE 0100-430, Abschnitt 6.3.2.1 benutzt:

$$t = \left(k \cdot \frac{S}{I}\right)^2$$

Für die PVC-isolierte Kupferleitung ist mit einem Materialkoeffizienten $k = 115\ \text{A}\sqrt{\text{s}}/\text{mm}^2$ (siehe Abschnitt 6.4.1 dieses Buchs) zu rechnen. Das ergibt

$$t = \left(115 \cdot \frac{1{,}5}{200}\right)^2$$

$$\underline{\underline{t = 0{,}75\ \text{s}}}$$

Ermittlungsgang 2:

Die vollständige Gleichung, auch sie wurde bereits im Abschnitt 6.4.1 dieses Buchs behandelt, führt zum gleichen Ergebnis:

$$t = \frac{Q_\text{c} \cdot (B + 20\,°\text{C})}{\rho_{20}} \cdot \ln\left(1 + \frac{\vartheta_\text{e} - \vartheta_\text{i}}{B + \vartheta_\text{i}}\right) \cdot \frac{S^2}{I^2}$$

Die folgenden Werte für Kupferleiter sind Tabelle 6.7 zu entnehmen:

$Q_\text{c} = 3{,}45 \cdot 10^{-3}\ \text{J/(°C mm}^3)$

$B = 234{,}5\ °\text{C}$

$\rho_{20} = 17{,}241 \cdot 10^{-6}\ \Omega\,\text{mm}$

Mit der Endtemperatur von $\vartheta_\text{e} = 160\ °\text{C}$ und der Anfangstemperatur $\vartheta_\text{i} = 70\ °\text{C}$ für PVC-isolierte Kupferleiter ergibt sich eine maximal zulässige Ausschaltzeit von

$$t = \frac{3{,}45 \cdot 10^{-3} \cdot (234{,}5 + 20)}{17{,}241 \cdot 10^{-6}} \cdot \ln\left(1 + \frac{160 - 70}{234{,}5 + 70}\right) \cdot \frac{1{,}5^2}{200^2}$$

$$\underline{\underline{t = 0{,}75\ \text{s}}}$$

Aus den Zeit/Strom-Kennlinien für Sicherungen in Bild 6.2a und Bild 6.2b ist abzulesen, daß die Ausschaltzeit von 0,75 s bei einem Kurzschlußstrom von 200 A gerade noch von einer Sicherung 25 A eingehalten wird. Demnach darf eine größere Sicherung zum Schutz der Leitung bei Kurzschluß nicht verwendet werden.

Alle zuvor in diesem Buch aufgeführten Werte zulässiger Kurzschlußtemperaturen und k-Faktoren oder auch die Zeit/Strom-Diagramme gelten nur für Kurzschlüsse bis zu 5 s Dauer. Werden die zulässigen Kurzschlußtemperaturen erst nach mehr als

5 s erreicht, verursachen sie eine nicht mehr tolerierbare Alterung der Leitung. Auch die bereits mehrfach benutzte Näherungsgleichung

$$t = \left(k \cdot \frac{S}{I}\right)^2$$

gilt nur für Kurzschlüsse bis zu 5 s Dauer.

Bei länger dauernden Kurzschlüssen kann der Errichter nur dann einen ausreichenden Schutz voraussetzen, wenn die Leitungen durch geeignete Schutzeinrichtungen bei Auftreten von Überlast geschützt sind. Diese Einrichtungen können zusätzlich auch den Schutz bei Kurzschluß übernehmen. Die Auslösekennlinie dieser „gemeinsamen" Überstrom-Schutzeinrichtung verläuft unterhalb der Kennlinie für die zulässige thermische Beanspruchung der zugehörigen Leitung und bietet daher Schutz bei jeder Art von Überströmen – also auch bei dem zu erwartenden Kurzschlußstrom (siehe auch Bild 6.40 und Abschnitt 6.5.1 dieses Buchs). Dabei sollte für Leitungsschutzschalter allerdings Voraussetzung sein, daß das Ausschaltvermögen bereits ohne Vorsicherung (siehe Abschnitt 6.4.3 dieses Buchs) mindestens dem vollkommenen Kurzschlußstrom am Einbauort entspricht. Dort, wo Abschaltzeiten von mehr als 5 s Dauer auftreten, ist die vorgenannte Bedingung jedoch so gut wie immer erfüllt.

Leistungsschalter lassen sich individuell so einstellen, daß sie in einer Zeit von weniger als 5 s auslösen.

Die Forderung, daß bei sehr kurzen zulässigen Ausschaltzeiten (<0,1 s) das aus der Gleichung zu ermittelnde Produkt $k^2 \cdot S^2$ größer sein muß als der vom Hersteller angegebene $I^2 \cdot t$-Wert der strombegrenzenden Schutzeinrichtung, wurde bereits anhand der Bilder 6.42 bis 6.47 in Abschnitt 6.4.1 dieses Buchs begründet.

Soweit für den Schutz bei Kurzschluß Sicherungen verwendet werden, die gleichzeitig den Schutz der Leitung bei Überlast übernehmen können, ist die Forderung nach DIN VDE 0100-430, Abschnitt 6.3.2.2 (siehe Abschnitt 6.4.3 dieses Buchs), automatisch erfüllt; sie muß nicht durch Rechnung nachgewiesen werden (siehe auch Bild 6.42).

Anders ist das beim Einsatz von Leitungsschutzschaltern für den Schutz bei Überlast und Kurzschluß (siehe Bild 6.43). Für eine PVC-isolierte Leitung von 1,5 mm² Cu ergibt sich für den $I^2 \cdot t$-Wert der strombegrenzenden Schutzeinrichtung die Forderung

$$I^2 \cdot t < k^2 \cdot S^2$$

$$I^2 \cdot t < 115^2 \cdot 1{,}5^2$$

Für eine 1,5-mm²-Cu-Leitung ergibt sich somit ein $I^2 \cdot t$-Wert von

$$I^2 \cdot t < 29\,756 \approx 29\,800\ \mathrm{A^2s}$$

In **Bild 6.52** ist der $I^2 \cdot t$-Wert einer Halbwelle (50 Hz) in Abhängigkeit vom Kurzschlußstrom eingetragen. Ebenso sind die Kurven der maximalen $I^2 \cdot t$-Werte, die Sicherungen mit den Nennströmen von 63 A und 100 A durchlassen, eingezeichnet.

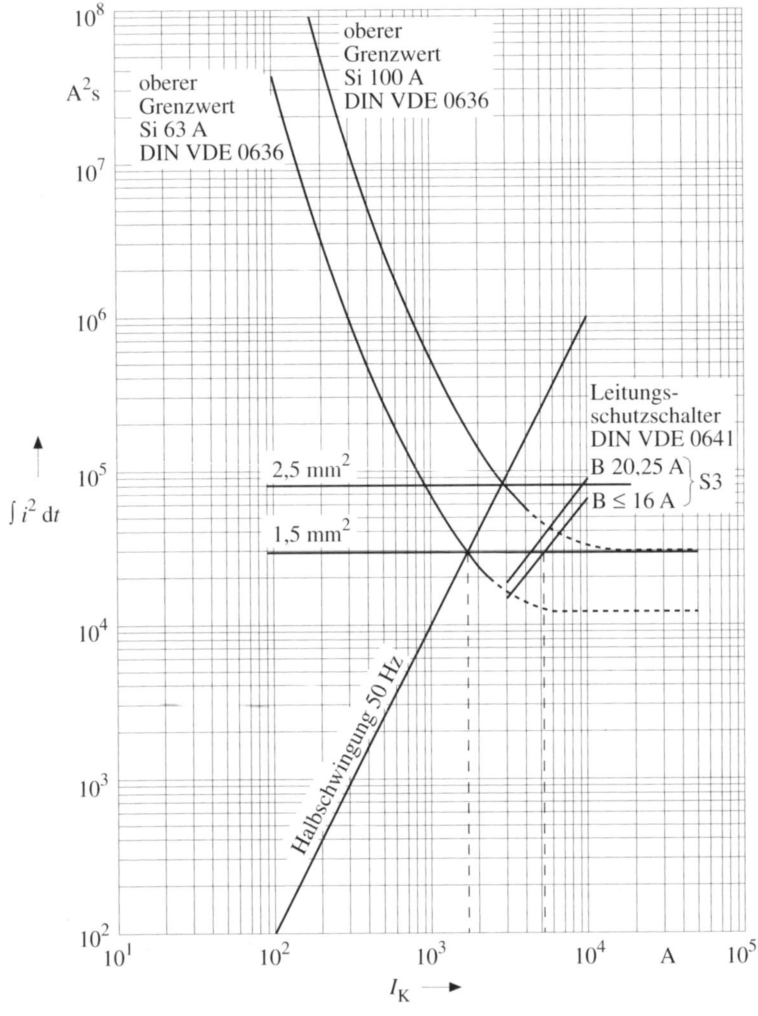

Bild 6.52 Schutz bei Kurzschluß für Leitungen bei hohen Kurzschlußströmen durch das Zusammenwirken von Sicherung und LS-Schalter

Der durchgezogene Teil dieser Kurven entspricht den in DIN VDE 0636 festgelegten Anforderungen, während die gestrichelten Äste die physikalisch logische Fortsetzung der Kurven im Bereich hoher Kurzschlußströme darstellen.

Da vorausgesetzt werden kann, daß die heute üblicherweise verwendeten Leitungsschutzschalter für den Schutz bei Kurzschluß innerhalb einer Halbwelle abschalten,

können diese Schalter den Schutz bei Kurzschluß bis zum Schnittpunkt der $I^2 \cdot t$-Kennlinie für eine Halbwelle (50 Hz) mit dem für eine 1,5-mm²-Cu-Leitung zulässigen Wert von 29 800 A²S übernehmen. Dieser Schnittpunkt liegt für die 63-A-Sicherungskennlinie bei einem Kurzschlußstrom von 1 750 A.
Das heißt, eine Sicherung von 63 A läßt bei einem Kurzschlußstrom von 1 750 A maximal etwa 28 000 A²s und bei höheren Kurzschlußströmen noch weniger Energie durch. Damit garantiert die Kombination aus einem innerhalb einer Halbwelle löschenden Leitungsschutzschalter mit einer Sicherung von 63 A für eine Leitung von 1,5 mm² Cu immer einen ausreichenden Schutz bei hohen Kurzschlußströmen. Deshalb wird in der Anmerkung zu DIN VDE 0100-430, Abschnitt 6.3.2.2 (siehe Abschnitt 6.4.3 dieses Buchs), darauf hingewiesen, daß bei Verwendung von nicht strombegrenzenden Leitungsschutzschaltern in Stromkreisen mit einem Leiterquerschnitt von mindestens 1,5 mm² Cu in PVC-Isolierung die Bedingung $I^2 \cdot t < k^2 \cdot S^2$ erfüllt ist, wenn man eine Leitungsschutzsicherung bis 63 A Nennstrom vorgeschaltet hat.
Aus Bild 6.52 kann ebenfalls abgeleitet werden, daß die Kombination eines Leitungsschutzschalters mit einer Sicherung von 100 A auch für eine 2,5-mm²-Cu-Leitung einen ausreichenden Schutz bei recht hohen Kurzschlußströmen sicherstellt.
Für den Schutz von Leitungen kleiner Querschnitte werden in der Praxis so gut wie nur noch Leitungsschutzschalter der Energiebegrenzungsklasse 3 (Selektivitätsklasse 3) eingesetzt. Deren aus DIN VDE 0641 abgeleitete Kennlinien sind für Schalter mit den Nennströmen von 16 A und 25 A (Charakteristik B) ebenfalls in Bild 6.52 eingetragen. Es ist abzulesen, daß eine 1,5-mm²-Cu-Leitung auch durch die Kombination eines Leitungsschutzschalters 16 A (Charakteristik B) der Energiebegrenzungsklasse 3 (Selektivitätsklasse 3) mit einer Sicherung von 100 A geschützt werden kann. Die geringe Überschreitung des zulässigen Werts von 29 800 A²s bei Kurzschlußströmen größer 5,1 kA kann in Kauf genommen werden, da von der Wahrscheinlichkeit her kaum beide der eingesetzten Schutzeinrichtungen an der oberen nach DIN VDE 0636 und DIN VDE 0641 zugelassenen Grenze liegen werden.
Diese Annahme wird im übrigen von den Herstellern der Schutzeinrichtungen bestätigt. Außerdem sinkt bei einer 1,5-mm²-Cu-Leitung ganz sicher schon nach 2 m der Kurzschlußstrom unter 5,1 kA. Tritt innerhalb dieser ersten beiden Meter tatsächlich einmal ein Kurzschluß auf, wird die Elektrofachkraft sehr wahrscheinlich an der Kurzschlußstelle eine Verbindungsdose setzen und die defekte 2 m lange Leitung zwischen Leitungsschutzschalter und Verbindungsdose auswechseln. Das heißt, die geschädigte Leitung würde ausgetauscht und somit zukünftig keine Gefahrenstelle mehr darstellen.
Zusammenfassend ist zu folgern, daß der Errichter beim Einsatz von Leitungsschutzschaltern der Energiebegrenzungsklasse 3 (Selektivitätsklasse 3) für den Schutz bei Überlast die unter DIN VDE 0100-430, Abschnitt 6.3.2.2 (siehe Abschnitt 6.4.3 dieses Buchs), formulierte Bedingung erst bei Vorsicherungen von mehr als 100 A beachten muß. Nach der Anmerkung zu Abschnitt 6.3.2.2 von DIN VDE 0100-430

wird bei Einsatz von Leitungsschutzschaltern der Energiebegrenzungsklasse 3 (Selektivitätsklasse 3) die Forderung $I^2 \cdot t < k^2 \cdot S^2$ bereits als erfüllt angesehen.
Wie kann der Errichter in anderen Fällen nachprüfen, ob diese Bedingung eingehalten wird?
Üblicherweise geben die Informationsschriften der Hersteller von Leitungsschutzschaltern darüber Auskunft, wie groß die Vorsicherung in Abhängigkeit vom Querschnitt der zu schützenden Leitung sein darf. Falls diese Unterlagen nicht zur Verfügung stehen, wird empfohlen, beim Hersteller der Leitungsschutzschalter nachzufragen.
Sind diesbezügliche Angaben nicht in Erfahrung zu bringen, muß der Errichter für eine individuelle Beurteilung den gesamten Verlauf und nicht nur einen einzelnen Wert der $I^2 \cdot t$-Kennlinie sowohl des Leitungsschutzschalters als auch der Vorsicherung kennen. Er muß dann zunächst den maximal möglichen Kurzschlußstrom am Einbauort und den $k^2 \cdot S^2$-Wert der zu schützenden Leitung errechnen. Danach ist mit den $I^2 \cdot t$-Kennlinien zu prüfen, ob bei dem errechneten Kurzschlußstrom entweder die Sicherung oder der Leitungsschutzschalter nur einen $I^2 \cdot t$-Wert durchlassen, der niedriger als der $k^2 \cdot S^2$-Wert ist. Im Prinzip ist die vorausgegangene Erläuterung des Schutzes einer Leitung von 1,5 mm^2 Cu anhand des Bildes 6.52 ein Beispiel für die individuelle Beurteilung, ob der Forderung $I^2 \cdot t < k^2 \cdot S^2$ entsprochen wird.

Leiternenn-querschnitt	Nennstrom der Schutz-einrichtung	Mindest-kurzschluß-strom	Schleifenimpedanz vor der Schutzeinrichtung in mΩ								
			10	50	100	200	300	400	500	600	700
mm²	A	A	maximal zulässige Länge l_{max} in m								
1,5	6	27	270	269	267	264	261	258	255	252	249
1,5	10	47	155	154	152	149	146	143	140	137	134
1,5	16	65	112	111	109	106	103	100	97	94	91
1,5	20	126	58	57	55	52	49	46	43	40	36
1,5	25	135	54	53	51	48	45	42	39	36	32
2,5	10	47	253	251	249	244	239	234	229	224	219
2,5	16	65	183	181	178	173	169	164	159	154	148
2,5	20	85	139	138	135	130	125	120	115	110	105
2,5	25	110	108	106	103	98	93	88	83	78	73
2,5	32	165	72	70	67	63	57	52	47	42	36
4	16	65	297	294	290	282	274	266	258	250	241
4	20	85	227	224	220	212	204	196	187	179	171
4	25	110	175	172	168	160	152	144	135	127	118
4	32	150	128	125	121	113	105	96	88	79	71
4	40	190	101	98	94	86	77	69	60	51	42
4	50	280	68	65	61	53	45	36	27	18	8
6	20	85	342	337	331	319	307	294	282	270	257
6	25	110	264	259	253	241	229	216	204	191	178
6	32	150	193	188	182	170	158	145	132	119	106
6	40	190	152	147	141	129	116	104	91	77	64
6	50	260	111	106	100	87	75	62	48	35	20
6	63	330	87	82	76	64	57	38	24	10	0
10	25	110	441	433	423	403	382	361	340	319	298
10	32	150	323	315	305	284	264	242	221	199	178
10	40	190	255	246	236	216	195	173	152	130	107
10	50	260	185	177	167	146	125	103	81	58	34
10	63	320	150	142	132	111	89	67	44	20	0
10	80	440	108	100	90	69	46	23	0	0	0
16	32	150	512	499	483	450	417	384	350	315	280
16	40	190	404	391	374	341	308	274	240	205	169
16	50	260	294	281	265	231	198	163	127	91	54
16	63	320	238	225	209	175	141	106	69	32	0
16	80	440	172	159	143	109	73	37	0	0	0
16	100	580	130	117	100	65	29	0	0	0	0

Tabelle 6.8 Zulässige Kabel- und Leitungslängen; Kupferleiter, Isolierung PVC oder Gummi; Sicherung, Betriebsklasse gG nach DIN VDE 0636-10 (**VDE 0636 Teil 10**)
Nennspannung der Anlage: 400 V, 50 Hz; Abschaltung nach 5 s oder nach Erreichen der zulässigen Kurzschlußtemperatur (Quelle: Beiblatt 5 zu DIN VDE 0100 (**VDE 0100**):1995-11, Tabelle 3)

Leiternennquerschnitt	Nennstrom der Schutzeinrichtung	Mindestkurzschlußstrom	Schleifenimpedanz vor der Schutzeinrichtung in mΩ								
			10	50	100	200	300	400	500	600	700
mm²	A	A	maximal zulässige Länge l_{max} in m								
1,5	6	30	243	242	240	237	234	231	228	225	222
1,5	10	50	145	144	143	140	137	134	131	128	125
1,5	16	80	91	89	88	85	82	79	76	73	70
1,5	20	100	72	71	70	67	64	61	57	54	51
1,5	25	125	58	57	55	52	49	46	43	40	36
2,5	10	50	238	236	233	229	224	219	214	209	204
2,5	16	80	148	146	144	139	134	129	124	119	114
2,5	20	100	118	116	114	109	104	99	94	89	84
2,5	25	125	95	93	90	85	80	75	70	65	60
2,5	32	160	74	72	69	64	59	54	49	44	38
4	16	80	241	238	234	226	218	210	202	193	185
4	20	100	193	190	186	178	169	161	153	145	136
4	25	125	154	151	147	139	131	122	114	106	97
4	32	160	120	117	113	105	96	88	80	71	62
4	40	200	96	93	89	80	72	64	55	46	37
6	20	100	290	285	279	267	255	243	230	218	205
6	25	125	232	227	221	209	197	184	172	159	146
6	32	160	181	176	170	158	145	133	120	107	94
6	40	200	144	139	133	121	109	96	83	70	56
6	50	250	115	110	104	92	79	66	53	39	25
6	63	315	91	86	80	68	55	41	28	14	0
10	25	125	388	380	370	350	329	308	287	265	244
10	32	160	303	295	284	264	243	222	201	179	157
10	40	200	242	234	223	203	182	160	139	116	94
10	50	250	193	185	175	154	132	111	88	66	42
10	63	315	153	144	134	113	92	69	47	23	0
16	32	160	480	467	451	418	385	351	317	282	247
16	40	200	383	370	354	321	288	253	219	184	148
16	50	250	306	293	277	243	210	175	140	104	67
16	63	315	242	229	213	179	145	110	73	36	0

Tabelle 6.9 Zulässige Kabel- und Leitungslängen; Kupferleiter, Isolierung PVC oder Gummi; Leitungsschutzschalter nach DIN VDE 0641-11 (**VDE 0641 Teil 11**), Charakteristik B
Nennspannung der Anlage: 400 V, 50 Hz; Abschaltung nach 0,1 s oder nach Erreichen der zulässigen Kurzschlußtemperatur, Längenwerte für 0,4 s und 5 s Abschaltzeit sind gleich (Quelle: Beiblatt 5 zu DIN VDE 0100 (**VDE 0100**):1995-11, Tabelle 5)

Leiternenn-querschnitt mm²	Nennstrom der Schutz-einrichtung A	Mindest-kurzschluß-strom A	Schleifenimpedanz vor der Schutzeinrichtung in mΩ: 10	50	100	200	300	400	500	600	700
			maximal zulässige Länge l_{max} in m								
1,5	6	60	121	120	118	115	112	109	106	103	100
1,5	10	100	72	71	70	67	64	61	57	54	51
1,5	16	160	45	44	42	39	36	33	30	27	23
1,5	20	200	36	35	33	30	27	24	20	17	14
1,5	25	250	28	27	26	23	20	16	13	10	6
2,5	10	100	118	116	114	109	104	99	94	89	84
2,5	16	160	74	72	69	64	59	54	49	44	38
2,5	20	200	59	57	54	49	44	39	34	28	23
2,5	25	250	47	45	42	37	32	27	21	16	10
2,5	32	320	36	34	32	27	22	16	10	5	0
4	16	160	120	117	113	105	96	88	80	71	62
4	20	200	96	93	89	80	72	64	55	46	37
4	25	250	76	73	69	61	53	44	35	26	17
4	32	320	59	56	52	44	35	26	17	8	0
4	40	400	47	44	40	32	23	14	4	0	0
6	20	200	144	139	133	121	109	96	83	70	56
6	25	250	115	110	104	92	79	66	53	39	25
6	32	320	90	85	79	66	53	40	26	12	0
6	40	400	71	66	60	48	35	21	7	0	0
6	50	500	57	52	46	33	19	5	0	0	0
6	63	630	45	40	34	20	7	0	0	0	0
10	25	250	193	185	175	154	132	111	88	66	42
10	32	320	150	142	132	111	89	67	44	20	0
10	40	400	120	111	101	80	58	35	11	0	0
10	50	500	95	87	77	55	33	9	0	0	0
10	63	630	75	67	56	34	11	0	0	0	0
16	32	320	238	225	209	175	141	106	69	32	0
16	40	400	190	177	160	126	92	55	18	0	0
16	50	500	151	138	121	87	52	14	0	0	0
16	63	630	119	106	89	55	18	0	0	0	0

Tabelle 6.10 Zulässige Kabel- und Leitungslängen; Kupferleiter, Isolierung PVC oder Gummi; Leitungsschutzschalter nach DIN VDE 0641-11 (**VDE 0641 Teil 11**), Charakteristik C
Nennspannung der Anlage: 400 V, 50 Hz; Abschaltung nach 0,1 s oder nach Erreichen der zulässigen Kurzschlußtemperatur, Längenwerte für 0,4 s und 5 s Abschaltzeit sind gleich (Quelle: Beiblatt 5 zu DIN VDE 0100 (**VDE 0100**):1995-11, Tabelle 6)

Leiternenn-querschnitt mm²	Nennstrom der Schutz-einrichtung A	Mindest-kurzschluß-strom A	Schleifenimpedanz vor der Schutzeinrichtung in mΩ								
			10	50	100	200	300	400	500	600	700
			maximal zulässige Länge l_{max} in m								
1,5	20	24	304	303	301	298	295	292	289	286	283
1,5	40	48	152	150	149	146	143	140	137	134	131
1,5	60	72	101	100	98	95	92	89	86	83	80
1,5	80	96	75	74	73	70	67	64	60	57	54
1,5	100	120	60	59	57	54	51	48	45	42	39
1,5	120	144	50	49	47	44	41	38	35	32	28
1,5	140	168	43	42	40	37	34	31	28	24	21
1,5	160	192	37	36	35	32	28	25	22	19	15
1,5	180	216	33	32	30	27	24	21	18	14	11
1,5	200	240	30	28	27	24	21	18	14	11	7
1,5	220	264	27	26	24	21	18	15	11	8	4
1,5	240	288	25	23	22	19	16	12	9	5	2
1,5	260	312	23	21	20	17	14	10	7	3	0
1,5	280	336	21	20	18	15	12	9	5	1	0
1,5	300	360	20	18	17	14	10	7	4	0	0
1,5	320	384	18	17	16	12	9	6	2	0	0

Tabelle 6.11 Zulässige Kabel- und Leitungslängen; Kupferleiter, Isolierung PVC oder Gummi; Leistungsschalter nach DIN VDE 0660-101 (**VDE 0660 Teil 101**)
Nennspannung der Anlage: 400 V, 50 Hz; Abschaltung nach 0,1 s oder nach Erreichen der zulässigen Kurzschlußtemperatur; Längenwerte für 0,2 s, 0,4 s und 5 s Abschaltzeit sind gleich (Quelle: Beiblatt 5 zu DIN VDE 0100 (**VDE 0100**):1995-11, Tabelle 7)

Leiternenn-querschnitt	Nennstrom der Schutz-einrichtung	Mindest-kurzschluß-strom	Schleifenimpedanz vor der Schutzeinrichtung in mΩ								
			10	50	100	200	300	400	500	600	700
			maximal zulässige Länge l_{max} in m								
mm²	A	A									
2,5	40	48	248	246	243	238	234	229	224	219	214
2,5	60	72	165	163	160	156	151	146	141	136	131
2,5	80	96	123	121	119	114	109	104	99	94	89
2,5	100	120	99	97	94	89	84	79	74	69	64
2,5	120	144	82	80	78	73	68	62	57	52	47
2,5	140	168	70	68	66	61	56	51	45	40	35
2,5	160	192	61	59	57	52	47	42	36	31	25
2,5	180	216	54	52	50	45	40	35	29	24	18
2,5	200	240	49	47	44	39	34	29	23	18	12
2,5	220	264	44	42	40	35	30	24	19	13	7
2,5	240	288	40	39	36	31	26	20	15	9	3
2,5	260	312	37	35	33	28	23	17	12	6	0
2,5	280	336	35	33	30	25	20	14	9	3	0
2,5	300	360	32	30	28	23	17	12	6	0	0
2,5	320	384	30	28	26	21	15	10	4	0	0
2,5	340	408	28	26	24	19	13	8	2	0	0
2,5	360	432	27	25	22	17	12	6	0	0	0
2,5	380	456	25	23	21	16	10	4	0	0	0
2,5	400	480	24	22	19	14	9	3	0	0	0
2,5	420	504	23	21	18	13	7	2	0	0	0

Tabelle 6.12 Zulässige Kabel- und Leitungslängen; Kupferleiter, Isolierung PVC oder Gummi; Leistungsschalter nach DIN VDE 0660-101 (**VDE 0660 Teil 101**)

Nennspannung der Anlage: 400 V, 50 Hz; Abschaltung nach 0,1 s oder nach Erreichen der zulässigen Kurzschlußtemperatur; Längenwerte für 0,2 s, 0,4 s und 5 s Abschaltzeit sind gleich (Quelle: Beiblatt 5 zu DIN VDE 0100 (**VDE 0100**):1995-11, Tabelle 8)

Leiternennquerschnitt mm²	Nennstrom der Schutzeinrichtung A	Mindestkurzschlußstrom A	Schleifenimpedanz vor der Schutzeinrichtung in mΩ 10	50	100	200	300	400	500	600	700
			maximal zulässige Länge l_{max} in m								
4	60	72	268	265	261	253	245	237	229	221	212
4	80	96	201	198	194	186	178	169	161	153	144
4	100	120	160	157	153	145	137	129	120	112	104
4	120	144	133	130	126	118	110	102	93	85	76
4	140	168	114	111	107	99	91	82	74	65	56
4	160	192	100	97	93	84	76	68	59	50	41
4	180	216	89	85	81	73	65	56	48	39	30
4	200	240	80	76	72	64	56	47	38	29	20
4	220	264	72	69	65	57	48	40	31	22	12
4	240	288	66	63	59	51	42	33	24	15	6
4	260	312	61	58	54	45	37	28	19	10	0
4	280	336	56	53	49	41	32	23	14	5	0
4	300	360	53	49	45	37	28	19	10	0	0
4	320	384	49	46	42	34	25	16	6	0	0
4	340	408	46	43	39	31	22	13	3	0	0
4	360	432	44	40	36	28	19	10	0	0	0
4	380	456	41	38	34	26	17	7	0	0	0
4	400	480	39	36	32	23	14	5	0	0	0
4	420	504	37	34	30	21	12	3	0	0	0
4	440	528	35	32	28	20	11	1	0	0	0
4	460	552	34	31	27	18	9	0	0	0	0
4	480	576	32	29	25	16	7	0	0	0	0
4	500	600	31	28	24	15	6	0	0	0	0

Tabelle 6.13 Zulässige Kabel- und Leitungslängen; Kupferleiter, Isolierung PVC oder Gummi; Leistungsschalter nach DIN VDE 0660-101 (**VDE 0660 Teil 101**)

Nennspannung der Anlage: 400 V, 50 Hz; Abschaltung nach 0,1 s oder nach Erreichen der zulässigen Kurzschlußtemperatur; Längenwerte für 0,2 s, 0,4 s und 5 s Abschaltzeit sind gleich (Quelle: Beiblatt 5 zu DIN VDE 0100 (**VDE 0100**):1995-11, Tabelle 9)

Leiternennquerschnitt mm²	Nennstrom der Schutzeinrichtung A	Mindestkurzschlußstrom A	Schleifenimpedanz vor der Schutzeinrichtung in mΩ								
			10	50	100	200	300	400	500	600	700
			maximal zulässige Länge l_{max} in m								
6	80	96	302	298	292	279	267	255	243	230	217
6	100	120	242	237	231	219	206	194	181	169	156
6	120	144	201	196	190	178	166	153	140	128	115
6	140	168	172	167	161	149	137	124	111	98	85
6	160	192	150	146	139	127	115	102	89	76	62
6	180	216	133	129	123	110	98	85	72	58	45
6	200	240	120	115	109	97	84	71	58	44	30
6	220	264	109	104	98	86	73	60	46	33	19
6	240	288	100	95	89	76	64	50	37	23	9
6	260	312	92	87	81	68	56	42	29	15	0
6	280	336	85	80	74	62	49	35	22	7	0
6	300	360	79	75	68	56	43	29	15	1	0
6	320	384	74	69	63	51	38	24	10	0	0
6	340	408	70	65	59	46	33	19	5	0	0
6	360	432	66	61	55	42	29	15	1	0	0
6	380	456	62	57	51	39	25	11	0	0	0
6	400	480	59	54	48	35	22	8	0	0	0
6	420	504	56	51	45	32	19	5	0	0	0
6	440	528	54	49	43	30	16	2	0	0	0
6	460	552	51	46	40	27	14	0	0	0	0
6	480	576	49	44	38	25	11	0	0	0	0
6	500	600	47	42	36	23	9	0	0	0	0
6	520	624	45	40	34	21	7	0	0	0	0
6	540	648	43	38	32	19	5	0	0	0	0
6	560	672	42	37	31	17	3	0	0	0	0
6	580	696	40	35	29	16	2	0	0	0	0
6	600	720	39	34	28	14	0	0	0	0	0
6	620	744	38	33	26	13	0	0	0	0	0
6	640	768	36	31	25	12	0	0	0	0	0
6	660	792	35	30	24	11	0	0	0	0	0

Tabelle 6.14 Zulässige Kabel- und Leitungslängen; Kupferleiter, Isolierung PVC oder Gummi; Leistungsschalter nach DIN VDE 0660-101 (**VDE 0660 Teil 101**)

Nennspannung der Anlage: 400 V, 50 Hz; Abschaltung nach 0,1 s oder nach Erreichen der zulässigen Kurzschlußtemperatur; Längenwerte für 0,2 s, 0,4 s und 5 s Abschaltzeit sind gleich (Quelle: Beiblatt 5 zu DIN VDE 0100 (**VDE 0100**):1995-11, Tabelle 10)

Leiternenn-querschnitt	Nennstrom der Schutz-einrichtung	Mindest-kurzschluß-strom	Schleifenimpedanz vor der Schutzeinrichtung in mΩ								
			10	50	100	200	300	400	500	600	700
mm^2	A	A	maximal zulässige Länge l_{max} in m								
10	100	120	404	396	386	366	345	324	303	282	260
10	120	144	337	329	318	298	277	256	235	213	191
10	140	168	288	280	270	249	229	207	186	164	142
10	160	192	252	244	234	213	192	171	149	127	104
10	180	216	224	215	205	185	164	142	120	98	75
10	200	240	201	193	183	162	141	119	97	74	51
10	220	264	182	174	164	143	122	100	78	55	31
10	240	288	167	159	149	128	106	84	62	39	15
10	260	312	154	146	136	115	93	71	48	25	0
10	280	336	143	135	124	103	82	59	36	12	0
10	300	360	133	125	115	94	72	49	26	2	0
10	320	384	125	117	106	85	63	40	17	0	0
10	340	408	117	109	99	77	55	33	9	0	0
10	360	432	111	102	92	71	49	26	1	0	0
10	380	456	105	96	86	65	42	19	0	0	0
10	400	480	99	91	81	59	37	13	0	0	0
10	420	504	94	86	76	54	32	8	0	0	0
10	440	528	90	82	71	50	27	3	0	0	0
10	460	552	86	78	67	46	23	0	0	0	0
10	480	576	82	74	64	42	19	0	0	0	0
10	500	600	79	71	60	38	15	0	0	0	0
10	520	624	76	68	57	35	12	0	0	0	0
10	540	648	73	65	54	32	9	0	0	0	0
10	560	672	70	62	51	29	6	0	0	0	0
10	580	696	68	59	49	27	3	0	0	0	0
10	600	720	65	57	47	24	1	0	0	0	0
10	620	744	63	55	44	22	0	0	0	0	0
10	640	768	61	53	42	20	0	0	0	0	0
10	660	792	59	51	40	18	0	0	0	0	0
10	680	816	57	49	38	16	0	0	0	0	0
10	700	840	56	47	37	14	0	0	0	0	0
10	720	864	54	46	35	13	0	0	0	0	0
10	740	888	52	44	34	11	0	0	0	0	0
10	760	912	51	43	32	9	0	0	0	0	0
10	780	936	50	41	31	8	0	0	0	0	0
10	800	960	48	40	29	6	0	0	0	0	0
10	820	984	47	39	28	5	0	0	0	0	0
10	840	1008	46	38	27	4	0	0	0	0	0
10	860	1032	45	37	26	3	0	0	0	0	0
10	900	1080	43	34	24	0	0	0	0	0	0
10	940	1128	41	32	22	0	0	0	0	0	0

Tabelle 6.15 Zulässige Kabel- und Leitungslängen; Kupferleiter, Isolierung PVC oder Gummi; Leistungsschalter nach DIN VDE 0660-101 (**VDE 0660 Teil 101**)

Nennspannung der Anlage: 400 V, 50 Hz; Abschaltung nach 0,1 s oder nach Erreichen der zulässigen Kurzschlußtemperatur; Längenwerte für 0,2 s, 0,4 s und 5 s Abschaltzeit sind gleich (Quelle: Beiblatt 5 zu DIN VDE 0100 (**VDE 0100**):1995-11, Tabelle 11)

Leiternenn-querschnitt	Nennstrom der Schutz-einrichtung	Mindest-kurzschluß-strom	Schleifenimpedanz vor der Schutzeinrichtung in mΩ								
			10	50	100	200	300	400	500	600	700
mm²	A	A	maximal zulässige Länge l_{max} in m								
16	160	192	399	386	370	337	304	270	235	200	165
16	180	216	355	342	325	292	259	224	190	154	118
16	200	240	319	306	289	256	223	188	153	117	81
16	220	264	289	276	260	227	193	158	123	87	49
16	240	288	265	252	236	202	168	133	97	61	23
16	260	312	244	231	215	182	147	112	76	39	1
16	280	336	227	214	197	164	129	94	57	20	0
16	300	360	211	198	182	148	114	78	41	3	0
16	320	384	198	185	168	135	100	64	27	0	0
16	340	408	186	173	156	123	88	51	14	0	0
16	360	432	175	162	146	112	77	40	3	0	0
16	380	456	166	153	136	102	67	30	0	0	0
16	400	480	157	144	128	94	58	21	0	0	0
16	420	504	150	137	120	86	50	13	0	0	0
16	440	528	143	130	113	79	43	5	0	0	0
16	460	552	136	123	107	72	36	0	0	0	0
16	480	576	131	118	101	66	30	0	0	0	0
16	500	600	125	112	96	61	24	0	0	0	0
16	550	660	114	100	84	49	12	0	0	0	0
16	600	720	104	91	74	39	1	0	0	0	0
16	650	780	95	82	66	30	0	0	0	0	0
16	700	840	88	75	58	23	0	0	0	0	0
16	750	900	82	69	52	16	0	0	0	0	0
16	800	960	77	64	47	10	0	0	0	0	0
16	850	1020	72	59	42	5	0	0	0	0	0
16	900	1080	68	55	38	1	0	0	0	0	0
16	950	1140	64	51	34	0	0	0	0	0	0
16	1000	1200	61	48	30	0	0	0	0	0	0
16	1100	1320	55	42	24	0	0	0	0	0	0
16	1200	1440	50	37	19	0	0	0	0	0	0
16	1300	1560	46	33	15	0	0	0	0	0	0

Tabelle 6.16 Zulässige Kabel- und Leitungslängen; Kupferleiter, Isolierung PVC oder Gummi; Leistungsschalter nach DIN VDE 0660-101 (**VDE 0660 Teil 101**)
Nennspannung der Anlage: 400 V, 50 Hz; Abschaltung nach 0,1 s oder nach Erreichen der zulässigen Kurzschlußtemperatur; Längenwerte für 0,2 s, 0,4 s und 5 s Abschaltzeit sind gleich (Quelle: Beiblatt 5 zu DIN VDE 0100 (**VDE 0100**):1995-11, Tabelle 12)

Leiter-nenn-querschnitt mm²	Einstellwert des Kurzschluß-strom-auslösers A	Mindest-kurzschluß-strom A	Schleifenimpedanz vor der Schutzeinrichtung in mΩ: 10	50	100	200	300
			maximal zulässige Länge l_{max} in m				
25	140	168	718	698	672	620	567
25	160	192	628	607	581	529	476
25	180	216	557	537	511	459	405
25	200	240	501	481	455	402	349
25	220	264	455	435	409	356	302
25	240	288	417	396	370	317	263
25	260	312	384	364	338	285	230
25	280	336	356	336	310	257	202
25	300	360	332	312	285	232	178
25	320	384	311	290	264	211	156
25	340	408	292	272	246	192	137
25	360	432	276	255	229	175	120
25	380	456	261	240	214	160	105
25	400	480	248	227	201	147	91
25	420	504	236	215	189	135	79
25	440	528	225	204	178	123	67
25	460	552	215	194	168	113	57
25	480	576	206	185	158	104	47
25	500	600	197	176	150	95	38
25	550	660	179	158	131	76	19
25	600	720	163	142	116	61	2
25	650	780	150	129	103	47	0
25	700	840	139	118	92	36	0
25	750	900	130	109	82	25	0
25	800	960	121	100	73	16	0
25	850	1020	114	93	66	9	0
25	900	1080	107	86	59	1	0
25	950	1140	101	80	53	0	0
25	1000	1200	96	75	47	0	0
25	1100	1320	87	65	38	0	0
25	1200	1440	79	58	30	0	0
25	1300	1560	72	51	23	0	0
25	1400	1680	67	46	18	0	0
25	1500	1800	62	41	12	0	0
25	1600	1920	58	36	8	0	0

Tabelle 6.17 Zulässige Kabel- und Leitungslängen; Kupferleiter, Isolierung PVC oder Gummi; Leistungsschalter nach DIN VDE 0660-101 (**VDE 0660 Teil 101**)

Nennspannung der Anlage: 400 V, 50 Hz; Abschaltung nach 5 s oder nach Erreichen der zulässigen Kurzschlußtemperatur (Quelle: Beiblatt 5 zu DIN VDE 0100 (**VDE 0100**):1995-11, Tabelle 13)

Leiter-nenn-querschnitt mm²	Einstellwert des Kurzschluß-strom-auslösers A	Mindest-kurzschluß-strom A	Schleifenimpedanz vor der Schutzeinrichtung in mΩ 10	50	100	200	300
			maximal zulässige Länge l_{max} in m				
35	160	192	861	833	797	725	651
35	180	216	765	736	700	628	554
35	200	240	688	659	623	550	477
35	220	264	624	596	560	487	413
35	240	288	572	543	507	434	360
35	260	312	527	499	462	389	315
35	280	336	489	460	424	351	276
35	300	360	456	427	391	318	243
35	320	384	427	398	362	288	213
35	340	408	401	373	336	263	187
35	360	432	379	350	314	240	164
35	380	456	358	330	293	219	143
35	400	480	340	311	275	201	124
35	420	504	323	295	258	184	107
35	440	528	308	280	243	169	92
35	460	552	295	266	229	155	77
35	480	576	282	253	217	142	64
35	500	600	270	242	205	130	52
35	550	660	245	216	180	104	26
35	600	720	224	195	159	83	3
35	650	780	206	177	141	64	0
35	700	840	191	162	125	48	0
35	750	900	178	149	112	35	0
35	800	960	166	137	100	23	0
35	850	1020	156	127	90	12	0
35	900	1080	147	118	81	2	0
35	950	1140	139	110	72	0	0
35	1000	1200	131	102	65	0	0
35	1100	1320	119	90	52	0	0
35	1200	1440	108	79	41	0	0
35	1300	1560	99	70	32	0	0
35	1400	1680	92	62	24	0	0
35	1500	1800	85	56	17	0	0
35	1600	1920	79	50	11	0	0
35	1700	2040	74	45	6	0	0
35	1800	2160	70	40	1	0	0
35	1900	2280	66	36	0	0	0
35	2000	2400	62	32	0	0	0

Tabelle 6.18 Zulässige Kabel- und Leitungslängen; Kupferleiter, Isolierung PVC oder Gummi; Leistungsschalter nach DIN VDE 0660-101 (**VDE 0660 Teil 101**)
Nennspannung der Anlage: 400 V, 50 Hz; Abschaltung nach 5 s oder nach Erreichen der zulässigen Kurzschlußtemperatur (Quelle: Beiblatt 5 zu DIN VDE 0100 (**VDE 0100**):1995-11, Tabelle 14)

Leiter-nenn-querschnitt mm²	Einstellwert des Kurzschluß-strom-auslösers A	Mindest-kurzschluß-strom A	Schleifenimpedanz vor der Schutzeinrichtung in mΩ; maximal zulässige Länge l_{max} in m				
			10	50	100	200	300
50	180	216	1027	988	940	841	742
50	200	240	924	885	836	737	637
50	220	264	839	800	751	652	552
50	240	288	768	729	680	581	481
50	260	312	708	669	620	521	420
50	280	336	657	618	569	469	369
50	300	360	612	573	524	425	324
50	320	384	573	534	485	386	284
50	340	408	539	500	451	351	249
50	360	432	509	470	420	320	218
50	380	456	481	442	393	293	190
50	400	480	457	418	368	268	165
50	420	504	434	395	346	246	143
50	440	528	414	375	326	225	122
50	460	552	396	357	307	206	103
50	480	576	379	340	290	189	86
50	500	600	363	324	275	173	69
50	550	660	329	290	241	139	34
50	600	720	301	262	212	110	5
50	650	780	277	238	188	86	0
50	700	840	257	217	167	64	0
50	750	900	239	200	149	46	0
50	800	960	223	184	134	30	0
50	850	1020	210	170	120	16	0
50	900	1080	197	158	108	3	0
50	950	1140	186	147	96	0	0
50	1000	1200	177	137	86	0	0
50	1100	1320	160	120	69	0	0
50	1200	1440	145	106	55	0	0
50	1300	1560	133	94	43	0	0
50	1400	1680	123	83	32	0	0
50	1500	1800	114	74	23	0	0
50	1600	1920	106	67	15	0	0
50	1700	2040	100	60	8	0	0
50	1800	2160	94	54	1	0	0
50	1900	2280	88	48	0	0	0
50	2000	2400	83	43	0	0	0
50	2200	2640	75	34	0	0	0
50	2400	2880	68	27	0	0	0

Tabelle 6.19 Zulässige Kabel- und Leitungslängen; Kupferleiter, Isolierung PVC oder Gummi; Leistungsschalter nach DIN VDE 0660-101 (**VDE 0660 Teil 101**)
Nennspannung der Anlage: 400 V, 50 Hz; Abschaltung nach 5 s oder nach Erreichen der zulässigen Kurzschlußtemperatur (Quelle: Beiblatt 5 zu DIN VDE 0100 (**VDE 0100**):1995-11, Tabelle 15)

Leiter-nenn-querschnitt mm²	Einstellwert des Kurzschluß-strom-auslösers A	Mindest-kurzschluß-strom A	Schleifenimpedanz vor der Schutzeinrichtung in mΩ: 10	50	100	200	300
			maximal zulässige Länge l_{max} in m				
70	200	240	1307	1251	1180	1039	896
70	220	264	1187	1131	1060	918	776
70	240	288	1087	1030	960	818	675
70	260	312	1002	946	875	733	590
70	280	336	929	873	803	660	517
70	300	360	866	810	740	597	454
70	320	384	811	755	685	542	398
70	340	408	763	707	636	493	349
70	360	432	720	663	593	450	306
70	380	456	681	625	554	411	266
70	400	480	646	590	519	376	231
70	420	504	615	558	488	345	199
70	440	528	586	530	459	316	170
70	460	552	560	504	433	289	144
70	480	576	536	480	409	265	119
70	500	600	514	458	387	243	97
70	550	660	466	410	339	195	48
70	600	720	426	370	298	154	7
70	650	780	392	336	264	120	0
70	700	840	363	307	235	90	0
70	750	900	338	281	210	64	0
70	800	960	316	259	188	42	0
70	850	1020	296	240	168	22	0
70	900	1080	279	223	151	4	0
70	950	1140	264	207	135	0	0
70	1000	1200	250	193	121	0	0
70	1100	1320	226	169	97	0	0
70	1200	1440	206	149	77	0	0
70	1300	1560	189	132	60	0	0
70	1400	1680	174	117	45	0	0
70	1500	1800	162	105	32	0	0
70	1600	1920	151	94	21	0	0
70	1700	2040	141	84	11	0	0
70	1800	2160	132	75	2	0	0
70	1900	2280	125	67	0	0	0
70	2000	2400	118	60	0	0	0
70	2200	2640	106	48	0	0	0
70	2400	2880	96	38	0	0	0
70	2600	3120	87	30	0	0	0
70	2800	3360	80	22	0	0	0
70	3000	3600	74	16	0	0	0

Tabelle 6.20 Zulässige Kabel- und Leitungslängen; Kupferleiter, Isolierung PVC oder Gummi; Leistungsschalter nach DIN VDE 0660-101 (**VDE 0660 Teil 101**)

Nennspannung der Anlage: 400 V, 50 Hz; Abschaltung nach 5 s oder nach Erreichen der zulässigen Kurzschlußtemperatur (Quelle: Beiblatt 5 zu DIN VDE 0100 (**VDE 0100**):1995-11, Tabelle 16)

Leiter-nenn-querschnitt mm²	Einstellwert des Kurzschluß-strom-auslösers A	Mindest-kurzschluß-strom A	Schleifenimpedanz vor der Schutzeinrichtung in mΩ 10	50	100	200	300
			maximal zulässige Länge l_{max} in m				
95	200	240	1754	1678	1582	1389	1197
95	220	264	1593	1516	1420	1228	1035
95	240	288	1459	1382	1286	1093	900
95	260	312	1345	1268	1172	980	786
95	280	336	1247	1171	1075	882	689
95	300	360	1163	1086	990	798	604
95	320	384	1089	1012	916	723	530
95	340	408	1024	947	851	658	464
95	360	432	966	889	793	600	406
95	380	456	914	837	741	548	354
95	400	480	867	791	694	501	307
95	420	504	825	748	652	459	265
95	440	528	787	710	614	420	226
95	460	552	752	675	579	385	191
95	480	576	719	643	546	353	158
95	500	600	690	613	517	323	128
95	550	660	625	549	452	259	63
95	600	720	572	495	399	205	9
95	650	780	526	449	353	159	0
95	700	840	487	410	314	119	0
95	750	900	453	377	280	85	0
95	800	960	424	347	250	56	0
95	850	1020	398	321	224	29	0
95	900	1080	375	298	201	6	0
95	950	1140	354	277	180	0	0
95	1000	1200	335	258	161	0	0
95	1100	1320	303	226	129	0	0
95	1200	1440	276	199	102	0	0
95	1300	1560	253	176	79	0	0
95	1400	1680	234	157	59	0	0
95	1500	1800	217	140	42	0	0
95	1600	1920	202	125	28	0	0
95	1700	2040	189	112	14	0	0
95	1800	2160	177	100	3	0	0
95	1900	2280	167	90	0	0	0
95	2000	2400	158	80	0	0	0
95	2200	2640	142	64	0	0	0
95	2400	2880	128	51	0	0	0
95	2600	3120	117	39	0	0	0
95	2800	3360	107	29	0	0	0
95	3000	3600	99	21	0	0	0
95	3200	3840	91	14	0	0	0

Tabelle 6.21 Zulässige Kabel- und Leitungslängen; Kupferleiter, Isolierung PVC oder Gummi; Leistungsschalter nach DIN VDE 0660-101 (**VDE 0660 Teil 101**)
Nennspannung der Anlage: 400 V, 50 Hz; Abschaltung nach 5 s oder nach Erreichen der zulässigen Kurzschlußtemperatur (Quelle: Beiblatt 5 zu DIN VDE 0100 (**VDE 0100**):1995-11, Tabelle 17)

Leiter-nenn-querschnitt	Einstellwert des Kurzschluß-strom-auslösers	Mindest-kurzschluß-strom	Schleifenimpedanz vor der Schutzeinrichtung in mΩ				
			10	50	100	200	300
mm²	A	A	maximal zulässige Länge l_{max} in m				
120	250	300	1713	1619	1500	1263	1026
120	300	360	1424	1329	1211	974	736
120	350	420	1217	1122	1004	767	529
120	400	480	1062	967	849	611	374
120	450	540	941	846	728	491	253
120	500	600	844	750	631	394	156
120	600	720	700	605	487	249	11
120	700	840	596	502	383	145	0
120	800	960	519	424	305	68	0
120	900	1080	458	364	245	7	0
120	1000	1200	410	315	197	0	0
120	1200	1440	338	243	124	0	0
120	1400	1680	286	191	72	0	0
120	1600	1920	247	153	34	0	0
120	1800	2160	217	122	3	0	0
120	2000	2400	193	98	0	0	0
120	2500	3000	150	55	0	0	0
120	3000	3600	121	26	0	0	0
120	3500	4200	100	5	0	0	0
120	4000	4800	84	0	0	0	0
120	4500	5400	72	0	0	0	0
120	5000	6000	63	0	0	0	0

Tabelle 6.22 Zulässige Kabel- und Leitungslängen; Kupferleiter, Isolierung PVC oder Gummi; Leistungsschalter nach DIN VDE 0660-101 (**VDE 0660 Teil 101**)

Nennspannung der Anlage: 400 V, 50 Hz; Abschaltung nach 5 s oder nach Erreichen der zulässigen Kurzschlußtemperatur (Quelle: Beiblatt 5 zu DIN VDE 0100 (**VDE 0100**):1995-11, Tabelle 18)

Leiter-nenn-querschnitt mm²	Einstellwert des Kurzschluß-strom-auslösers A	Mindest-kurzschluß-strom A	Schleifenimpedanz vor der Schutzeinrichtung in mΩ				
			10	50	100	200	300
			maximal zulässige Länge l_{max} in m				
150	250	300	2016	1904	1764	1485	1205
150	300	360	1675	1563	1424	1144	865
150	350	420	1432	1320	1180	901	621
150	400	480	1249	1138	998	718	439
150	450	540	1107	996	856	576	297
150	500	600	994	882	742	463	183
150	600	720	823	712	572	292	13
150	700	840	702	590	450	171	0
150	800	960	610	499	359	79	0
150	900	1080	539	428	288	8	0
150	1000	1200	483	371	231	0	0
150	1200	1440	397	286	146	0	0
150	1400	1680	337	225	85	0	0
150	1600	1920	291	179	39	0	0
150	1800	2160	256	144	4	0	0
150	2000	2400	227	115	0	0	0
150	2500	3000	176	64	0	0	0
150	3000	3600	142	30	0	0	0
150	3500	4200	118	6	0	0	0
150	4000	4800	99	0	0	0	0
150	4500	5400	85	0	0	0	0
150	5000	6000	74	0	0	0	0
150	5500	6600	64	0	0	0	0
150	6000	7200	57	0	0	0	0

Tabelle 6.23 Zulässige Kabel- und Leitungslängen; Kupferleiter, Isolierung PVC oder Gummi; Leistungsschalter nach DIN VDE 0660-101 (**VDE 0660 Teil 101**)
Nennspannung der Anlage: 400 V, 50 Hz; Abschaltung nach 5 s oder nach Erreichen der zulässigen Kurzschlußtemperatur (Quelle: Beiblatt 5 zu DIN VDE 0100 (**VDE 0100**):1995-11, Tabelle 19)

Leiter-nenn-querschnitt	Nennstrom der Schutz-einrichtung	Mindest-kurzschluß-strom	Schleifenimpedanz vor der Schutzeinrichtung in mΩ				
			10	50	100	200	300
			maximal zulässige Länge l_{max} in m				
mm²	A	A					
25	63	320	374	354	328	275	221
25	80	440	271	250	224	170	115
25	100	580	204	183	157	102	46
25	125	750	157	136	109	54	0
25	160	930	125	104	77	21	0
35	80	440	372	343	307	233	157
35	100	580	280	251	215	140	62
35	125	750	215	186	149	73	0
35	160	930	172	143	106	28	0
35	200	1350	116	87	49	0	0
35	250	1600	97	67	29	0	0
50	100	580	376	337	288	187	83
50	125	750	289	249	200	97	0
50	160	930	231	191	141	38	0
50	200	1350	156	116	65	0	0
50	250	1600	130	90	39	0	0
70	125	750	408	352	281	136	0
70	160	930	326	270	199	53	0
70	200	1350	220	164	92	0	0
70	250	1600	184	127	54	0	0
70	315	2200	130	73	0	0	0
95	160	930	438	361	265	70	0
95	200	1350	296	219	122	0	0
95	250	1600	246	169	72	0	0
95	315	2200	174	97	0	0	0
95	400	2750	135	58	0	0	0
120	200	1350	362	267	148	0	0
120	250	1600	302	207	88	0	0
120	315	2200	213	118	0	0	0
120	400	2750	165	70	0	0	0
150	200	1350	426	314	174	0	0
150	250	1600	355	243	103	0	0
150	315	2200	250	139	0	0	0
150	400	2750	195	83	0	0	0
150	500	3900	129	17	0	0	0

Tabelle 6.24 Zulässige Kabel- und Leitungslängen; Kupferleiter, Isolierung PVC, VPE oder EPR; Sicherung, Betriebsklasse gG nach DIN VDE 0636-10 (**VDE 0636 Teil 10**)
Nennspannung der Anlage: 400 V, 50 Hz; Abschaltung nach 5 s oder nach Erreichen der zulässigen Kurzschlußtemperatur (Quelle: Beiblatt 5 zu DIN VDE 0100 (**VDE 0100**):1995-11, Tabelle 20)

Leiter-nenn-querschnitt	Nennstrom der Schutz-einrichtung	Mindest-kurzschluß-strom	Schleifenimpedanz vor der Schutzeinrichtung in mΩ				
			10	50	100	200	300
			maximal zulässige Länge l_{max} in m				
mm²	A	A					
25	50	260	279	267	252	220	188
25	63	320	226	214	198	167	134
25	80	440	164	151	136	103	70
25	100	580	123	111	95	62	28
25	125	750	94	82	66	33	0
35	63	320	310	293	272	228	183
35	80	440	224	207	186	141	95
35	100	580	169	152	130	85	38
35	125	750	130	112	90	45	0
35	160	930	104	86	64	17	0
50	80	440	305	282	252	192	129
50	100	580	230	207	177	115	51
50	125	750	176	153	123	60	0
50	160	930	141	117	87	23	0
50	200	1350	95	71	40	0	0
70	100	580	331	297	253	165	73
70	125	750	254	220	176	86	0
70	160	930	203	169	125	33	0
70	200	1350	137	102	58	0	0
70	250	1600	114	79	34	0	0
95	125	750	348	300	240	117	0
95	160	930	278	230	170	45	0
95	200	1350	188	140	78	0	0
95	250	1600	156	108	47	0	0
95	315	2200	110	62	0	0	0
120	160	930	346	286	210	56	0
120	200	1350	234	174	97	0	0
120	250	1600	195	134	58	0	0
120	315	2200	137	77	0	0	0
120	400	2750	107	46	0	0	0
150	200	1350	282	209	117	0	0
150	250	1600	235	162	69	0	0
150	315	2200	166	92	0	0	0
150	400	2750	129	55	0	0	0
150	500	3900	85	11	0	0	0

Tabelle 6.25 Zulässige Kabel- und Leitungslängen; Al-Leiter, Isolierung PVC, VPE oder EPR; Sicherung, Betriebsklasse gG nach DIN VDE 0636-10 (**VDE 0636 Teil 10**)
Nennspannung der Anlage: 400 V, 50 Hz; Abschaltung nach 5 s oder nach Erreichen der zulässigen Kurzschlußtemperatur (Quelle: Beiblatt 5 zu DIN VDE 0100 (**VDE 0100**):1995-11, Tabelle 21)

Leiter-nenn-querschnitt	Nennstrom der Schutz-einrichtung	Mindest-kurzschluß-strom	Schleifenimpedanz vor der Schutzeinrichtung in mΩ				
			10	50	100	200	300
			maximal zulässige Länge l_{max} in m				
mm²	A	A					
25/16	63	320	291	275	255	214	172
25/16	80	440	211	195	174	133	90
25/16	100	580	159	143	122	80	36
25/16	125	750	122	106	85	42	0
25/16	160	930	0	0	0	0	0
35/16	80	440	235	217	195	148	100
35/16	100	580	177	159	136	89	40
35/16	125	750	136	118	95	47	0
35/16	160	930	0	0	0	0	0
50/25	100	580	265	238	203	132	59
50/25	125	750	203	176	141	69	0
50/25	160	930	162	135	100	27	0
50/25	200	1350	0	0	0	0	0
70/35	125	750	282	244	195	95	0
70/35	160	930	225	187	138	37	0
70/35	200	1350	152	114	64	0	0
70/35	250	1600	127	88	38	0	0
95/50	160	930	303	251	185	49	0
95/50	200	1350	205	152	85	0	0
95/50	250	1600	170	118	51	0	0
95/50	315	2200	120	67	0	0	0
120/70	200	1350	274	203	113	0	0
120/70	250	1600	229	157	67	0	0
120/70	315	2200	161	90	0	0	0
120/70	400	2750	125	54	0	0	0
150/70	200	1350	292	216	120	0	0
150/70	250	1600	243	167	71	0	0
150/70	315	2200	172	95	0	0	0
150/70	400	2750	133	57	0	0	0

Tabelle 6.26 Zulässige Kabel- und Leitungslängen; Kupferleiter, Isolierung PVC, VPE oder EPR; Sicherung, Betriebsklasse gG nach DIN VDE 0636-10 (**VDE 0636 Teil 10**)

Nennspannung der Anlage: 400 V, 50 Hz; Abschaltung nach 5 s oder nach Erreichen der zulässigen Kurzschlußtemperatur (Quelle: Beiblatt 5 zu DIN VDE 0100 (**VDE 0100**):1995-11, Tabelle 22)

Leiterquerschnitt	**Leiterwiderstandsbelag bei**	
	20 °C	80 °C
mm²	mΩ/m	mΩ/m
1,5	12,0813	14,6505
2,5	7,2688	8,8145
4	4,5529	5,5212
6	3,0253	3,6687
10	1,8071	2,1915
16	1,1392	1,3815
25	0,7229	0,8767
35	0,5252	0,6369
50	0,3884	0,4710
70	0,2706	0,3282
95	0,1967	0,2385
120	0,1568	0,1901
150	0,1288	0,1562
185	0,1048	0,1271

Tabelle 6.27 Leiterwiderstandsbeläge für Kupferleitungen bei 20 °C und 80 °C in Abhängigkeit vom Leiterquerschnitt

6.4.4 Anordnung der Schutzeinrichtungen für den Schutz bei Kurzschluß (DIN VDE 0100-430, Abschnitt 6.4)

6.4.4.1 Allgemeines (DIN VDE 0100-430, Unterabschnitt 6.4.1)

Schutzeinrichtungen für den Schutz bei Kurzschluß müssen am Anfang eines jeden Stromkreises (**Bild 6.53**) sowie an allen Stellen eingebaut werden, an denen die Kurzschlußstrombelastbarkeit gemindert wird, sofern eine vorgeschaltete Schutzeinrichtung den geforderten Schutz bei Kurzschluß nicht sicherstellen kann.

Bild 6.53 Schutzeinrichtung M für den Schutz bei Kurzschluß am Anfang der Leitung

Ursache für die Minderung der Kurzschlußstrombelastbarkeit kann z. B. die Reduzierung des Leiterquerschnitts oder eine andere Leiterisolierung sein (**Bild 6.54**).

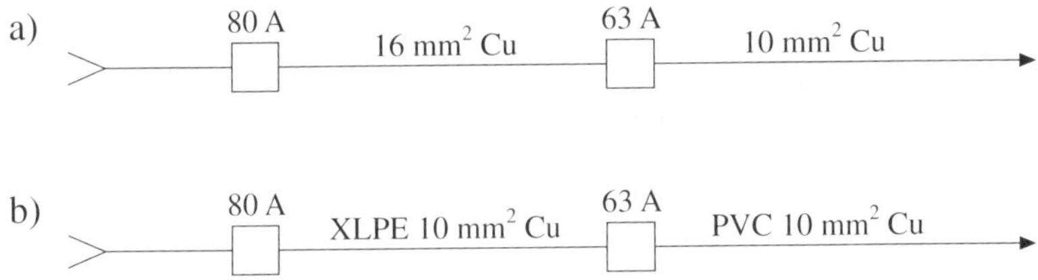

Bild 6.54 Minderung der Kurzschlußstrombelastbarkeit
a) Verringerung des Leiterquerschnitts
b) andere Leiterisolierung

Der Einbau einer Schutzeinrichtung für den Schutz bei Kurzschluß kann entfallen, wenn die Ansprechkennlinie einer vor der Querschnittsverringerung oder der sonstigen Änderung angeordneten Schutzeinrichtung so beschaffen ist, daß auch die Leitung mit geminderter Kurzschlußstrombelastbarkeit bei Kurzschluß geschützt wird.

Bei der Anordnung der Schutzeinrichtungen ist zu berücksichtigen, daß bei Kurzschlüssen – durch den Kurzschlußstrom bedingt – dynamische Kräfte wirksam werden, in deren Folge zu schwache Isolierkörper oder Halterungen brechen oder Leitungen bzw. Stromschienen verformt werden können.

Die Stromkraft zwischen zwei Hauptleitern beträgt z. B. im Einphasen-Wechselstromsystem bei der Leiteranordnung nach **Bild 6.55**

$$F_{\mathrm{H}} = \frac{\mu_0}{2\pi} \cdot I_{\mathrm{s}}^2 \cdot \frac{l}{a}$$

$$F_H = 0{,}2 \cdot I_s^2 \cdot \frac{l}{a}$$

mit

F_H Stromkraft zwischen den Hauptleitern in N
μ_0 magnetische Feldkonstante ($\mu_0 = 4\pi \cdot 10^{-7}$) in Vs/Am
I_s Stoßkurzschlußstrom in kA
l Stützabstand in cm
a Hauptleitermittenabstand in cm

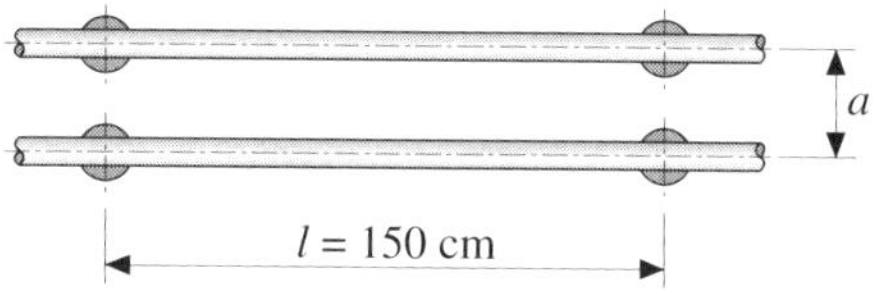

Bild 6.55 Leiteranordnung für Stromkraftermittlung

Beispiel
Gesucht wird die Stromkraft zwischen zwei Stromschienen. Der Stützabstand beträgt $l = 150$ cm, der Schienenmittenabstand $a = 15$ cm. Es ist von einem Stoßkurzschlußstrom $I_s = 10$ kA auszugehen.

$$F_H = 0{,}2 \cdot I_s^2 \cdot \frac{l}{a}$$

$$F_H = 0{,}2 \cdot 100 \cdot \frac{150}{15}$$

$$F_H = 200 \text{ N } (20 \text{ kp})$$

6.4.4.2 Versetzen der Schutzeinrichtung für den Schutz bei Kurzschluß (DIN VDE 0100-430, Unterabschnitt 6.4.2)

Abgesehen von Anlagen, für die in besonderen Normen abweichende Bedingungen gelten, z. B. in feuer- und explosionsgefährdeten Räumen, darf die Schutzeinrichtung für den Schutz bei Kurzschluß im Zug der zu schützenden Leitungen oder der zu schützenden Kabel versetzt werden, wenn der zwischen der Querschnittsverringerung oder sonstigen Änderung und der Schutzeinrichtung liegende Leitungs- oder Kabelteil gleichzeitig folgenden Anforderungen entspricht:

- die Länge überschreitet nicht 3 m
- durch die Ausführung wird die Gefahr eines Kurzschlusses auf ein Mindestmaß beschränkt
- er ist so ausgeführt, daß die Gefahr von Feuer und Personenschäden auf ein Mindestmaß beschränkt ist

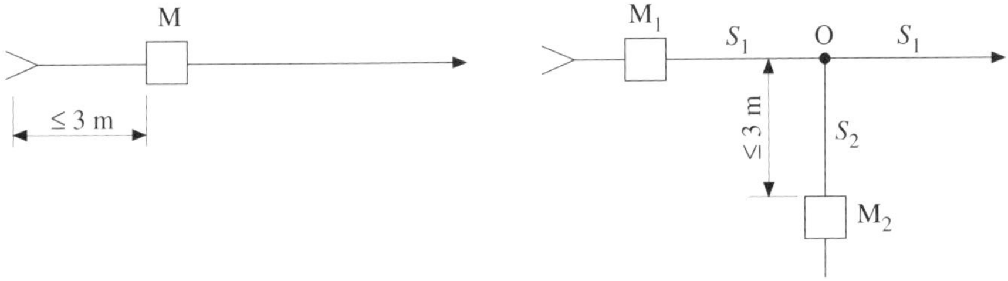

Bild 6.56 Versetzen der Schutzeinrichtung für den Schutz bei Kurzschluß

Die zweite und die dritte Anforderung sind praktisch gleichbedeutend mit der kurzschluß- und erdschlußsicheren Verlegung der Leitungen und Kabel. Bei der dritten Anforderung ist sicherzustellen, daß die Leitungen und Kabel nicht in der Nähe brennbarer Materialien verlegt sind. Beispiele für das Versetzen der Schutzeinrichtung zeigt **Bild 6.56**.

Die Überstrom-Schutzeinrichtung M_1 muß nur den Leitungsabschnitt S_1 bei Kurzschluß schützen (zur Einschränkung der Gefahr eines Kurzschlusses bzw. zur kurzschluß- und erdschlußsicheren Verlegung siehe auch vorausgegangene Erläuterungen in Abschnitt 6.3.5.2 dieses Buchs). Beim Versetzen der Schutzeinrichtung M_2 für den Kurzschlußschutz um 3 m sind bezüglich des Leiterquerschnitts keine Einschränkungen vorgegeben. Das heißt, die Leitung zwischen der Abzweigstelle O in der Hauptleitung und der Anschlußklemme der Schutzeinrichtung M_2 ist zulässig (siehe Bild 6.56).

Die Schutzeinrichtung für den Schutz bei Kurzschluß darf im Zug der zu schützenden Leitung bis zur Länge $\overline{OV}$ gemäß **Bild 6.57** versetzt werden.

Das Dreieckdiagramm in Bild 6.57 ist nur ein Hilfsmittel, mit dem überprüft werden kann, ob entsprechend den Forderungen in DIN VDE 0100-430, Abschnitt 6.4.2, die nächste vorgeordnete Schutzeinrichtung den geforderten Schutz bei Kurzschluß noch sicherstellen kann. Da es nur ein Hilfsmittel ist, d. h. keine eigentliche Bestim-

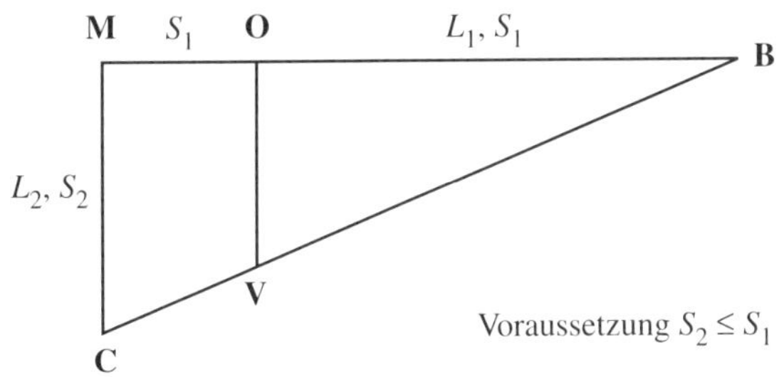

Bild 6.57 Versetzen der Schutzeinrichtung für den Schutz bei Kurzschluß nach dem Dreieckdiagramm

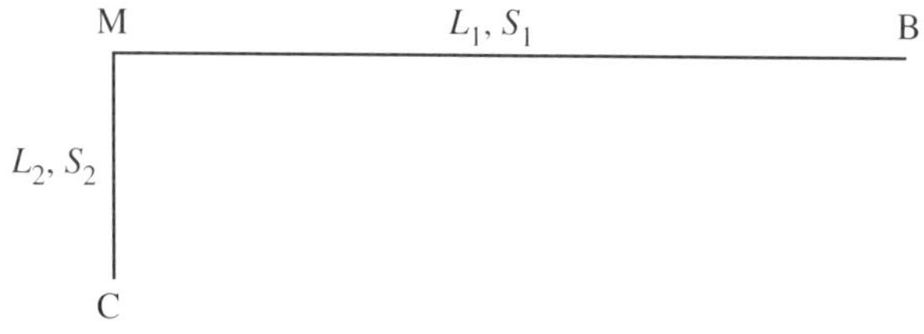

Bild 6.58 Versetzen der Schutzeinrichtung für den Schutz bei Kurzschluß
Anordnung des Abzweigs unmittelbar am Anfang M

mung darstellt, wurde es schon in der vorletzten Fassung von DIN VDE 0100-430 nicht mehr in den Bestimmungstext der DIN-VDE-Norm aufgenommen.
Die Länge $\overline{OV}$, um die die Schutzeinrichtung für den Schutz bei Kurzschluß versetzt werden darf, kann grafisch oder mathematisch ermittelt werden.

Grafische Ermittlung
Die Strecke $\overline{MB} = L_1$ stellt die größte Länge der Leitung mit dem Querschnitt S_1 dar, die durch die in M angeordnete Schutzeinrichtung für den Schutz bei Kurzschluß geschützt ist **(Bild 6.58)**.
Die Strecke $\overline{MC} = L_2$ ist die größte Länge der Leitung mit dem Querschnitt S_2, die durch die in M angeordnete Schutzeinrichtung für den Schutz bei Kurzschluß geschützt ist.
Wird ein Abzweig unmittelbar am Anfang M angeordnet, d. h. sofort hinter der Schutzeinrichtung für den Schutz bei Kurzschluß, schützt die Schutzeinrichtung sowohl die maximale Länge L_1 mit dem Querschnitt S_1 als auch die maximale Länge L_2 mit dem Querschnitt S_2.
Liegt der Abzweig im Punkt B, ist die geschützte Länge des Abzweigs gleich null. Dazwischen können alle durch die in M angeordneten Schutzeinrichtungen für den Schutz bei Kurzschluß geschützten Längen $\overline{OV}$ **(Bild 6.59)** mit dem Querschnitt S_2, bezogen auf die jeweilige Entfernung $\overline{MO}$ des Abzweigpunkts O von der Schutzeinrichtung M, für den Schutz bei Kurzschluß aus dem zu zeichnenden Dreieck abgegriffen werden.

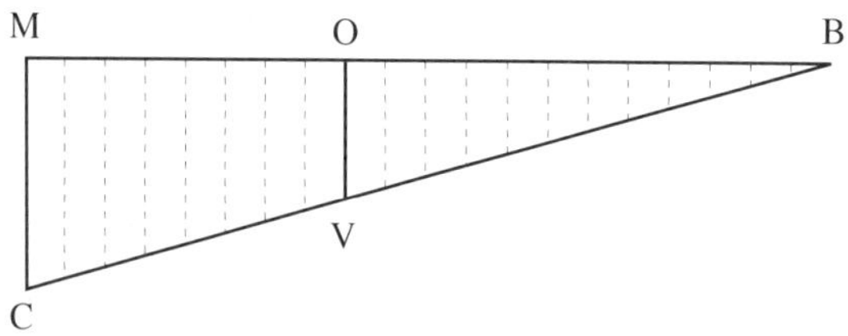

Bild 6.59 Versetzen der Schutzeinrichtung für den Schutz bei Kurzschluß
Beliebige Anordnung der Abzweige zwischen M und B

Mathematische Ermittlung

Die mathematische Lösung basiert gleichfalls auf den Längenverhältnissen im rechtwinkligen Dreieck.

$\overline{MB} : \overline{MC} = (\overline{MB} - \overline{MO}) : \overline{OV}$

Hierbei ist $\overline{OV}$ die gesuchte Länge.

Aufgelöst nach $\overline{OV}$ ergibt sich

$$\overline{OV} = \frac{(\overline{MB} - \overline{MO}) \cdot \overline{MC}}{\overline{MB}}$$

Sind die tatsächlich zur Verlegung kommenden Längen mit dem Querschnitt S_2 sowie die Länge $\overline{MO}$ bis zur Abzweigstelle am Querschnitt S_1 sehr kurz und ist deshalb mit Ausschaltzeiten von weniger als 0,1 s zu rechnen, hat man zusätzlich DIN VDE 0100-430, Abschnitt 6.3.2.2 (siehe Abschnitt 6.4.3 dieses Buchs) zu berücksichtigen.

Beispiel

Eine Mantelleitung NYM von 16 mm² wird durch Sicherungen von 63 A bei Kurzschluß geschützt. Nach 33 m (Entfernung $\overline{MO}$) soll eine Mantelleitung NYM 6 mm² abzweigen. Wie lang darf dieser Abzweig sein, wenn auch er durch die Sicherungen von 63 A bei Kurzschluß geschützt sein soll? Die Schleifenimpedanz bis zu den 63-A-Sicherungen beträgt $Z_S = 400$ mΩ.

Ermittlungsgang

Für die Mantelleitung NYM von 16 mm² ergibt sich nach Tabelle 6.8 dieses Buchs für Sicherungen von 63 A und einer Schleifenimpedanz von 400 mΩ eine maximal geschützte Länge $l_1 = 106$ m. Für die Mantelleitung NYM 6 mm² erhält man nach der gleichen Tabelle ebenfalls für Sicherungen 63 A und der gleichen Schleifenimpedanz Z_S vor der Schutzeinrichtung eine maximal geschützte Länge $l_2 = 38$ m.

Grafische Ermittlung

Die maximal zulässige Länge $\overline{OV}$ des Abzweigs von 6 mm² Querschnitt an der 33 m entfernten Stelle kann nach **Bild 6.60** mit ≈ 26 m abgegriffen werden.

Mathematische Ermittlung

$$\overline{OV} = \frac{(\overline{MB} - \overline{MO}) \cdot \overline{MC}}{\overline{MB}}$$

$$\overline{OV} = \frac{(106 - 33) \cdot 38}{106} \text{ m}$$

$$\underline{\underline{\overline{OV} = 26{,}17 \text{ m}}}$$

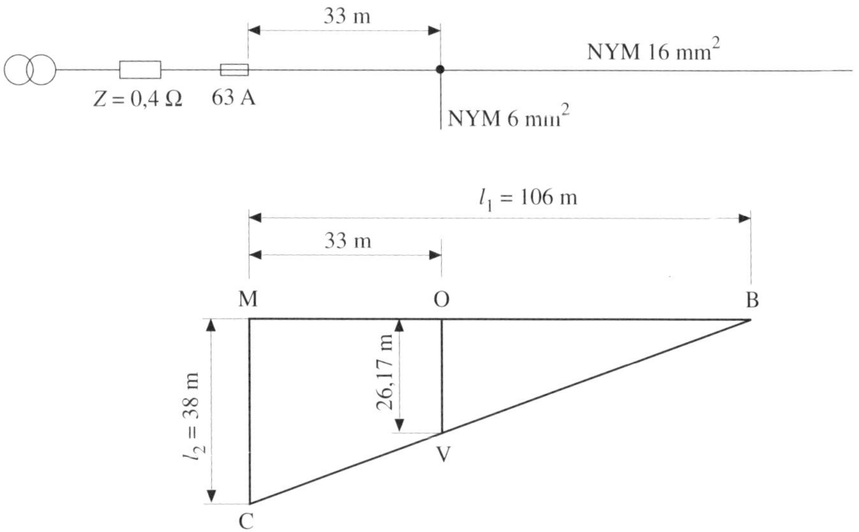

Bild 6.60 Versetzen der Schutzeinrichtung für den Schutz bei Kurzschluß
Beispiel für die Anwendung

6.4.4.3 Fälle, in denen auf den Schutz bei Kurzschluß verzichtet werden darf (DIN VDE 0100-430, Unterabschnitt 6.4.3)

Vorab sei angemerkt, daß die Unterabschnitte 6.4.4 der DIN VDE 0100-430 (**VDE 0100 Teil 430**):1981-06 „Fälle, in denen auf den Schutz bei Kurzschluß aus Sicherheitsgründen verzichtet werden muß" und 6.4.5 „Schutz von parallelgeschalteten Leitern" nicht mehr in dem Bestimmungstext der zur Zeit gültigen DIN VDE 0100-430 aufgenommen wurden. Zu begründen ist diese Änderung durch die Harmonisierung der DIN-VDE-Normen. Derartige Verzichtserklärungen – so war die mehrheitliche Auffassung der hier zuständigen Fachleute – gehören nicht zum Normeninhalt bei IEC (364-4-43:1977 und 364-4-473:1977) und CENELEC (HD 384.4.4.43 S 1 und HD 384.4.473 S 1).
Die Erläuterungen von DIN VDE 0100-430 (**VDE 0100 Teil 430**):1991-11 geben jedoch zu erkennen, daß das Deutsche Komitee bereits Änderungsvorschläge bei CENELEC und IEC eingebracht hat. Zu diesen Änderungswünschen gehört auch die Wiederaufnahme der beiden zuvor angeführten, entfallenen Abschnitte in die DIN VDE 0100-430. Deshalb sollen im folgenden die Fälle, in denen auf den Schutz bei Kurzschluß verzichtet werden darf oder gar muß, sowie der Schutz von parallelgeschalteten Leitern getrennt behandelt werden.

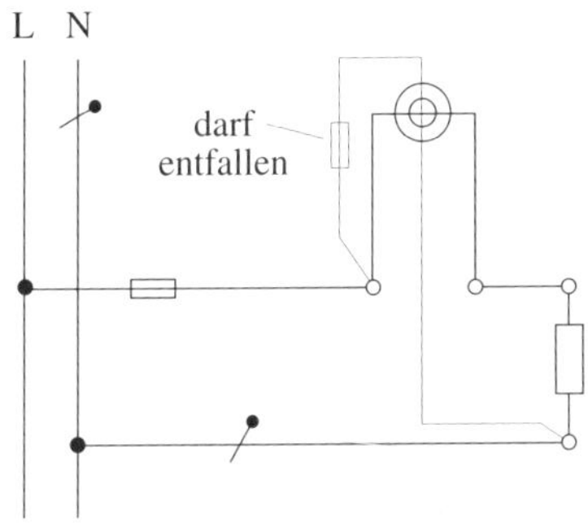

Bild 6.61 Meßstromkreis

Zunächst sei im Zusammenhang mit Fällen, in denen auf den Schutz bei Kurzschluß verzichtet werden darf, auf die Erläuterungen in den Abschnitten 6.3.6 und 6.3.8 dieses Buchs hingewiesen.

In bestimmten Meßstromkreisen darf die Schutzeinrichtung für den Schutz bei Kurzschluß entfallen, da sonst die ordnungsgemäße Registrierung, z. B. des Stromverbrauchs, nicht gewährleistet ist. Ein Beispiel hierfür sind Spannungspfadleitungen für Elektrizitätszähler (**Bild 6.61**). Auf kurzschluß- und erdschlußsichere Verlegung darf jedoch nicht verzichtet werden.

Das gleiche gilt für Kabel und Leitungen, wenn sie kurzschluß- und erdschlußsicher verlegt sind und die Gefahr von Feuer- und Personenschäden praktisch ausgeschlossen werden kann. Informationen über die kurzschluß- und erdschlußsichere Verlegung enthält Abschnitt 6.3.5.2 dieses Buchs.

6.4.4.4 Fälle, in denen auf eine Schutzeinrichtung für den Schutz bei Kurzschluß aus Sicherheitsgründen verzichtet werden muß

Obwohl – wie bereits erwähnt – der zur Zeit gültige Bestimmungstext der DIN VDE 0100-430 (**VDE 0100 Teil 430**):1991-11 einen Abschnitt mit dem zuvor angeführten Titel nicht mehr enthält, wird im Erläuterungstext der Norm darauf hingewiesen, daß das Deutsche Komitee unter anderem auch hierzu eine Änderung des CENELEC-Harmonisierungsdokuments 384.4.83 S 1 vorschlägt. Danach muß bei Stromkreisen, deren Unterbrechung den Betrieb entsprechender Anlagen gefährden könnte, auf den Einsatz einer Schutzeinrichtung für den Schutz bei Kurzschluß verzichtet werden, vorausgesetzt, dieser Schutz wird nicht für spezielle Räume in besonderen Normen ausdrücklich gefordert. Stromkreise, in denen auf Kurzschlußschutz verzichtet werden muß, können zum Beispiel Erregerstromkreise von Hubwagenmotoren oder auch Stromkreise sein, die der Sicherheit dienen (z. B. Feuerlöscheinrichtungen). Siehe hierzu auch Abschnitt 6.3.8 dieses Buchs.

6.4.4.5 Schutz von parallelgeschalteten Leitern in ein- oder mehradrigen Kabeln und Leitungen

Auch dieser Abschnitt ist im Bestimmungstext der zur Zeit gültigen DIN VDE 0100-430 nicht mehr enthalten. Wie beim Abschnitt zuvor, wird in den Erläuterungen darauf hingewiesen, daß das Deutsche Komitee auch hierzu eine Änderung des CENELEC-Harmonisierungsdokuments vorschlägt. Der Änderungsvorschlag läßt eine gemeinsame Schutzeinrichtung in der Zuleitung zum Schutz bei Kurzschluß zu, wenn diese auf den kleinstmöglichen Kurzschlußstrom einer Parallelstrecke anspricht. **Bild 6.62** macht die Situation deutlich.
Bei einem Kurzschluß an der Stelle A wird der Kurzschlußstrom über alle drei Leiter auf die Kurzschlußstelle A eingespeist. Der Kurzschlußstrom und die Abschaltzeit der gemeinsamen Schutzeinrichtung M werden unter Berücksichtigung der Vorimpedanz aus der Parallelschaltung der Impedanzen von S_1, S_2 und S_3 errechnet. Des weiteren ist die Aufteilung des Gesamtkurzschlußstroms auf die drei Querschnitte zu ermitteln. Es muß dann gemäß DIN VDE 0100-430, Unterabschnitt 6.3.2 (siehe Abschnitt 6.4.3 dieses Buchs), geprüft werden, ob die errechnete Ausschaltzeit bei dem die einzelnen Querschnitte durchfließenden Teilkurzschlußstrom noch zulässig ist.
Kritischer bei einer Parallelschaltung ist aber ein Kurzschluß an der Stelle B (im kleinsten Leiterquerschnitt). Es ist deshalb davon auszugehen, daß der Querschnitt S_3 an der Stelle B unterbrochen ist, und zwar so, daß der Kurzschlußstrom zunächst über die Parallelschaltung der Querschnitte S_1 und S_2 und dann zurück über den Querschnitt S_3 auf die Kurzschlußstelle B eingespeist wird. Der Kurzschlußstrom und die Abschaltzeit der gemeinsamen Schutzeinrichtung werden unter Berücksichtigung der Vorimpedanz aus der Impedanz der Parallelschaltung von S_1 und S_2 zuzüglich der Impedanz von S_3 errechnet. Für den (kleinsten) Querschnitt S_3 muß dann gemäß DIN VDE 0100-430, Unterabschnitt 6.3.2 (siehe Abschnitt 6.4.3 dieses Buchs), geprüft werden, ob die errechnete Ausschaltzeit bei dem den Querschnitt S_3 durchfließenden Gesamtkurzschlußstrom noch zulässig ist.
Bei einem Kurzschluß an der Stelle B ist der Gesamtkurzschlußstrom kleiner, und es ergibt sich eine längere Ausschaltzeit. Es genügt also eine Überprüfung der Stelle B, da diese am kritischsten ist.
Die beschriebenen Berechnungen werden bei einer Parallelschaltung von mehr als zwei Leitern bereits recht umfangreich und kompliziert. Von der erleichternden Bestimmung nach DIN VDE 0100-430, Abschnitt 7.1 „Schutz durch eine gemein-

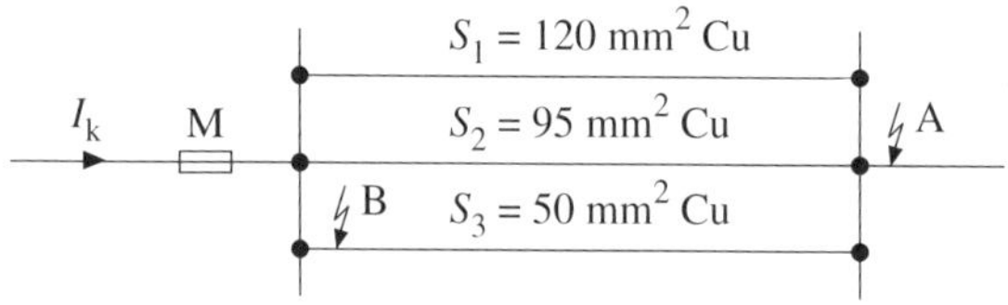

Bild 6.62 Beispiel für drei parallelgeschaltete Leiter mit einer gemeinsamen Schutzeinrichtung zum Schutz bei Kurzschluß

same Überstrom-Schutzeinrichtung" (siehe Abschnitt 6.5.1 dieses Buchs), kann bei einer Parallelschaltung nach Bild 6.62 kein Gebrauch gemacht werden, da nur die Leiter in ihrer Gesamtheit, nicht aber die einzelnen Leiter bei einer Unterbrechung eine Schutzeinrichtung zum Schutz bei Überlast haben.

Es empfiehlt sich deshalb bei einer Parallelschaltung von mehr als zwei Leitern, jeden Leiter einzeln mit gemeinsamen Schutzeinrichtungen für Überlast und Kurzschluß auszurüsten. Im Hinblick darauf, daß diese Schutzeinrichtungen im Fall eines Kurzschlusses z. B. an der Stelle B in Bild 6.62 nicht gleichzeitig auslösen werden oder der Leiter an der Stelle B unterbrochen sein kann, müssen die gemeinsamen Schutzeinrichtungen für Überlast und Kurzschluß sowohl am Anfang als auch am Ende der Parallelschaltung vorgesehen werden (**Bild 6.63**).

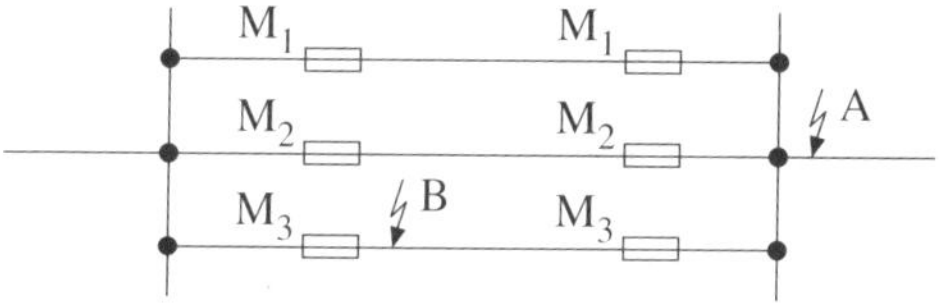

Bild 6.63 Beispiel für den Schutz bei Kurzschluß von drei parallelgeschalteten Leitern

Damit ist ganz sicher ein ausreichender Schutz bei Kurzschluß gegeben, und jede komplizierte Rechnung kann entfallen. Theoretisch ist zwar auch ein Schutz gegeben, wenn nur am Anfang oder am Ende eines jeden Leiters eine Schutzeinrichtung zum Schutz bei Überlast (siehe Abschnitt 6.3.4 dieses Buchs) und zusätzlich am Anfang und am Ende jeden Leiters eine Schutzeinrichtung zum Schutz bei Kurzschluß eingesetzt ist. Von der Erleichterung nach DIN VDE 0100-430, Abschnitt 7.1 (siehe Abschnitt 6.5.1 dieses Buchs), kann dann aber wiederum kein Gebrauch gemacht werden. Auf die Überprüfung der Ausschaltzeit nach

$$t = \left(k \cdot \frac{S}{I}\right)^2$$

– wie zu Bild 6.62 erläutert – kann nicht verzichtet werden.

Bei der Parallelschaltung von nur zwei Leitern ist eine gemeinsame Schutzeinrichtung allerdings verhältnismäßig einfach zu berechnen, wie es das nachfolgende Beispiel belegt.

Beispiel

Gegeben ist die Parallelschaltung von zwei Kabeln NYY $4 \times 120\ mm^2$ und $4 \times 95\ mm^2$ mit je 50 m Länge; Verlegung in Luft. Die Schleifenimpedanz Z_S beträgt 10 mΩ. Wie groß darf der Nennstrom der als gemeinsame Überstrom-Schutzeinrichtung einzusetzenden Sicherung M nach **Bild 6.64** sein?

Die Schutzeinrichtung für den Schutz bei Überlast wird nach den Erläuterungen in Abschnitt 6.3.4 dieses Buchs ermittelt.

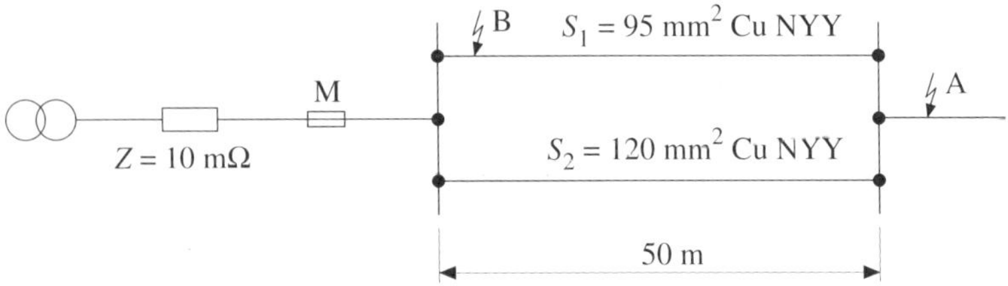

Bild 6.64 Beispiel für zwei parallelgeschaltete Leiter

Ermittlungsgang 1:
Die Summe beider Querschnitte beträgt 215 mm², der nächstniedrigere Normquerschnitt ist 185 mm². Er darf nach Tabelle 15 aus Teil 3 G von DIN VDE 0276-603 (**VDE 0276 Teil 603**):1995-11 (siehe Tabelle 5.17 dieses Buchs) mit 374 A belastet und mit 355 A abgesichert werden. Umrechnungsfaktoren sind bei der gegebenen Verlegeart nicht zu berücksichtigen. Diese Sicherung kann auch als gemeinsame Schutzeinrichtung M für den Schutz bei Überlast und Kurzschluß gewählt werden. In DIN VDE 0636 ist eine Sicherung mit dem Nennstrom von 355 A zwar nicht vorgesehen; sie wird jedoch von namhaften Herstellern angeboten. Nach DIN VDE 0636 wäre eine Sicherung mit dem Nennstrom von 315 A einzusetzen.

Ermittlungsgang 2:
Man setzt in die Gleichung

$$I_{\mathrm{z\,ges}} = I_{\mathrm{S\,max}}\left(1 + \frac{S_1}{S_{\mathrm{max}}}\right)$$

$I_{\mathrm{Smax}} = 285$ A ein (nach DIN VDE 0276-603 (**VDE 0276 Teil 603**):1995-11, Tabelle 15 aus Teil 3 G) (siehe Tabelle 5.17 dieses Buchs):

$$I_{\mathrm{z\,ges}} = 285\ \mathrm{A}\left(1 + \frac{95}{120}\right)$$

$$\underline{\underline{I_{\mathrm{z\,ges}} = 510\ \mathrm{A}}}$$

Die Rechnung erlaubt eine gemeinsame Schutzeinrichtung M für den Schutz bei Überlast und Kurzschluß von 500 A. Die Anwendung vorstehender Gleichung führt also zu einem wesentlich wirtschaftlicheren Ergebnis als die Ermittlung auf der Basis der Addition der Querschnitte.

6.5 Koordinieren des Schutzes bei Überlast und Kurzschluß (DIN VDE 0100-430, Hauptabschnitt 7)

6.5.1 Schutz durch eine gemeinsame Überstrom-Schutzeinrichtung (DIN VDE 0100-430, Abschnitt 7.1)

Überstrom-Schutzeinrichtungen müssen gemäß DIN VDE 0100-430, Abschnitte 5.4 (siehe Abschnitt 6.3.5 dieses Buchs) und 6.4 (siehe Abschnitt 6.4.4 dieses Buchs), angeordnet werden. Da in der Praxis fast alle Leitungen durch eine gemeinsame Überstrom-Schutzeinrichtung – nämlich bei Überlast und bei Kurzschluß – geschützt werden, ist Abschnitt 7.1 von DIN VDE 0100-430 für den Errichter von besonderer Bedeutung, denn er befreit ihn von der nicht ganz so einfachen Ermittlung der zulässigen Ausschaltzeit im Kurzschlußfall (siehe Abschnitt 6.4.3 dieses Buchs). Nur bei sehr hohen Kurzschlußströmen und Vorsicherungen von mehr als 63 A ist für Leitungsschutzschalter eine Überprüfung gemäß Abschnitt 6.4.3 dieses Buchs erforderlich. Bei niedrigen Kurzschlußströmen verläuft die Auslösekennlinie der Schutzeinrichtungen zum Schutz bei Überlast unterhalb der Zeit/Strom-Kennlinie der zulässigen Belastbarkeiten der zu schützenden Leitungen und Kabel (siehe Bild 6.40).

6.5.2 Schutz durch getrennte Schutzeinrichtungen (DIN VDE 0100-430, Abschnitt 7.2)

Die Schutzeinrichtung zum Schutz bei Überlast muß allein den Anforderungen des Schutzes bei Überlast nach DIN VDE 0100-430, Hauptabschnitt 5 (siehe Abschnitt 6.3 dieses Buchs), genügen. Die Schutzeinrichtung für den Schutz bei Kurzschluß muß ebenfalls allein die Bestimmungen des Schutzes bei Kurzschluß nach DIN VDE 0100-430, Hauptabschnitt 6 (siehe Abschnitt 6.4 dieses Buchs), erfüllen.

Schalteinrichtungen müssen grundsätzlich die Anforderungen bezüglich der Verschweißfestigkeit, dynamischen Festigkeit der Kontakte und Strombahnen wie auch der Durchlaßenergie an der Einbaustelle erfüllen. Das gilt insbesondere für die Schutzfunktion übernehmenden Schutzeinrichtungen zum Schutz bei Überlast. Sie müssen allen Einwirkungen des Kurzschlußstromes standhalten.

Die Überstrom-Schutzeinrichtung M (in **Bild 6.65**, z. B. eine Sicherung) – für den Schutz der Leitung S_1 bei Überlast und Kurzschluß – schützt auch den Abzweig S_2 (Länge $\overline{OV}$) bei Kurzschluß. Die Schutzeinrichtung V zum Schutz bei Überlast (z. B. Schutzeinrichtung mit thermisch verzögertem Auslöser) übernimmt den Schutz bei Überlast für den Abzweig S_2. Die Schutzeinrichtung für den Schutz bei Kurzschluß muß so ausgewählt sein, daß der von ihr durchgelassene Kurzschlußstrom das Schütz mit dem thermisch verzögerten Auslöser nicht beschädigt.

Im übrigen müssen auch alle anderen Betriebsmittel im Zug der Leitung – beispielsweise Schalter und Steckdosen – den Anforderungen des Kurzschlußstroms genügen. Die Schutzeinrichtung zum Schutz bei Überlast ist nur eins dieser Betriebsmittel.

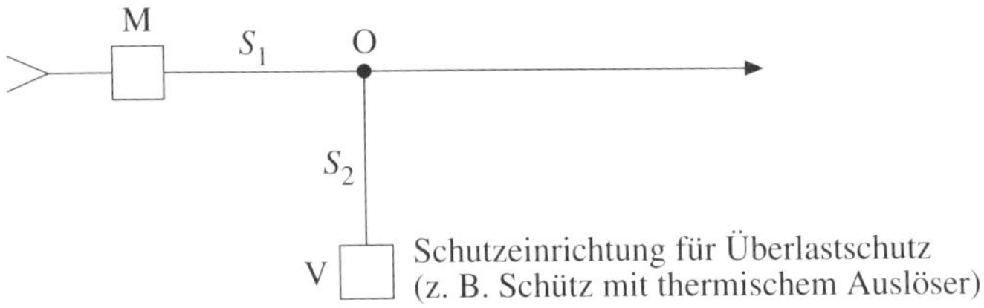

Bild 6.65 Schutz durch getrennte Überstromschutzeinrichtungen

6.6 Überstrombegrenzung durch die Art der Einspeisung (DIN VDE 0100-430, Hauptabschnitt 8)

Wird eine Leitung gemäß Bild 6.33 von einer Stromquelle gespeist, die keinen höheren Strom als die Strombelastbarkeit der Leitung S_2 liefern kann, z. B. ein Transformator, dürfen Schutzeinrichtungen zum Schutz bei Überlast und Kurzschluß entfallen (siehe Abschnitt 6.3.6 dieses Buchs). Voraussetzung für eine solche Installation ist ein fester Anschluß des Verbrauchsmittels. Innerhalb der Leitung dürfen weder Steckdosen noch Abzweige vorhanden sein.

6.7 Schutz nach Art der Stromkreise (DIN VDE 0100-430, Hauptabschnitt 9)

6.7.1 Systeme nach Art der Erdverbindung

6.7.1.1 Allgemeines

Zum besseren Verständnis werden vorab die unterschiedlichen Systeme nach Art der Erdverbindung gemäß DIN VDE 0100-300 erläutert. Die in diesem Zusammenhang benutzten Kurzzeichen (Buchstaben) haben folgende Bedeutung:

Erster Buchstabe: Erdungsverhältnisse der Stromquelle bzw. des Niederspannungsverteilungsnetzes
- T – direkte Erdung der Stromquelle (Betriebserde R_B)
- I – Isolierung aller aktiven Teile gegenüber Erde oder Verbindung eines aktiven Teils mit Erde über eine Impedanz

Zweiter Buchstabe: Erdungsverhältnisse von Körpern*) in elektrischen Verbraucheranlagen

*) Körper sind berührbare, leitfähige Teile von Betriebsmitteln (z. B. elektrischen Geräten), die nicht aktive Teile sind, jedoch im Fehlerfall unter Spannung stehen können. Aktive Teile sind dazu bestimmt, bei ungestörtem Betrieb unter Spannung zu stehen, Körper nicht.

T – Körper direkt geerdet, unabhängig von der gegebenenfalls bestehenden Erdung der Stromquelle (Anlagenerder R_A)
N – Körper direkt mit dem Erder der Stromquelle verbunden

6.7.1.2 TT-System

Beim TT-System handelt es sich um ein System nach Art der Erdverbindung, bei dem die Stromquelle (in der Praxis meist der Sternpunkt des Transformators) über den Betriebserder R_B direkt geerdet ist (deshalb erster Buchstabe ein T), während die Körper der elektrischen Anlage an den Anlagenerder R_A angeschlossen sind, der unabhängig vom Betriebserder R_B ist, d. h., der geerdete Schutzleiter ist nicht direkt mit der Sternpunktleitung verbunden (deshalb zweiter Buchstabe auch ein T) (**Bild 6.66**). Als Schutzmaßnahme gegen elektrischen Schlag nach DIN VDE 0100-410 wird in Deutschland üblicherweise die Fehlerstrom-Schutzeinrichtung – RCD**) – angewendet.

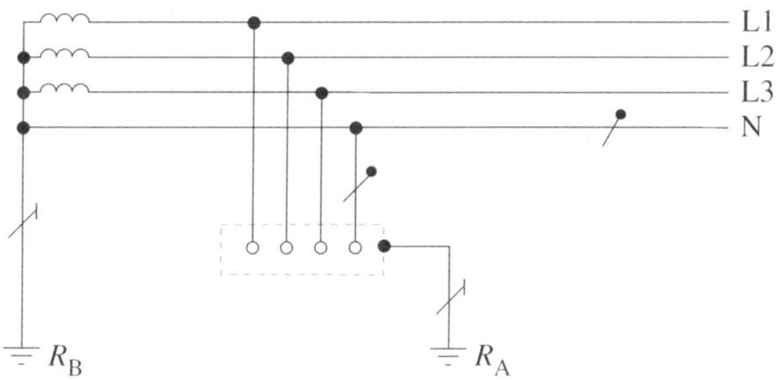

Bild 6.66 TT-System

6.7.1.3 TN-System

Das TN-System ist ein System nach Art der Erdverbindung, bei dem die Stromquelle (in der Praxis meist der Sternpunkt des Transformators) über den Betriebserder R_B direkt geerdet ist (deshalb erster Buchstabe ein T) und die Körper der elektrischen Anlage durch Schutzleiter (PEN-Leiter) mit dem Sternpunkt verbunden sind (deshalb zweiter Buchstabe ein N) (**Bild 6.67**). Als Schutzmaßnahme gegen elektrischen Schlag nach DIN VDE 0100-410 wird in Deutschland üblicherweise der Schutz durch automatische Abschaltung der Stromversorgung mittels Überstrom-Schutzeinrichtungen, gelegentlich auch mit Fehlerstrom-Schutzeinrichtungen – RCD**) – angewendet.

) RCD (engl.: **Residual **C**urrent protective **D**evice)

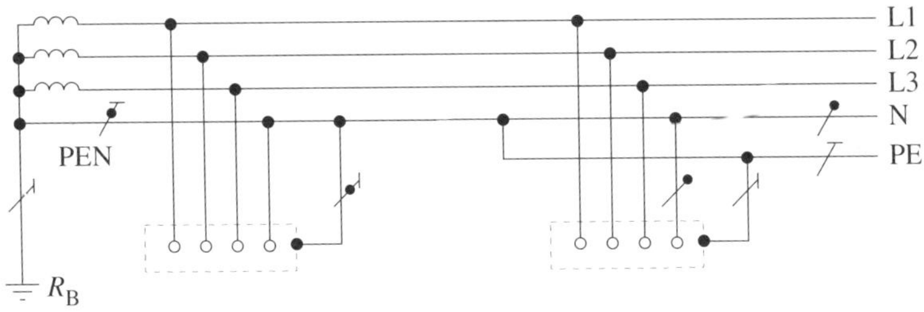

Bild 6.67 TN-System

6.7.1.4 IT-System

Beim IT-System ist die Spannungsquelle nicht direkt geerdet, d. h., es handelt sich hier um ein System nach Art der Erdverbindung mit ungeerdetem oder allenfalls über eine Impedanz geerdetem Sternpunkt (deshalb erster Buchstabe ein I). Die Körper der elektrischen Anlage sind geerdet (deshalb zweiter Buchstabe ein T). Als Schutzeinrichtungen bei der Schutzmaßnahme gegen elektrischen Schlag werden in Deutschland primär angewendet:

- Isolationsüberwachungseinrichtungen mit zusätzlichem Potentialausgleich
- Überstrom-Schutzeinrichtungen
- Fehlerstrom-Schutzeinrichtungen (RCD)

Bild 6.68 zeigt den prinzipiellen Aufbau des IT-Systems.

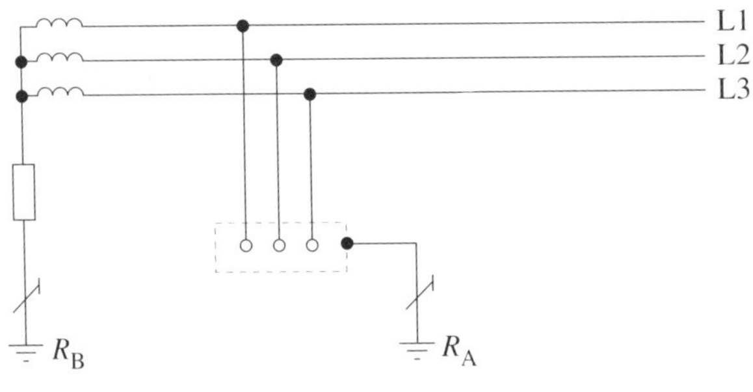

Bild 6.68 IT-System

6.7.2 Schutz der Außenleiter (DIN VDE 0100-430, Abschnitt 9.1)

DIN VDE 0100-430 fordert für alle Außenleiter Überstrom-Schutzeinrichtungen. Sie müssen jedoch nur den Leiter abschalten, in dem Überstrom auftritt. Die Überstrom-Schutzeinrichtung in L 3 gemäß **Bild 6.69** muß nach der zuvor angeführten

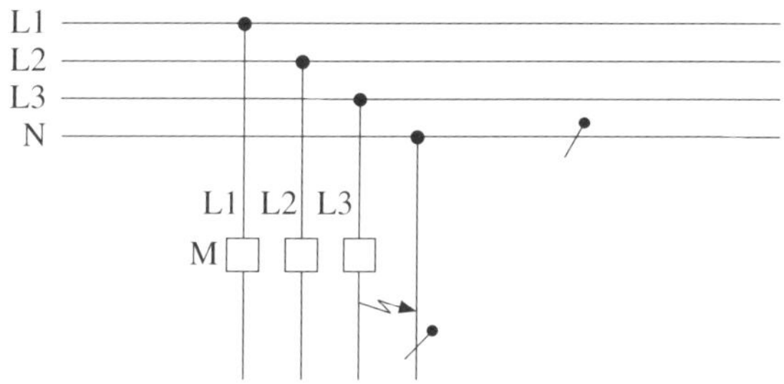

Bild 6.69 Überstrom-Schutzeinrichtung in allen Außenleitern

Anforderung ansprechen. Im allgemeinen müssen L 1 und L 2 nicht abgeschaltet werden. Dennoch ist eine zwangsläufige dreipolige Trennung – wie etwa beim Einsatz eines Leistungsschalters – möglich und bei Motoren auch meist zweckmäßig.

Gefahren durch Einphasenlauf von Drehstrommotoren nach Abschaltung nur eines Außenleiters können z. B. im Reversierbetrieb von Krananlagen oder Walzwerken auftreten. Zum Abwenden dieser Gefahren müssen geeignete Vorkehrungen getroffen werden.

Bei Einsatz eines TT-Systems ohne Neutralleiter darf in einem Außenleiter auf die Überstrom-Schutzeinrichtung verzichtet werden, jedoch nur dann, wenn vor oder in dem zu schützenden Stromkreis eine Fehlerstrom-Schutzeinrichtung (RCD) vorhanden ist, die im Fehlerfall alle Außenleiter abschaltet. **Bild 6.70** zeigt einen solchen Anwendungsfall.

Würde der Neutralleiter von einem künstlichen Sternpunkt aus mitgeführt, wäre L3 bei einem Kurzschluß zwischen L3 und dem Neutralleiter nicht geschützt (siehe Bild 6.70). Deshalb darf in einem derartigen Anwendungsfall der Neutralleiter nicht mitgeführt werden. Bei allen denkbaren Kurzschlüssen zwischen den Außenleitern würden jeweils zwei Außenleiter in Reihe geschaltet, womit auch der Leiter L3 geschützt wäre.

Andere Verhältnisse ergeben sich im Falle von Erdschlüssen. In derartigen Fällen übernimmt die vorgeschaltete Fehlerstrom-Schutzeinrichtung (RCD) die Abschaltung.

6.7.3 Schutz der Neutralleiter (DIN VDE 0100-430, Abschnitt 9.2)

6.7.3.1 Anlagen mit direkt geerdetem Sternpunkt: TN- oder TT-System (DIN VDE 0100-430, Unterabschnitt 9.2.1)

Zunächst werden die formalen Anforderungen aus DIN VDE 0100-430 erläutert. Auf eine unsymmetrische Strombelastung und Auswirkungen von Oberschwingungen auf die Neutralleiterbelastung wird anschließend eingegangen.

Nach DIN VDE 0100-430 (**VDE 0100 Teil 430**):1991-11 darf auf eine Überstromerfassung oder eine Abschalteinrichtung im Neutralleiter verzichtet werden, wenn der

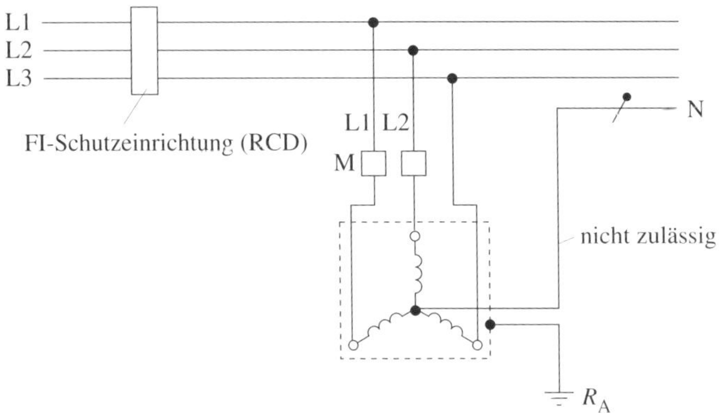

Bild 6.70 TT-System mit FI-Schutzeinrichtung (RCD) vor der zu schützenden Leitung. Das Mitführen des Neutralleiters ist für diesen Anwendungsfall nicht zulässig

Querschnitt des Neutralleiters mindestens dem der Außenleiter entspricht. **Bild 6.71** zeigt unter anderem die Mindestanforderung, die der Neutralleiter erfüllen muß, wenn auf eine Überstromerfassung oder Abschalteinrichtung in diesem Leiter verzichtet werden soll.

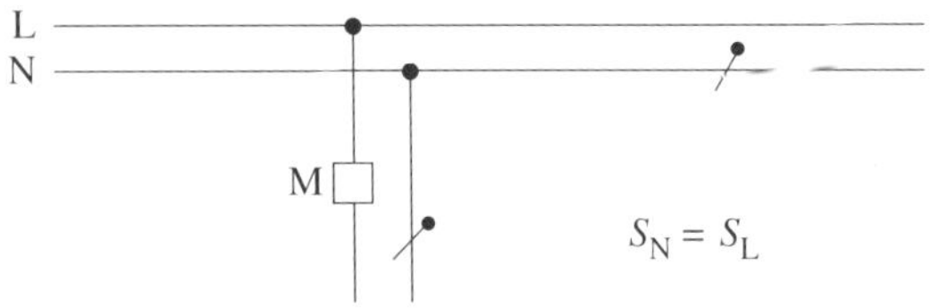

Bild 6.71 Überstromerfassung im Neutralleiter nicht erforderlich

Anders zu bewerten sind die Fälle, in denen der Querschnitt des Neutralleiters geringer ist als der der Außenleiter. In derartigen Anlagen ist eine dem Querschnitt des Neutralleiters angemessene Überstromerfassung im Neutralleiter vorzusehen. Diese muß nicht die Abschaltung des Neutralleiters bewirken; es reicht aus, wenn im Bedarfsfall die Außenleiter abgeschaltet werden.
Der Überstrom kann z. B. durch einen Leitungsschutzschalter mit Hilfskontakt zur Ansteuerung eines Schützes mit Öffnern in den drei Außenleitern erfaßt werden. Eine solche Lösung zeigt **Bild 6.72**. Sie ist entsprechend dem geringeren Querschnitt des Neutralleiters auszulegen.
Auf die zuvor beschriebene Überstromerfassung im Neutralleiter kann verzichtet werden, wenn die beiden nachfolgenden Bedingungen erfüllt sind:

- Der Neutralleiter muß durch die Schutzeinrichtung der Außenleiter des Stromkreises bei Kurzschluß geschützt sein.

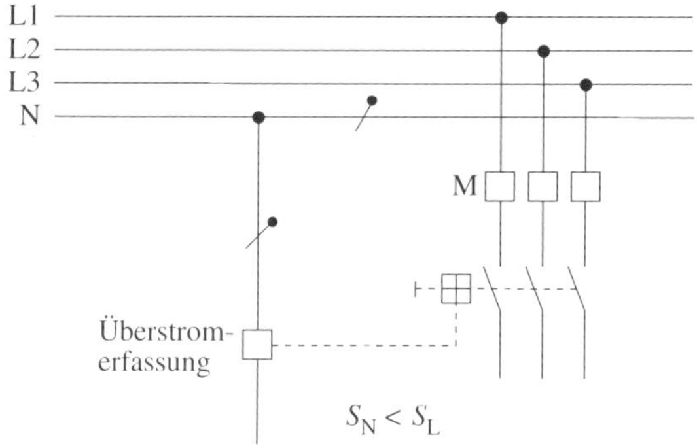

Bild 6.72 Überstromerfassung im Neutralleiter erforderlich

- Der Höchststrom, der den Neutralleiter durchfließen kann, ist bei normalem Betrieb beträchtlich geringer als der Wert der Strombelastbarkeit dieses Leiters.

Die letzte der beiden Bedingungen gilt als erfüllt, wenn die übertragene Leistung möglichst gleichmäßig auf die Außenleiter aufgeteilt ist. Das trifft z. B. zu, wenn die Summe der Leistungsaufnahme der zwischen Außenleiter und Neutralleiter angeschlossenen Verbrauchsmittel, wie beispielsweise Leuchten und Steckdosen, wesentlich kleiner ist als die gesamte über diesen Stromkreis übertragene Leistung. Diese zweite Bedingung ist aber nur dann erfüllt, wenn der Querschnitt des Neutralleiters nicht unter den Werten in Abschnitt 524.2 von DIN VDE 0100-520 (**VDE 0100 Teil 520**):1996-01 liegt. In den Bildern 6.73 und 6.74 sind die zuvor angeführten Anforderungen umgesetzt.

Der Neutralleiter wird durch die Schutzeinrichtungen in den Außenleitern des Stromkreises bei Kurzschluß geschützt, wenn sie so ausgelegt sind, daß sie die nach DIN VDE 0100-430, Abschnitt 6.3 (siehe Abschnitt 6.4.3 dieses Buchs), für den Neutralleiterquerschnitt im Kurzschlußfall geforderten zulässigen Ausschaltzeiten einhalten (**Bild 6.73**).

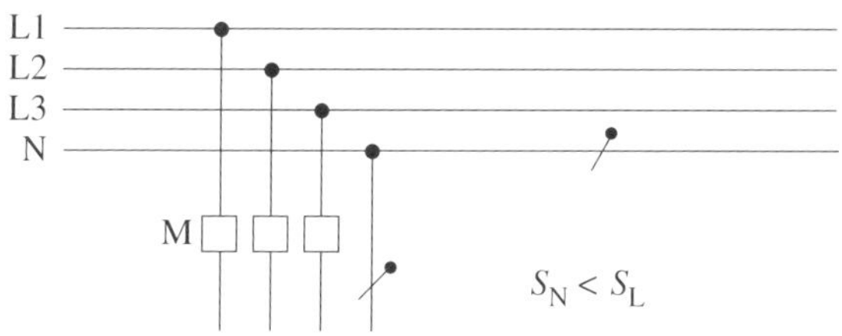

Bild 6.73 Überstromerfassung im Neutralleiter nicht erforderlich; Schutzeinrichtungen der Außenleiter schützen Neutralleiter

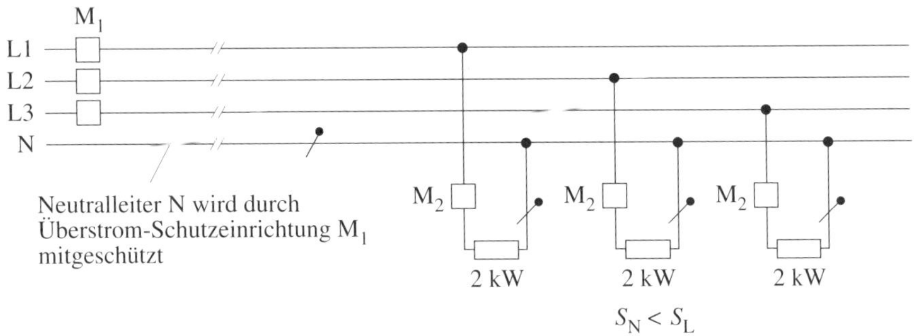

Bild 6.74 Übertragene Leistung ist gleichmäßig auf Außenleiter verteilt

Die möglichst gleichmäßige Aufteilung der zu übertragenden Leistung auf die Außenleiter zeigt als Beispiel **Bild 6.74**.

Die bisherigen Ausführungen basieren auf den zur Zeit gültigen formalen Anforderungen von DIN VDE 0100-430 (**VDE 0100 Teil 430**):1991-11 und beziehen sich ausschließlich auf symmetrische Belastungsverhältnisse in den Stromkreisen. Im folgenden sei dieser Sachverhalt verdeutlicht.

Im speziellen Zusammenhang mit der Belastung des Neutralleiters sei zunächst auf **Bild 6.75** verwiesen, aus dem ersichtlich ist, daß bei symmetrischer Belastung der Außenleiter für die vektorielle Summe der Ströme

$$I_1 + I_2 + I_3 = 0 \text{ A}$$

gilt. Das heißt, für diesen Fall würde im Neutralleiter der Strom $I_N = 0$ A fließen.

Bild 6.76 läßt erkennen, daß der Strom im Neutralleiter – auch bei zwei angeschlossenen Verbrauchern mit unterschiedlicher Leistung – immer kleiner ist als in einem der Außenleiter (im Beispiel in Bild 6.76 ist $I_N < I_2$). Das heißt, wenn der Leiterquerschnitt des Neutralleiters gleich dem der Außenleiter ist und in jedem der Außenleiter eine normgerechte Überstrom-Schutzeinrichtung eingesetzt wurde,

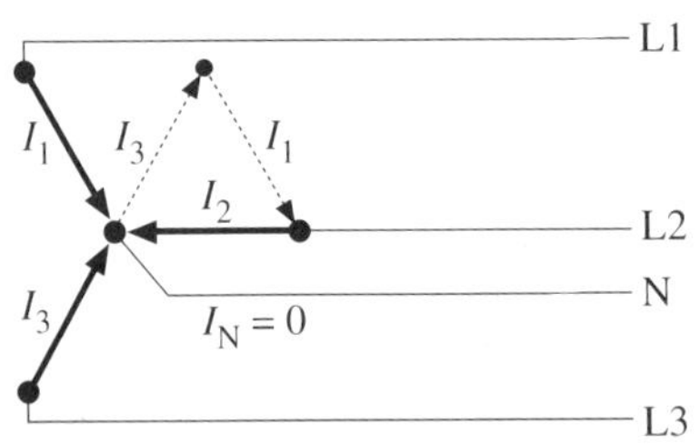

Bild 6.75 Effektivwerte der Ströme in einem verketteten Dreiphasen-Drehstromsystem bei symmetrischer Belastung – ohne Berücksichtigung von Oberschwingungen
Nach der vektoriellen Darstellung ist die Summe der Ströme null, d. h., im Neutralleiter fließt kein Strom.

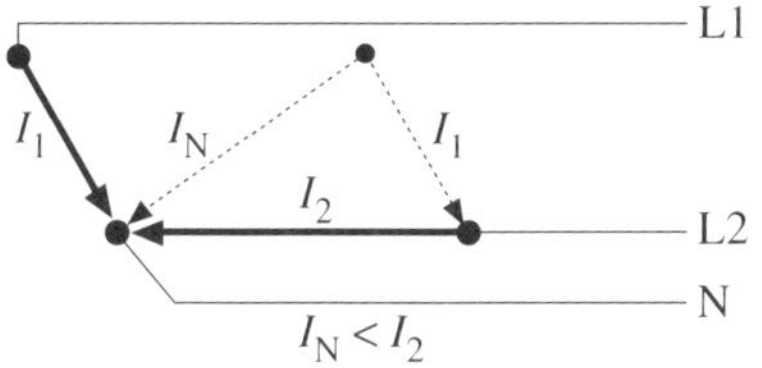

Bild 6.76 Beispiel für die Stromverteilung in einem verketteten System bei Anschluß von zwei Verbrauchern unterschiedlicher Leistung – ohne Berücksichtigung von Oberschwingungen
Der Strom I_N im Neutralleiter ist immer kleiner als der größte Strom in einem der Außenleiter (in diesem Beispiel I_2).

kann der Neutralleiter nicht überlastet werden, vorausgesetzt, man muß nicht mit Oberschwingungen rechnen.

Anders ist der Sachverhalt zu beurteilen, wenn in Stromkreisen durch entsprechende Verbrauchsmittel mit Oberschwingungen gerechnet werden muß. Hierzu folgendes: Selbst in vermeintlich symmetrischen Drehstromsystemen können Oberschwingungen zu sehr erheblichen Strömen im Neutralleiter führen, die – wenn im Neutralleiter keine geeignete Überstrom-Schutzeinrichtung vorhanden ist – Brände verursachen können. Besonders in den letzten Jahren wurden vermehrt Fälle aus der Praxis bekannt. Ursache der Oberschwingungen sind z. B. Vorschaltgeräte in Leuchten, Geräte der Unterhaltungselektronik, Schaltnetzteile in Computern usw. Die durch diese Betriebs- bzw. Verbrauchsmittel erzeugten Oberschwingungen überlagern die sinusförmige Netzspannung und verursachen einen höherfrequenten Strom im Neutralleiter. Für den Praktiker ist die tatsächliche Strombelastung des Neutralleiters durch Oberschwingungen nur mit speziellen Meßgeräten zu ermitteln, da die Frequenzen der Oberschwingungen erheblich von der idealen Sinuskurve (50 Hz) abweichen.

Resultierend aus dem zuvor beschriebenen Sachverhalt wird – obwohl in DIN VDE 0100-430 (noch) nicht zwingend gefordert – folgende Empfehlung gegeben: Wenn der in Stromkreisen zu erwartende Strom, insbesondere unter Berücksichtigung von Oberschwingungen, während des ungestörten Betriebs größer sein kann als die Strombelastbarkeit des Neutralleiters, muß auch im Neutralleiter eine Überstromerfassung vorgesehen werden. Der Oberschwingungsstrom läßt sich aber auch durch die Auswahl geeigneter Betriebsmittel oder durch geeignete Filter reduzieren.

Die Überstromerfassung muß nicht den Neutralleiter abschalten, sondern nur die zugehörigen Außenleiter. Muß jedoch der Neutralleiter aus anderen Gründen geschaltet werden, darf er nicht vor den Außenleitern unterbrochen und nicht nach den Außenleitern zugeschaltet werden.

In allen Fällen muß der Neutralleiter bei Kurzschluß geschützt werden. Dieser Schutz darf durch die Schutzeinrichtung in den Außenleitern erfüllt sein, wobei auch hier der Neutralleiter nicht vor den Außenleitern abgeschaltet und nicht nach den Außenleitern eingeschaltet werden darf.

Für den PEN-Leiter gelten die Anforderungen wie zuvor für den Neutralleiter beschrieben, jedoch darf die Überstromerfassung nicht zu einer Abschaltung des PEN-Leiters führen, d. h., es müssen alle zugehörigen Außenleiter abgeschaltet werden.
Konsequenz: Der Neutralleiter sollte in Zweifelsfällen bezüglich des Schutzes bei Überstrom genauso geschützt werden wie die Außenleiter. Wahrscheinlich wird die nächste international erarbeitete Fassung der DIN VDE 0100-430 die beschriebene Oberschwingungsproblematik entsprechend berücksichtigen und hierauf abgestimmte Anforderungen enthalten.

6.7.3.2 Anlagen mit nicht direkt geerdetem Sternpunkt: IT-System (DIN VDE 0100-430, Unterabschnitt 9.2.2)

Ist im IT-System das Mitführen eines Neutralleiters erforderlich, muß im Neutralleiter jedes Stromkreises eine Überstromerfassung vorgesehen werden, die die Abschaltung aller aktiven Leiter, also auch des Neutralleiters, bewirkt.
Der Verzicht hierauf ist zulässig, wenn der Neutralleiter – zum Beispiel an der Einspeisung der Anlage – gegen Kurzschluß geschützt ist oder wenn den Stromkreis eine Fehlerstrom-Schutzeinrichtung (RCD) schützt, deren Bemessungsdifferenzstrom $I_{\Delta N}$ das 0,15fache der Strombelastbarkeit des betreffenden Neutralleiters nicht überschreitet. Auch hier muß sichergestellt sein, daß die Schutzeinrichtung alle aktiven Leiter abschaltet.
Durch diese Bestimmung soll ein Schutz des Neutralleiters bei Doppelerdschlüssen sichergestellt werden, wenn einer der beiden Erdschlüsse im Neutralleiter auftritt. Befindet sich die zweite Erdschlußstelle im Außenleiter eines Stromkreises mit einem höheren Querschnitt als der des Stromkreises mit dem erdschlußbehafteten Neutralleiter, wird dessen Neutralleiter überlastet (**Bild 6.77**).

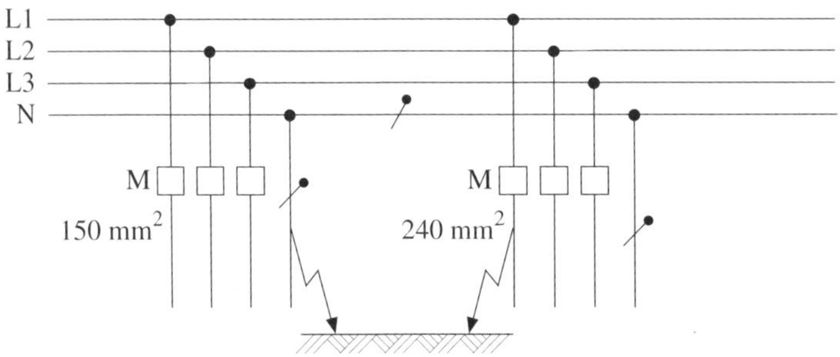

Bild 6.77 Schutz des Neutralleiters bei Auftreten eines Doppelerdschlusses (Beispiel)

6.7.4 Abschalten des Neutralleiters (Entwurf DIN VDE 0100-530 (VDE 0100 Teil 530):1985-05, Abschnitt 531.1)

In DIN VDE 0100-430 (**VDE 0100 Teil 430**) aus dem Jahr 1981 war noch die Forderung enthalten, daß in den Fällen, in denen die Abschaltung des Neutralleiters vorgeschrieben ist, die verwendete Schutzeinrichtung so beschaffen sein muß, daß der Neutralleiter in keinem Fall vor den Außenleitern ausgeschaltet und nach diesem wieder eingeschaltet werden kann. Sie fehlt in der zur Zeit gültigen DIN VDE 0100-430 (**VDE 0100 Teil 430**) aus dem Jahr 1991. Sinngemäß wurde dieser Bestimmungstext inzwischen in die Entwurfsfassung E DIN VDE 0100-530 (**VDE 0100 Teil 530**):1985-05, Abschnitt 531.1, eingearbeitet. Der Hintergrund dieser Anforderung wird im folgenden kurz erläutert.
Würde der Neutralleiter einer elektrischen Anlage vor dem Außenleiter abgeschaltet, könnte im Fall eines Schlusses zwischen Neutralleiter und Körper (metallenes Gehäuse) eines Verbrauchsmittels der gesamte Betriebsstrom des Stromkreises über den Neutralleiter der Geräteanschlußleitung zur Erde abfließen. Der Querschnitt dieses Leiters könnte zu gering sein.
Außerdem würde es bei unsymmetrischer Belastung der drei Außenleiter zu unerwünschten Spannungsunsymmetrien kommen, die z. B. Störungen von elektronischen Geräten verursachen können. Die Anforderung gilt natürlich auch für den Fall, daß die Abschaltung des Neutralleiters zwar nicht vorgeschrieben ist, aber dennoch vorgenommen wird. **Bild 6.78** und **Bild 6.79** veranschaulichen den Sachverhalt.

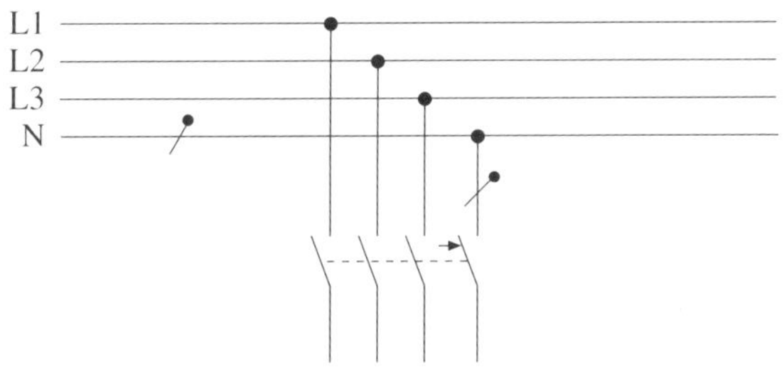

Bild 6.78 Neutralleiter schaltet nacheilend

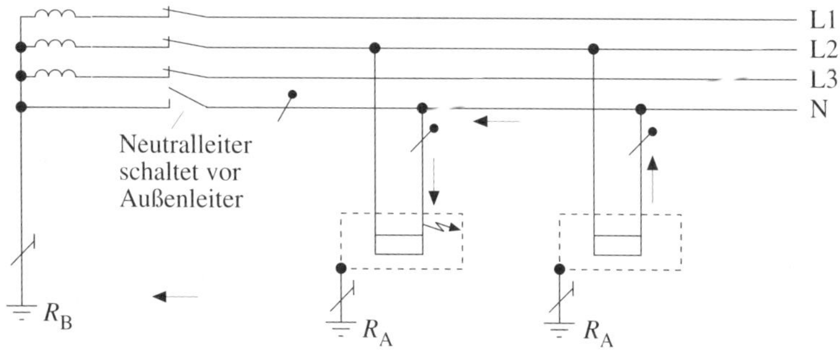

Bild 6.79 Stromfluß bei Schaltung des Neutralleiters vor den Außenleitern

7 Literatur

DIN 43 670	Stromschienen aus Aluminium; Bemessung für Dauerstrom
DIN 43 671	Stromschienen aus Kupfer; Bemessung für Dauerstrom
DIN 18 015	Elektrische Anlagen in Wohngebäuden; Planungsgrundlagen
VDE 0100:1973-05	Bestimmungen für das Errichten von Starkstromanlagen mit Nennspannungen bis 1000 V
VDE 0100g:1976-07	Bestimmungen für das Errichten von Starkstromanlagen mit Nennspannungen bis 1000 V – Änderung zu VDE 0100/05.73
Beiblatt 1 zu DIN VDE 0100 (**Beiblatt 1 zu VDE 0100**):1982-11	Errichten von Starkstromanlagen mit Nennspannungen bis 1000 V – Entwicklungsgang der Errichtungsbestimmungen
Beiblatt 2 zu DIN VDE 0100 (**Beiblatt 2 zu VDE 0100**):1992-10	Errichten von Starkstromanlagen mit Nennspannungen bis 1000 V – Verzeichnis der einschlägigen Normen
Beiblatt 3 zu DIN VDE 0100 (**Beiblatt 3 zu VDE 0100**):1983-03	Errichten von Starkstromanlagen mit Nennspannungen bis 1000 V – Struktur der Normenreihe
Beiblatt 5 zu DIN VDE 0100 (**Beiblatt 5 zu VDE 0100**):1995-11	Errichten von Starkstromanlagen mit Nennspannungen bis 1000 V – Maximal zulässige Längen von Kabeln und Leitungen unter Berücksichtigung des Schutzes bei indirektem Berühren, des Schutzes bei Kurzschluß und des Spannungsfalls
DIN VDE 0100-200 (**VDE 0100 Teil 200**):1998-06	Elektrische Anlagen von Gebäuden – Teil 200: Begriffe
DIN VDE 0100-300 (**VDE 0100 Teil 300**):1996-01	Errichten von Starkstromanlagen mit Nennspannungen bis 1000 V – Teil 3: Bestimmungen allgemeiner Merkmale (IEC 364-3:1993, modifiziert); Deutsche Fassung HD 384.3 S2:1995
DIN VDE 0100-410 (**VDE 0100 Teil 410**):1997-01	Errichten von Starkstromanlagen mit Nennspannungen bis 1000 V – Teil 4: Schutzmaßnahmen – Kapitel 41: Schutz gegen elektrischen Schlag (IEC 364-4-41:1992, modifiziert); Deutsche Fassung HD 384.4.41 S2:1996
DIN VDE 0100-420 (**VDE 0100 Teil 420**):1991-11	Errichten von Starkstromanlagen mit Nennspannungen bis 1000 V – Schutzmaßnahmen – Schutz gegen thermische Einflüsse
DIN VDE 0100-430 (**VDE 0100 Teil 430**):1991-11	Errichten von Starkstromanlagen mit Nennspannungen bis 1000 V – Schutzmaßnahmen – Schutz von Kabeln und Leitungen bei Überstrom

Beiblatt 1 zu DIN VDE 0100-430 (**Beiblatt 1 zu VDE 0100 Teil 430**):1991-11 (zurückgezogen)	Errichten von Starkstromanlagen mit Nennspannungen bis 1000 V – Schutzmaßnahmen – Schutz von Kabeln und Leitungen bei Überstrom – Empfohlene Werte für die Strombelastbarkeit I_Z und die Zuordnung von Überstrom-Schutzeinrichtungen zum Schutz bei Überlast
DIN VDE 0100-442 (**VDE 0100 Teil 442**):1997-11	Elektrische Anlagen von Gebäuden – Teil 4: Schutzmaßnahmen – Kapitel 44: Schutz bei Überspannungen Hauptabschnitt 442: Schutz von Niederspannungsanlagen bei Erdschlüssen in Netzen mit höherer Spannung; Deutsche Fassung HD 384.4.442 S1:1997
DIN VDE 0100-450 (**VDE 0100 Teil 450**):1990-03	Errichten von Starkstromanlagen mit Nennspannungen bis 1000 V – Schutzmaßnahmen – Schutz gegen Unterspannung
DIN VDE 0100-460 (**VDE 0100 Teil 460**):1994-02	Errichten von Starkstromanlagen mit Nennspannungen bis 1000 V – Schutzmaßnahmen – Trennen und Schalten
DIN VDE 0100-470 (**VDE 0100 Teil 470**):1996-02	Errichten von Starkstromanlagen mit Nennspannungen bis 1000 V – Teil 4: Schutzmaßnahmen – Kapitel 47: Anwendung der Schutzmaßnahmen (IEC 364-4-47:19981 + A1:1993, modifiziert); Deutsche Fassung HD 384.4.47 S2:1995
DIN VDE 0100-482 (**VDE 0100 Teil 482**):1997-08	Elektrische Anlagen von Gebäuden – Teil 4: Schutzmaßnahmen – Kapitel 48: Auswahl von Schutzmaßnahmen als Funktion äußerer Einflüsse – Hauptabschnitt 482: Brandschutz bei besonderen Risiken oder Gefahren; Deutsche Fassung HD 384.4.482 S1:1997
DIN VDE 0100-510 (**VDE 0100 Teil 510**):1997-01	Errichten von Starkstromanlagen mit Nennspannungen bis 1000 V – Teil 5: Auswahl und Errichtung elektrischer Betriebsmittel – Kapitel 51: Allgemeine Bestimmungen (IEC 364-5-51:1994, modifiziert); Deutsche Fassung HD 384.5.51 S2:1996
DIN VDE 0100-520 (**VDE 0100 Teil 520**):1996-01	Errichten von Starkstromanlagen mit Nennspannungen bis 1000 V – Teil 5: Auswahl und Errichtung elektrischer Betriebsmittel – Kapitel 52: Kabel- und Leitungssysteme (-anlagen); (IEC 364-5-52:1993, modifiziert); Deutsche Fassung HD 384.5.52 S1:1995
Beiblatt 1 zu DIN VDE 0100-520 (**Beiblatt 1 zu VDE 0100 Teil 520**):1994-11	Errichten von Starkstromanlagen mit Nennspannungen bis 1000 V – Leitfaden für elektrische Anlagen – Auswahl und Errichtung von elektrischen Betriebsmitteln – Kabel- und Leitungssysteme (-anlagen) – Begrenzung des Temperaturanstiegs bei Schnittstellenanschlüssen; Deutsche Fassung R 064-002
DIN VDE 0100-537 (**VDE 0100 Teil 537**):1988-10	Errichten von Starkstromanlagen mit Nennspannungen bis 1000 V – Auswahl und Errichtung elektrischer Betriebsmittel – Geräte zum Trennen und Schalten
DIN VDE 0100-540 (**VDE 0100 Teil 540**):1991-11	Errichten von Starkstromanlagen mit Nennspannungen bis 1000 V – Auswahl und Errichtung elektrischer Betriebsmittel – Erdung, Schutzleiter, Potentialausgleichsleiter

DIN VDE 0100-550 (**VDE 0100 Teil 550**):1988-04 — Errichten von Starkstromanlagen mit Nennspannungen bis 1000 V – Auswahl und Errichtung elektrischer Betriebsmittel – Steckvorrichtungen, Schalter und Installationsgeräte

DIN VDE 0100-551 (**VDE 0100 Teil 551**):1997-08 — Errichten von Starkstromanlagen mit Nennspannungen bis 1000 V – Auswahl und Errichtung elektrischer Betriebsmittel – Steckvorrichtungen, Schalter und Installationsgeräte

DIN VDE 0100-559 (**VDE 0100 Teil 559**):1983-03 — Elektrische Anlagen von Gebäuden – Teil 5: Auswahl und Errichtung elektrischer Betriebsmittel – Kapitel 55: Andere Betriebsmittel – Hauptabschnitt 551: Niederspannungs-Stromerzeugungsanlagen (IEC 364-5-551:1994); Deutsche Fassung HD 384.5.551 S1:1997

DIN VDE 0100-560 (**VDE 0100 Teil 560**):1995-07 — Errichten von Starkstromanlagen mit Nennspannungen bis 1000 V – Teil 5: Auswahl und Errichtung elektrischer Betriebsmittel – Kapitel 56: Elektrische Anlagen für Sicherheitszwecke (IEC 364-5-56:1980, modifiziert); Deutsche Fassung HD 384.5.56 S1:1985)

DIN VDE 0100-610 (**VDE 0100 Teil 610**):1994-04 — Errichten von Starkstromanlagen mit Nennspannungen bis 1000 V – Prüfungen – Erstprüfungen

DIN VDE 0100-701 (**VDE 0100 Teil 701**):1984-05 — Errichten von Starkstromanlagen mit Nennspannungen bis 1000 V – Räume mit Badewanne oder Dusche

DIN VDE 0100-702 (**VDE 0100 Teil 702**):1992-06 — Errichten von Starkstromanlagen mit Nennspannungen bis 1000 V – Überdachte Schwimmbäder (Schwimmhallen) und Schwimmbäder im Freien

DIN VDE 0100-703 (**VDE 0100 Teil 703**):1992-06 — Errichten von Starkstromanlagen mit Nennspannungen bis 1000 V – Räume mit elektrischen Sauna-Heizgeräten

DIN VDE 0100-704 (**VDE 0100 Teil 704**):1987-11 — Errichten von Starkstromanlagen mit Nennspannungen bis 1000 V – Baustellen

DIN VDE 0100-705 (**VDE 0100 Teil 705**):1992-10 — Errichten von Starkstromanlagen mit Nennspannungen bis 1000 V – Landwirtschaftliche und gartenbauliche Anwesen

DIN VDE 0100-706 (VDE 0100 Teil 706):1992-06 — Errichten von Starkstromanlagen mit Nennspannungen bis 1000 V – Leitfähige Bereiche mit begrenzter Bewegungsfreiheit

DIN VDE 0100-708 (**VDE 0100 Teil 708**):1993-10 — Errichten von Starkstromanlagen mit Nennspannungen bis 1000 V – Elektrische Anlagen auf Campingplätzen und in Caravans; Deutsche Fassung HD 384.7.708 S1:1992

DIN VDE 0100-721 (**VDE 0100 Teil 721**):1984-04 — Errichten von Starkstromanlagen mit Nennspannungen bis 1000 V – Caravans, Boote und Jachten sowie ihre Stromversorgung auf Camping- bzw. an Liegeplätzen

DIN VDE 0100-722 (**VDE 0100 Teil 722**):1984-05 — Errichten von Starkstromanlagen mit Nennspannungen bis 1000 V – Fliegende Bauten, Wagen und Wohnwagen nach Schaustellerart

DIN VDE 0100-723 (**VDE 0100 Teil 723**):1990-11 — Errichten von Starkstromanlagen mit Nennspannungen bis 1000 V – Unterrichtsräume mit Experimentierständen

DIN VDE 0100-724 (**VDE 0100 Teil 724**):1980-06	Errichten von Starkstromanlagen mit Nennspannungen bis 1000 V – Elektrische Anlagen in Möbeln und ähnlichen Einrichtungsgegenständen, z. B. Gardinenleisten, Dekorationsverkleidung
DIN VDE 0100-725 (**VDE 0100 Teil 725**):1991-11	Errichten von Starkstromanlagen mit Nennspannungen bis 1000 V – Hilfsstromkreise
DIN VDE 0100-726 (**VDE 0100 Teil 726**):1990-03	Errichten von Starkstromanlagen mit Nennspannungen bis 1000 V – Hebezeuge
DIN VDE 0100-726/A1 (**VDE 0100 Teil 726/A1**): 1995-04	Errichten von Starkstromanlagen mit Nennspannungen bis 1000 V – Teil 726: Hebezeuge; Änderung 1
DIN VDE 0100-729 (**VDE 0100 Teil 729**):1986-11	Errichten von Starkstromanlagen mit Nennspannungen bis 1000 V – Aufstellen und Anschließen von Schaltanlagen und Verteilern
DIN VDE 0100-731 (**VDE 0100 Teil 731**):1986-02	Errichten von Starkstromanlagen mit Nennspannungen bis 1000 V – Elektrische Betriebsstätten und abgeschlossene elektrische Betriebsstätten
DIN VDE 0100-732 (**VDE 0100 Teil 732**):1995-07	Errichten von Starkstromanlagen mit Nennspannungen bis 1000 V – Teil 732: Hausanschlüsse in öffentlichen Kabelnetzen
DIN VDE 0100-736 (**VDE 0100 Teil 736**):1983-11	Errichten von Starkstromanlagen mit Nennspannungen bis 1000 V – Niederspannungsstromkreise in Hochspannungsschaltfeldern
DIN VDE 0100-737 (**VDE 0100 Teil 737**):1990-11	Errichten von Starkstromanlagen mit Nennspannungen bis 1000 V – Feuchte und nasse Bereiche und Räume, Anlagen im Freien
DIN VDE 0100-738 (**VDE 0100 Teil 738**):1988-04	Errichten von Starkstromanlagen mit Nennspannungen bis 1000 V – Springbrunnen
DIN VDE 0100-739 (**VDE 0100 Teil 739**):1989-06	Errichten von Starkstromanlagen mit Nennspannungen bis 1000 V – Zusätzlicher Schutz bei direktem Berühren in Wohnungen durch Schutzeinrichtungen mit $I_{\Delta n} \leq 30$ mA in TN- und TT-Netzen
DIN VDE 0102 (**VDE 0102**):1990-01	Berechnung von Kurzschlußströmen in Drehstromnetzen
DIN VDE 0105-100 (**VDE 0105 Teil 100**):1997-10	Betrieb von elektrischen Anlagen
Normen der Reihe DIN VDE 0108	Starkstromanlagen und Sicherheitsstromversorgungen in baulichen Anlagen für Menschenansammlungen
DIN VDE 0211 (**VDE 0211**):1985-12	Bau von Starkstrom-Freileitungen mit Nennspannungen bis 1000 V
Normen der Reihe DIN VDE 0250	Isolierte Starkstromleitungen
DIN VDE 0276-603 (**VDE 0276 Teil 603**):1995-11	Starkstromkabel; Energieverteilungskabel mit Nennspannungen U_0/U 0,6/1 kV

DIN VDE 0276-1000 (**VDE 0276 Teil 1000**):1995-06	Starkstromkabel; Strombelastbarkeit, Allgemeines; Umrechnungsfaktoren
Normen der Reihe DIN VDE 0281	PVC-isolierte Starkstromleitungen
Normen der Reihe DIN VDE 0282	Gummi-isolierte Starkstromleitungen
DIN VDE 0298-1 (**VDE 0298 Teil 1**): 1982-11	Verwendung von Kabeln und isolierten Leitungen für Starkstromanlagen; Allgemeines für Kabel mit Nennspannungen U_0/U bis 18/30 kV
DIN VDE 0298-2 (**VDE 0298 Teil 2**):1979-11 (zurückgezogen)	–; Empfohlene Werte für die Strombelastbarkeit von Kabeln mit Netzspannungen U_0/U bis 18/30 kV
DIN VDE 0298-3 (**VDE 0298 Teil 3**):1983-08	–; Allgemeines für Leitungen
DIN VDE 0298-300 (**VDE 0298 Teil 300**):1997-02	–; Hinweise für die Anwendung harmonisierter Niederspannungsstarkstromleitungen
DIN VDE 0298-4 (**VDE 0298 Teil 4**):1998-11	–; Empfohlene Werte für die Strombelastbarkeit von Kabeln und Leitungen für feste Verlegung in Gebäuden und von flexiblen Leitungen
DIN EN 61557-3 (**VDE 0413 Teil 3**):1998-05	Geräte zum Prüfen, Messen oder Überwachen von Schutzmaßnahmen; Schleifenwiderstand
DIN EN 60309-1 (**VDE 0623 Teil 1**):1998-11	Stecker, Steckdosen und Kupplungen für industrielle Anwendung
DIN VDE 0636 (**VDE 0636 Teil 1**):1983-12	Niederspannungssicherungen; Allgemeine Festlegungen
DIN VDE 0636-10 (**VDE 0636 Teil 10**):1992-07	–; Allgemeine Festlegungen
DIN VDE 0636-201 (**VDE 0636 Teil 201**):1998-06	Niederspannungssicherungen (NH-System)
DIN VDE 0636-301 (**VDE 0636 Teil 301**):1998-01	Niederspannungssicherungen (D-System)
DIN VDE 0641-11 (**VDE 0641 Teil 11**):1992-08	Leitungsschutzschalter für den Haushalt und ähnliche Anwendungen
E DIN VDE 0645 (**VDE 0645**):1996-05	Selektiver Haupt-Leitungsschutzschalter, spannungsunabhängig (SHU-Schalter)
DIN EN 60947-2 (**VDE 0660 Teil 101**):1997-02	Niederspannungs-Schaltgeräte; Leistungsschalter
DIN VDE 0660-102 (**VDE 0660 Teil 102**):1992-07	Niederspannungs-Schaltgeräte; Elektromechanische Schütze und Motorstarter
DIN EN 60439-1 (**VDE 0660 Teil 500**):1994-04	Niederspannungs-Schaltgerätekombinationen; Typgeprüfte und partiell typgeprüfte Kombinationen
DIN EN 60439-2 (**VDE 0660 Teil 502**):1993-07	Niederspannungs-Schaltgerätekombinationen; Besondere Anforderungen an Schienenverteiler

	Technische Anschlußbedingungen für den Anschluß an das Niederspannungsnetz (TAB). Frankfurt: VWEW-Verlag; EVU
HEA-Bilderdienstblatt 3.2.3:	Serie Schutzmaßnahmen; Schutz von Kabeln und Leitungen bei Überstrom. Frankfurt: VWEW-Verlag
HEA-Bilderdienstblatt 3.4.1:	Serie Installationsgeräte; Überstrom-Schutzeinrichtungen. Frankfurt: VWEW-Verlag
ABB Stotz-Kontakt:	Verlegearten, Strombelastbarkeit von Kabeln und Leitungen. Sonderdruck Ausgabe 1/99. Heidelberg: ABB Stotz-Kontakt GmbH
Siemens AG (Herausgeber):	Schalten, Schützen, Verteilen in Niederspannungsnetzen – Handbuch mit Auswahlkriterien und Projektierungshinweisen für Schaltgeräte, Steuerungen und Schaltanlagen. Erlangen: Siemens Aktiengesellschaft, 4. Auflage 1997
Harms, G.:	Belastbarkeit elektrischer Leitungen in wärmedämmenden Wänden. etz Elektrotechnische Zeitschrift 110 (1989) H. 9, S. 414–480
Krefter, K. H.; Niemand, Th.:	Strombelastbarkeit elektrischer Leitungen bei unterschiedlichen Verlegearten. etz Elektrotechnische Zeitschrift 110 (1989) H. 18, S. 964–973
Menges, H.:	Mehr Sicherheit durch Sicherungsautomaten in der Industrie. Der Elektriker (1987) H. 5
Menges, H.:	Neue Auslösecharakteristiken für Sicherungsautomaten. Strompraxis (1989) H. 2
Spindler, U.:	Überstromschutz – wirtschaftlich und zeitgemäß. de/der elektromeister + deutsches elektrohandwerk (1998) H. 22, S. 2028–2032; H. 23, S. 2120–2123
Winkler, A.:	Belastbarkeit von NYM-Leitungen bei horizontaler Einzelverlegung. etz Elektrotechnische Zeitschrift 109 (1988) H. 18, S. 836–839

8 Tabellenschlüssel zu Kapitel 5

In den Tabellen von Kapitel 5, die aus DIN VDE 0276-603 und DIN VDE 0298-4 abgeleitet wurden, sind zahlreiche Bezüge auf jeweils andere Tabellen aus den gleichen Quellen enthalten. Soweit von der räumlichen Aufteilung her möglich, wurde dafür die Buchnumerierung benutzt, oder Fußnoten weisen auf die Zuordnung hin. Die folgende Aufstellung gibt eine zusammenfassende Übersicht.

Tabelle in der Norm	**Tabelle im Buch**
DIN VDE 0276-603:	
14 (PVC)	5.27
14 (VPE)	5.28
15 (PVC)	5.17
15 (VPE)	5.20
DIN VDE 0298-4:	
1 (S. 1–3)	5.1
1 (S. 4)	5.2
2	5.3
3	5.15
4	5.16
5	5.18
6	5.19
7	5.4
8	5.5
9	5.23
10	5.7
11	5.24
12	5.8
13	5.25
14	5.26
15	5.9
16	5.6
17	5.10
18	5.11
19	5.12
20	5.13
21	5.14
A.1	5.21
A.2	5.22

Tabelle im Buch	**Tabelle in der Norm**[1)]
5.1	1 (S. 1–3)
5.2	1 (S. 4)
5.3	2
5.4	7
5.5	8
5.6	16
5.7	10
5.8	12
5.9	15
5.10	17
5.11	18
5.12	19
5.13	20
5.14	21
5.15	3
5.16	4
5.17	15 (PVC) (0276-603)
5.18	5
5.19	6
5.20	15 (VPE) (0276-603)
5.21	A.1
5.22	A.2
5.23	9
5.24	11
5.25	13
5.26	14
5.27	14 (PVC) (0276-603)
5.28	14 (VPE) (0276-603)

1) ohne Zusatz: 0298, (0276) = DIN VDE 0276

Stichwortverzeichnis

A
Abdeckung 68
Abschalteinrichtung im Neutralleiter 229
Abschalten des Neutralleiters 235
Abschaltkennlinie 106
Abschirmung 68
Absicherung 139
– von Beleuchtungs- und Steckdosen-Stromkreisen 139
Ader, belastete 61
Anfangskurzschlußstrom 180
Anfangstemperatur 174
– des Leiters 172
Angaben der EVU 184
Anlage
– mit direkt geerdetem Sternpunkt 229
– mit nicht direkt geerdetem Sternpunkt 234
Anlaßhäufigkeit 97
Anordnung der Schutzeinrichtungen für
– den Schutz bei Kurzschluß 215
– den Schutz bei Überlast 156
Anschlußbereich, Installationsgerät 79
Anschlußleitung, bewegliche 101
Anwendung, industrielle 51
Anzahl der Adern
– im Kabel 71
– in der Leitung 71
Anzahl der belasteten Leiter 72
Auslösecharakteristik 112, 114
Auslösekennlinie 191, 225
Auslösestrom 128
Auslösung, elektromagnetische 189
Ausschaltvermögen 125, 191
Ausschaltzeit im Kurzschlußfall, zulässige 164, 172, 225
Ausschaltzeit/Strom-Kennlinie 107
Außenleiter, Schutz 228
Außentemperatur 17
Aussetz- und Kurzzeitbetrieb 96
Aussetzbetrieb 55, 96
Auswahl geeigneter Schutzeinrichtungen zum Schutz bei Überlast 141

B
Back-up-Schutz 108, 124
Basistemperatur 56
Bauart 104
Beharrungstemperatur 96
Beiblatt 1 zu VDE 0100 Teil 430 56, 86
Belastbarkeit der Leitung, zulässige thermische 178
Belastung
–, Leiter 23
–, symmetrische 72, 232
–, unsymmetrische 235
Belastungsstoß 97
Belastungsstrom 151
Belastungsverhältnisse, symmetrische 232
Beleuchtungs-Stromkreis 139
Bemessungsdifferenzstrom $I_{\Delta N}$ 234
Beständigkeit, chemische, der Leitung 171
Betrieb
–, kurzzeitiger 162
–, ungestörter 23
Betriebsart 30, 31, 69
Betriebsbedingung 24, 30, 89, 92
Betriebsklasse 104, 105
Betriebsmittel 100

Betriebsperiode 96
Betriebstemperatur 23, 25, 31
–, zulässige 17, 24, 49, 55, 57, 73, 173
Betriebszeit 96
Biegespannung 171
Bimetallauslöser 124
Bündelung 58

D
Dämpfung 123
Darstellung, vektorielle 232
Dauerbetrieb 31, 55, 131, 162
Dauerkurzschlußstrom 180
Dauerlast 96
Dauerstrombelastbarkeit von Leitungen 171
Deionblech 111
Doppelerdschluß 234
Drehstromsystem, symmetrisches 233
drei belastete Leiter 72
Dreieckdiagramm 188, 217
Dreieckmethode 188
Dreiphasen-Drehstromsystem, verkettetes 232
D-System 104
Durchlaßwert $I^2 \cdot t$ 104, 111
D0-System 104

E
Effektivwert des Stroms bei vollkommenem Kurzschluß 172
Einschaltdauer *ED* 55
Einspeisung, Art 226
Elektro-Installationsrohr 87
Elektromagnetauslöser 110, 124
Elektrowärmegerät 162
Endtemperatur 174
– bei Dauerstrom 96
– des Leiters 172, 173, 174
Energiebegrenzungsklasse 122, 193
Erdbodenwärmewiderstand, spezifischer 92
Erdschluß 229
Erdverbindung, Art 226
Erregerstromkreis umlaufender Maschine 167
Erwärmung von Kabeln und Leitungen 15

F
Fachkraft 104
Fehlerstrom-Schutzeinrichtung (RCD) 166, 167, 229, 234
Feldkonstante, magnetische 216
Frequenz 30, 69
Funktionsklasse 105

G
Gebrauchsfehler
–, von Meßgeräten 184
–, zugelassener 184
Gesamtimpedanz im kurzgeschlossenen Stromkreis 171
Gesamtkurzschlußstrom 222
Grenztemperatur 178
– der Leiterisolation 171
großer Prüfstrom I_2 130
Gummischlauchleitung
– A07RN-F 89
– H07RN-F 89

H
Handgerät 47
Häufung 24, 58, 69, 70, 83
Haupt-Leitungsschutzschalter, selektiver 122, 146
Hauptstromversorgungssystem 100, 123
Hausanschluß im öffentlichen Verteilungsnetz 165
Hausanschlußkabel 164
Hausgerät 47
Heißwasserbereiter 162
Hilfskontakt 230
Hilfsstromkreis 163
Holzwand 44, 86

I
Industriesteckvorrichtung 140
Infrarot-Strahlung 68
Installationsgerät, Anschlußbereich 79
Isolationsüberwachung 167
Isolierwerkstoff 25
IT-System 228, 234
$I^2 \cdot t$-Kennlinie 193, 194
$I^2 \cdot t$-Wert 191

K
Kabel für feste Verlegung in Gebäuden, Strombelastbarkeit 73
Kabel und Leitungen
–, anderer Aufbau 157
–, Schutz bei Überstrom 103
Kabel- und Leitungsaufbau 24
Kabel- und Leitungsbauart 25
Kabel, vieladriges 64, 70
k-Faktor 174, 190
Konformitätsbescheinigung des Herstellers 150
Konvektion 102
Kurzschluß 23
–, bis 5 s Dauer 174, 190, 191
–, vollkommener 103, 182
–, vollkommener, Strombestimmung 182
–, widerstandsbehafteter 178
Kurzschlußdauer 174
– von Kupferleitern, maximale 175
Kurzschlußgefahr 158
Kurzschlußschutz 105
Kurzschlußstrom 111, 171, 225
–, am Einbauort 191
–, maximaler 175
–, unbeeinflußter 182
Kurzschlußstrom I_k 183
Kurzschlußstrombegrenzung 111
Kurzschlußstrombelastbarkeit 215
Kurzschlußtemperatur 174
–, zulässige 190
–, zulässige, der Isolierung 172
Kurzzeitbelastung 172
Kurzzeitbetrieb 96
k-Wert 174
$k^2 \cdot S^2$-Wert der zu schützenden Leitung 194

L
Laie 104
Leistungsschalter 124, 126, 150, 178, 191
Leiter 178
–, Belastung 23
–, in Stromschienensystemen 100
–, parallelgeschaltete 222
–, unbelasteter 72
Leiterisolierung, Lebensdauer 171
Leitermaterial 30
Leiternennquerschnitt, Einflußgrößen 21
Leiterquerschnitt 23, 71, 172, 174
–, Verringern 157, 215
Leitertemperatur 17, 25, 171
Leiterwiderstandsbelag 214
Leitung
– für feste Verlegung in Gebäuden, Strombelastbarkeit 73
– im Innern von Geräten 101
– in Niederspannungs-Schaltgerätekombinationen 101
–, aufgewickelte 64, 70
–, flexible 87, 89
–, vieladrige 64, 70
–, wärmebeständige 49, 70, 89
Leitungslänge, maximale 186
Leitungsschutzschalter 109, 178
–, Charakteristik 146
–, mit Hilfskontakt 230
–, strombegrenzender 193
–, Wirkungsweise bei Kurzschluß 110
–, Wirkungsweise bei Überlast 109
Leitungsschutzsicherung 103, 149
Lichtbogen 106, 111, 171
Luftzirkulation, ungestörte 68

M
Mantelleitung 87
Materialbeiwert *k* 173, 175
Materialkoeffizient *k* 173, 175
Mehrmotorenbetrieb 97
Meldestromkreis 163
Meßmethode 182
Meßstromkreis 163
–, bestimmter 221
Messungen in der Anlage 182
Mittelwert des Stroms, quadratischer 97

N
Näherungsgleichung 174
– für *t* 185, 190, 191
Nennausschaltstrom 105
Nennschaltvermögen 185
Nenntemperatur 96
Netzimpedanz
–, induktiver Anteil 180
–, vorgeschaltete 186
Netznachbildung, Untersuchungen 182
Neutralleiter 230
–, Abschalten 235
–, erdschlußbehafteter 234
–, Schutz 229
–, zugehöriger 72
Neutralleiterbelastung 229
NH-System 104
Niederspannungssicherung 103
Nutzungsgrad *N* 141
Nutzung, wirtschaftliche 49, 57

O
Oberschwingung 229, 232, 233
Oberschwingungsproblematik 234
Oberschwingungsstrom 233
– im Drehstromkreis 72

P
Parallelschaltung von mehr als zwei Leitern 223
Person, unterwiesene 104
Prüfdauer, konventionelle 107, 150

Q
quadratischer Mittelwert des Stroms 97

R
Raumheizgerät 162
Rechenverfahren 182
Reduktionsfaktor 24, 58
Reduzierfaktor 24, 58
Reduzierung des Leiterquerschnitts 215
Referenzverlegeart 32, 56, 71, 73, 87
– A1 und A2 37
– B1 und B2 37
– C 37
– E, F und G 37
Reserve, thermische 79

S
Schaltvermögen 108, 122
Schelle, Druck durch 171
Schienenverbindung 100
Schlaganker-Prinzip 110
Schleifenimpedanz Z_S 182, 189, 219
Schmelzleiter 104
Schmelzsicherung 103, 178, 184
–, Wirkung bei Kurzschluß 104
Schmelzstrom 105
Schutz bei Kurzschluß 104, 171, 215
–, Verzicht 220
Schutz bei Überlast 127
–, Auswahl von Schutzeinrichtungen 141
Schutz bei Überlast und Kurzschluß 103
–, Koordinieren 225
Schutz der Außenleiter 228
Schutz der Neutralleiter 229
Schutz durch gemeinsame Überstrom-Schutzeinrichtung 225
Schutz durch getrennte

Schutzeinrichtungen 225
Schutz nach Art der Stromkreise 226
Schutz parallelgeschalteter Leiter 151
Schutz von parallelgeschalteten Leitern in ein- oder mehradrigen Kabeln und Leitungen 222
Schutzeinrichtung
–, Anordnung 215
–, Anordnung oder Wegfall 166
–, Auslösekennlinie 225
–, gemeinsame 223, 224
–, getrennte 225
–, Verzicht 161
–, Wegfall 156
Schutzeinrichtung versetzen 156, 157
Schutzeinrichtung zum Schutz bei Kurzschluß
–, Kenngrößen 184
–, Versetzen 216
–, Verzicht aus Sicherheitsgründen 221
Schutzeinrichtung zum Schutz bei Überlast
–, Anordnung 156
–, Wegfall 167
–, Wegfall aus Sicherheitsgründen 167
Schutzgrad *S* 144
Schutzleiter (PE) 72
Schutzobjekt 106
Schweißleitung, Strombelastbarkeit 92
Selbstauslöser 109
Selektivität 112
Selektivitätsklasse 122
– 3 193
Sicherungscharakteristik
– flink 104
– träge 104
Signalstromkreis 168
Sonneneinstrahlung 24, 37
Sonneneinwirkung 68
Spannungsfall 163
Spannungsfestigkeit 171
Spannungsunsymmetrie 235
Speisestromkreis von Hubmagneten 167
Starkstromkabel, im Erdreich verlegt, Strombelastbarkeit 92
Steckdosenstromkreis 137, 139
–, dreipolig 140
Sternpunkt
–, direkt geerdeter 229
–, künstlicher 229
–, nicht direkt geerdeter 234
Steuerstromkreis 163
Stoßkurzschlußstrom 216
Strahlung 102
Strombelastbarkeit 21, 23, 30, 31, 55, 57, 129
– bei tatsächlichen Betriebsbedingungen 71
– der Leitung, zulässige 179
– im Erdreich verlegter Starkstromkabel 92
– in Sonderfällen 92
– von flexiblen Leitungen mit Nennspannungen ab 0,6/1 kV 89
– von flexiblen Leitungen mit Nennspannungen bis 1000 V 87
– von Gummischlauchleitungen H07RN-F und A07RN-F für industrielle Anwendungen 89
– von Kabeln und Leitungen bei Aussetz- und Kurzzeitbetrieb 96
– von Kabeln und Leitungen bei Mehrmotorenbetrieb 97
– von Kabeln und Leitungen in Sonderfällen 92
– von Leitern in Stromschienensystemen 100
– von Schweißleitungen 92
– von Verbindungsleitern 102
– von wärmebeständigen Leitungen 89
–, Minderung 156, 157
Strombelastbarkeitswert 24, 25, 30, 31, 56, 69, 72, 73, 87, 92, 102, 131
–, Handhabung für 25 °C Umgebungstemperatur 83

Strombelastung
–, im ungestörten Betrieb 71
–, unsymmetrische 229
Ströme, vektorielle Summe 232
Stromkraft 171
Stromkreis 61
– Art 226
– Belastungsverhältnisse 232
– für Feuerlöscheinrichtung 169
– für Sicherheitszwecke 167
– für Spannungsregelung 168
Stromschiene
– aus Aluminium 102
– aus Kupfer 102
Stromschienensystem 100
–, partiell typgeprüftes 100
–, typgeprüftes 100
Stromwandler, Sekundärstromkreis 167
Stromwärmeverluste 30, 83
Stromwert, quadrierter 179
Strom, quadratischer Mittelwert 96
System
–, nach Art der Erdverbindung 226
–, verkettetes 233

T
Technische Anschlußbedingungen TAB 123
Teilbereichssicherung 126
Teilkurzschlußstrom 222
Temperaturdifferenz 16, 49
Temperaturerhöhung (Isolierung) 172
Temperaturkoeffizient 172
Thermo-Bimetallauslöser 109
TN-System 227
Toleranzband 107
TT-System 227

U
Überlastschutz 105
Überlast, betriebsmäßige 23, 103
Überstrom 103
Überstrombegrenzung 226
– durch Art der Einspeisung 226
Überstromerfassung im Neutralleiter 230
Überstrom-Schutzeinrichtung 23, 103
– für Schutz bei Kurzschluß 126
– für Schutz bei Überlast 125
– gemeinsame 185, 223, 225
– wirtschaftliche Zuordnung 86
– Zuordnung 127
Überstrom-Schutzschalter 103, 184
Umgebungsbedingungen 30, 55, 69, 89, 131
Umgebungstemperatur 49, 55, 56, 57, 69, 73, 89, 96, 128, 134
–, abweichende 70, 83
–, in Deutschland übliche 79
–, international festgelegte 79, 131
Umgebungstemperaturerhöhung 24
Umrechnungsfaktor 49, 56, 57, 69, 92

V
VDEW/ZVEH-Empfehlung 85, 136, 137
VDE-Zeichen 122, 150
Verbindungsleiter, Strombelastbarkeit 102
Verlegeart 24, 31, 157
Verlegebedingungen 30, 31, 69, 131, 151
– Änderung 55
– für feste Verlegung in Gebäuden 32
– für flexible Leitungen 47, 51
– für Gummischlauchleitungen 51
– für Schweißleitungen 55
– für wärmebeständige Leitungen 49
Verlegung
– frei in Luft 32, 47, 49, 51
– in Elektro-Installationsrohren 32
– in wärmegedämmten Wänden 32, 87
–, direkte 32
–, direkte, auf oder an Flächen 47, 49, 53

–, kurzschluß- und erdschlußsicher 159, 217
Verlustwärme 15, 24, 49, 55, 57, 69, 72
Verlustwärmeerzeuger 16
Verriegelung 163
Versetzen der Schutzeinrichtung für
– den Schutz bei Kurzschluß 216
– den Schutz bei Überlast 157
Verteilungsnetz 165
–, nichtöffentliches 165
–, öffentliches 163, 164
Verzicht
– auf Schutz bei Kurzschluß 220
– auf Schutz bei Überlast 161
virtuelle Zeit 107

W

Wandstärke, Schwächung der 171
Wärmeabfuhr 172
Wärmeableitung 31
Wärmedämmung 37
Wärmekapazität 174
– des Leiters 174
–, volumetrische (Leiterwerkstoff) 172
Wärmeleistung 15
Wärmemenge 15, 172
Wärmequelle 16
Wärmespannung 16
Wärmespeichervermögen der Leiter 172
Wärmestau unter der Decke 62
Wärmestrahlquelle 68
Wärmestrahlung 55, 68, 69
–, Einfluß der 68
Wärmeströmung 16
Wärmewiderstand 16, 25, 31
Weichmacher 19
Werkstoffeigenschaft 24
Widerstand, spezifischer 172
Wirkwiderstand 24, 30
Wirtschaftlichkeit 152

Z

Zeit, virtuelle 107
Zeit/Strom-Bereich 107
Zeit/Strom-Diagramm 190
Zeit/Strom-Kennlinie 176
Zeit/Strom-Kennlinie für Sicherung 190
Zeit/Strom-Tor 107
Zugfestigkeit 171
Zuordnungsbedingungen 127, 131, 146, 149, 150
Zuordnungstabelle 131